Das Biologiebuch – und was man damit alles machen kann

Biologie!
Das Wort stammt aus der griechischen Sprache und lässt sich mit „Lehre von der belebten Natur" übersetzen. Die Biologie beschäftigt sich mit den Lebewesen und deshalb ist in diesem Buch vieles über Pflanzen, Tiere und den Menschen enthalten.

Das Buch hat viele Seiten und enthält entsprechend viele Informationen. Wie geht man aber nun mit dieser großen Informationsmenge um?
Wir wollen dir helfen und zeigen, was man mit diesem Buch machen kann.

Zu allererst kannst du das Buch einfach **durchblättern**. Sicherlich wirst du bei einigen schönen oder interessanten Fotos und Abbildungen **verweilen** und sie **anschauen.** Vielleicht beginnst du auch an einigen Stellen bereits mit dem **Lesen** der Texte.

Nun hast du sicher schon bemerkt, dass dein Biobuch ganz unterschiedlich gestaltete Seiten enthält. Den größten Anteil haben die zweispaltigen **Informationsseiten**, auf denen hin und wieder auch ein Zettelkasten steht. Aber es gibt auch eine große Anzahl von **Sonderseiten**. Du erkennst sie an ihren Symbolen. Schau mal nach und zähle, wie viele verschiedene Arten von Sonderseiten das Buch enthält. Welche Bezeichnung haben sie? Versuche herauszufinden, wozu sie dienen.

Dieses Buch ist so gemacht, dass man sich gut mit ihm beschäftigen kann. An vielen Stellen gibt es **Aufgaben**, die du

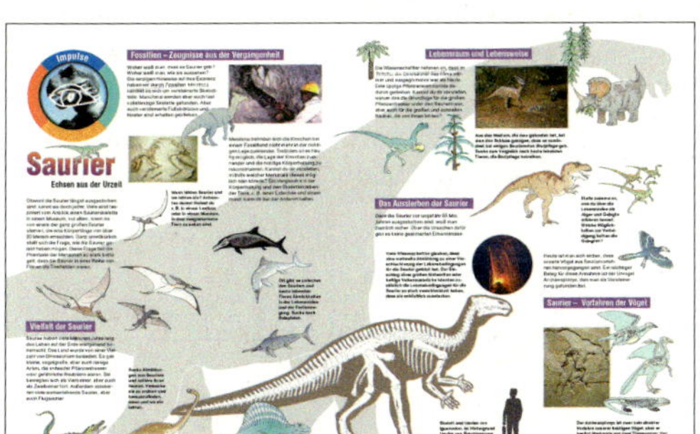

mithilfe der Informationen auf den zugehörigen Seiten **lösen** kannst. Damit du dich in deinem Buch zurecht findest, gibt es ein Inhaltsverzeichnis und ein Register. Wo?

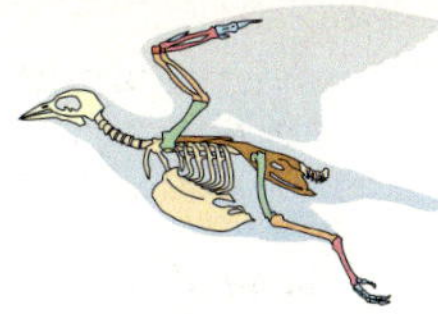

Aber mit diesem Buch kann man auch **spielen**. Das nachfolgende **Suchspiel** kannst du allein oder noch besser gemeinsam mit deinen Mitschülerinnen und Mitschülern spielen. Dabei kommt es darauf an, dass man möglichst schnell die gesuchte Information im Buch findet. Nach dem Lesen der Aufgabe wird die Suche gemeinsam begonnen. Wer zuerst die Antwort auf eine Frage gefunden hat, bekommt einen Punkt. Wer am Ende am meisten Punkte hat, hat gewonnen.

Nun geht´s los:

1. Bei welcher Tierklasse finde man die Schwimmblase?

2. Wer gehört zu den Froschlurchen, wer zu den Schwanzlurchen?

3. Die Ringelnatter hat zwei „Beine" im Kopf. Wie heißen sie?

4. Wie heißt eine Sammlung gepresster und getrockneter Pflanzen?

5. Welche blau blühende, bis 150 cm hohe Pflanze wächst an trockenen Wegrändern?

6. Welche Form hat das Schild für ein Landschaftsschutzgebiet?

7. Welche Vögel haben zwei Zehen und erreichen eine Schrittlänge von 3 bis 4 Meter?

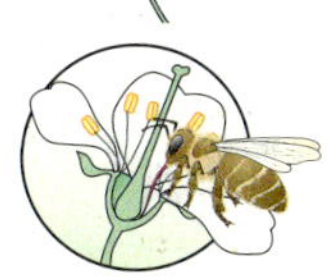

8. Welche Gefiederteile sind bei Grün- und Buntspecht gleich gefärbt?

Es war sicher nicht einfach, alle Aufgaben schnell zu lösen. Du hast wahrscheinlich verschiedene Methoden ausprobiert und dabei gute und weniger gute kennen gelernt. Berichte in deiner Klasse. Hat dir das Spiel gefallen? Wenn ja, dann versuche selbst ein neues Spiel mit dem Buch zu erstellen.

Vögel

Vom Wasser zum Land

Blütenpflanzen — Bau und Leistung

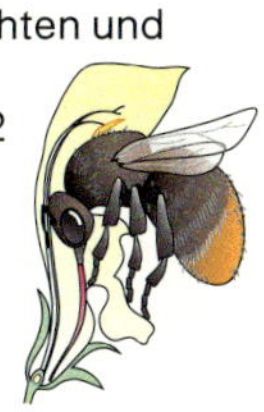

Blütenpflanzen — Vielfalt und Nutzen

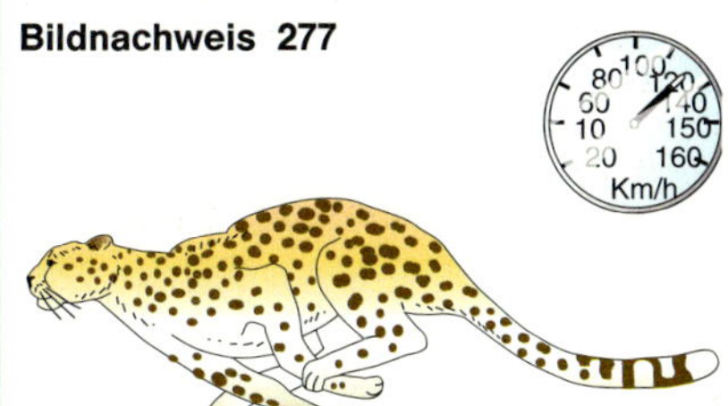

Vögel
Eroberer der Luft

Lebensraum-Spezialisten

Ernährungs-Spezialisten

Entwicklung

Heimtiere

Beobachtung

Woran erkennst du Vögel?
Der Körper der Vögel ist mit Federn bedeckt, sie haben Flügel und die meisten Vögel können damit fliegen.

Faszinierend sind Bilder und Filme, die Vögel beim Fliegen zeigen. Ist es nicht verblüffend, dass Vögel auf dem Vogelzug mehrere tausend Kilometer zurücklegen.

Nicht nur die Hühner legen kalkschalige Eier, die bebrütet werden und aus denen die Jungen schlüpfen. Viele Vögel betreiben eine aufwändige Brutpflege für ihre Jungen.

Vögel haben nicht nur den Luftraum erobert, sondern auch andere Lebensräume. Bei Wasservögeln sind z. B. zwischen ihren Zehen Schwimmhäute zum Rudern oder lange Stelzenbeine zum Waten in weichen Untergründen ausgebildet. Mit den Schnäbeln haben sie unterschiedliche Nahrungsquellen erschlossen, Papageien können mit ihrem Schnabel Nüsse knacken, Grasmücken nehmen mit ihrem Schnabel wie mit einer Pinzette Insekten auf.

Viele Menschen beschäftigen sich in ihrer Freizeit mit Vögeln. Manche halten, andere beobachten als ehrenamtliche Mitarbeiter von Naturschutzverbänden Wildvögel. Was interessiert dich am meisten an den Vögeln?

Perlhuhn

Pirol

Gans

Fasan

Specht

1 Kennzeichen der Vögel

1 Haustaube

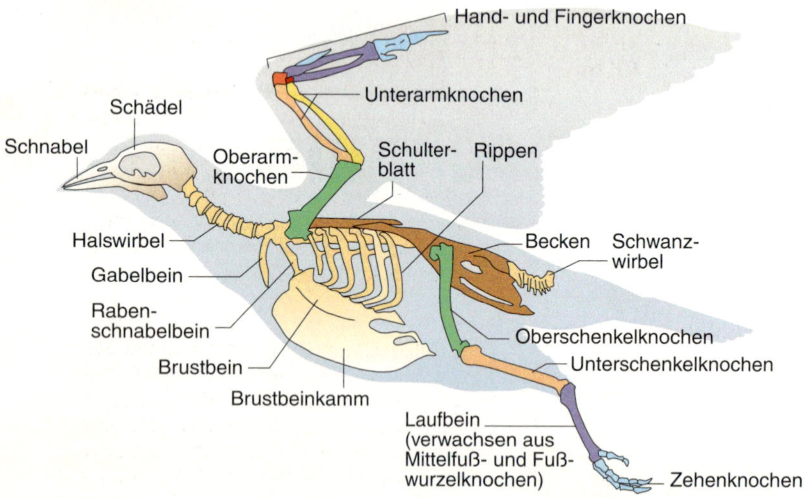

2 Skelett eines Vogels (Taube)

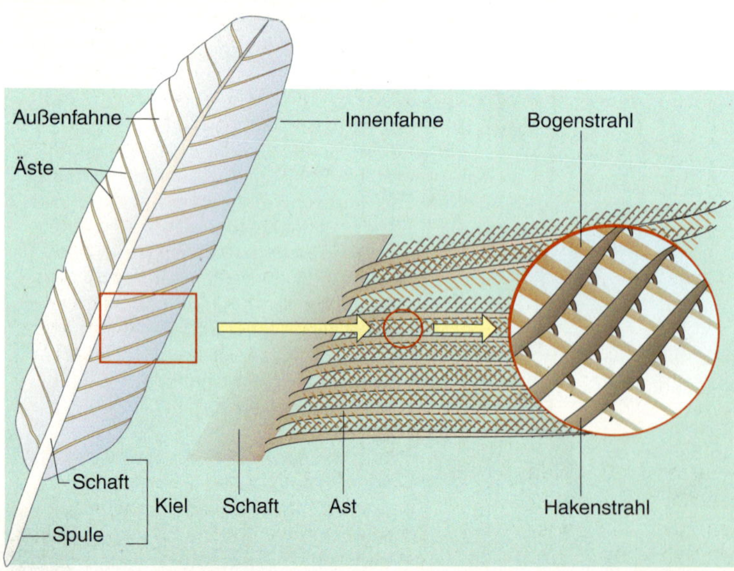

3 Aufbau einer Vogelfeder

Angepasstheiten des Vogelkörpers an den Flug

Jauchzend rennt ein kleines Kind auf einen Taubenschwarm zu. Doch bevor es ihn erreicht, erheben sich die Vögel mit wenigen Flügelschlägen in die Luft und gleiten einige Meter weiter wieder zu Boden.

Das **Fliegen** ist ein herausragendes Kennzeichen der Vögel. Diese besondere Fortbewegungsweise erfordert bestimmte *Voraussetzungen im Körperbau.* Die verschiedenen *Angepasstheiten* an das Fliegen lernst du am Beispiel der Tauben kennen.

Eine *Taube* wiegt ungefähr 500 g, ein gleich großer Igel jedoch bis zu 1 000 g. Vögel sind also leichter gebaut als vergleichbare Säugetiere. Ein Grund für das geringere Gewicht der Vögel sind ihre *hohlen, luftgefüllten Röhrenknochen*, die kein Mark enthalten.

Wenn die Flügel beim Flug auf- und abschlagen, treten starke Kräfte auf. Dies erfordert eine hohe Festigkeit des *Rumpfes.* Er wird durch die fest miteinander verwachsene Einheit von Brust- und Lendenwirbeln sowie der Beckenknochen und dem Brustkorb, der aus dem Brustbein und den Rippen besteht, gebildet. Die *Gabelbeine* und die *Rabenschnabelbeine* des Schultergürtels versteifen den Rumpf noch zusätzlich. Dieser starre und feste Rumpf dient den Flügeln als Widerlager. Am breiten *Brustbeinkamm* setzen die kräftigen Flugmuskeln an, welche die Flügel bewegen. Der große Brustmuskel bewirkt den Abschlag, der kleine Brustmuskel hebt die Flügel nach dem *Gegenspielerprinzip* beim Aufschlag.

Die **Federn** sind das wichtigste Kennzeichen der Vögel. Der *Kiel* gibt einer Feder, die mit ihrer *Spule* in der Haut steckt, durch seinen röhrenförmigen Aufbau Festigkeit. Die *Fahne* wird durch kleine *Äste* gebildet, die von zwei Seiten des *Schaftes* abzweigen. Von jedem Ast gehen nach der einen Seite bogenförmige Strahlen ab, nach der anderen Seite solche mit kleinen Häkchen. Diese *Bogen-* und *Hakenstrahlen* benachbarter Äste verhaken miteinander wie bei einem Klettverschluss und bilden eine zusammenhängende, luftundurchlässige Fläche.

Man unterscheidet vier verschiedene Federtypen. Die *Schwungfedern* bilden als Hand-

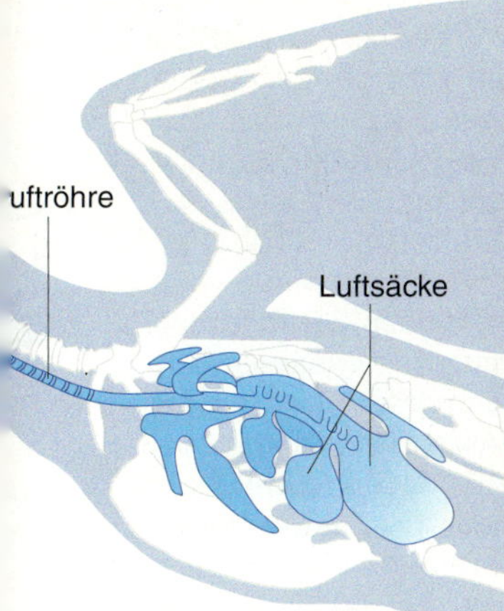

Atmungsorgane beim Vogel

und Armschwingen die Tragflächen des Flügels. Mit den großen *Schwanzfedern* steuert die Taube den Flug und bremst bei der Landung. Die *Deckfedern* verkleiden den Rumpf stromlinienförmig und schützen ihn vor Verletzungen. Die *Daunen* oder *Dunenfedern* liegen unter den Deckfedern. Sie umschließen durch ihren lockeren Aufbau viel Luft. Da Luft ein schlechter Wärmeleiter ist, verringert das Gefieder Wärmeverluste. Vögel als *gleichwarme Tiere* benötigen eine gleich bleibende Körpertemperatur von etwa 41°C.

Vögel haben beim Fliegen auch einen erhöhten *Sauerstoffbedarf*. Mithilfe besonderer *Luftsäcke*, die mit den *Lungen* in Verbindung stehen, können sie doppelt so viel Atemluft aufnehmen wie ein vergleichbares Säugetier. Die Lungen bestehen aus vielen dünnwandigen, feinverzweigten Röhrchen. Diese geben an parallel verlaufende kleine Blutgefäße rasch Sauerstoff ab und nehmen von diesen Kohlenstoffdioxid auf. Die Atemluft in den Lungen und Luftsäcken kühlt die Wärme erzeugenden Muskeln im gesamten Rumpf. Das im Vergleich zu den Säugetieren größere Herz der Vögel pumpt so viel Blut durch den Körper, dass jederzeit ausreichende Sauerstoffmengen für den Flug transportiert werden können.

Schwungfeder

Das *Gewicht* der Vögel wird auch durch Anpassungen bei Fortpflanzung und Entwicklung der Jungvögel niedrig gehalten. Die Weibchen legen die *Eier* in bestimmten Abständen nacheinander ab. Deshalb werden sie beim Fliegen jeweils nur durch das Gewicht eines Eies belastet. Die weitere Entwicklung der Nachkommen erfolgt nach der Eiablage außerhalb des Körpers im *Nest*.

Daune

Mit dem *zahnlosen Hornschnabel* nimmt die Taube Nahrung auf, die überwiegend aus Samen, Blättern und Beeren besteht. Im *Kropf* werden die Körner eingeweicht und mithilfe von verschluckten Steinchen im *Kaumagen* zerkleinert. Die energiereiche, wasserarme Nahrung wird schnell verdaut und belastet damit nur kurze Zeit den Vogelkörper.

Deckfeder

Aufgaben

① Fasse die Angepasstheiten des Vogelkörpers und ihre Bedeutung in einer Tabelle zusammen.

② Welche wilden Taubenarten bewohnen neben den Haustauben unsere Städte? Schlage in einem Vogelbestimmungsbuch die Merkmale im Vergleich zu denen der Haustauben nach. Berichte.

Schwanzfeder

Zettelkasten

Taubenplage in Großstädten

In den Großstädten sind *verwilderte Haustauben* zu einem Problem geworden. Ihr ätzender Kot nagt an Häusern und Baudenkmälern. Sie übertragen mit ihrem Kot Krankheitserreger, die Infektionskrankheiten auslösen können. In Sandkästen, die mit Taubenkot verunreinigt sind, können sich dann Kinder anstecken.

Da viele Menschen die Tauben aus Tierliebe füttern, können die verwilderten Haustauben praktisch das ganze Jahr über Junge aufziehen. Sie kommen auf bis zu fünf Bruten in zwölf Monaten. Ihre lockeren Nester aus Zweigen errichten sie auf Vorsprüngen oder in Nischen von Gebäuden. Die Weibchen legen jeweils zwei Eier, die von beiden Eltern abwechselnd 18 Tage lang bebrütet werden. Die blinden Jungen werden anfangs mit *Kropfmilch*, einem käseartigen Brei aus dem Kropf der Eltern, später mit Körnerfutter aufgezogen. Die Jungtauben wachsen sehr schnell. Wenn sie dann nach etwa drei Wochen ausfliegen, bereiten die Altvögel schon die nächste Brut vor.

Da natürliche Feinde, wie Wanderfalke und Habicht, in Städten normalerweise fehlen, kommt es oft zu einer sehr starken Vermehrung der Tauben. Die vom Menschen ergriffenen Maßnahmen zur Verringerung der Taubenzahl in den Städten waren in vielen Fällen nur wenig erfolgreich.

Aufgabe

① Welche Maßnahmen zur Verringerung der Taubenanzahl sind euch bekannt? Diskutiert in der Klasse mögliche Auswirkungen.

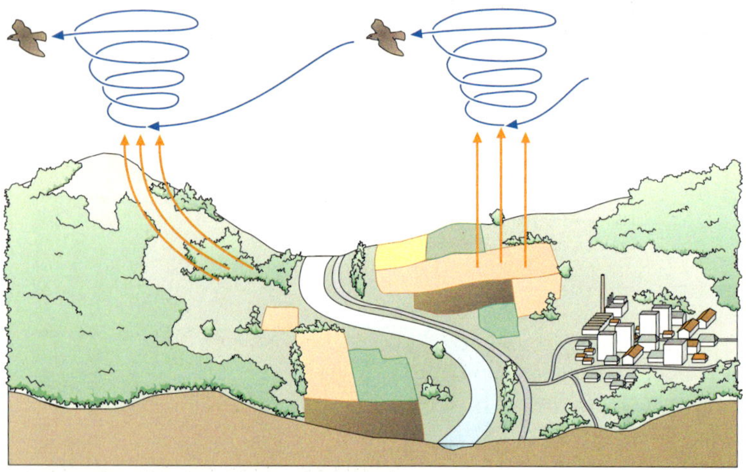

1 Der Segelflug des Mäusebussards

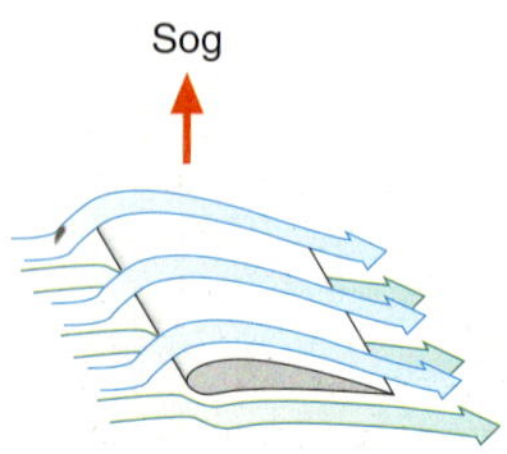

Flügelquerschnitt mit Luftströmung

Wie Vögel fliegen

Ohne sichtbaren Flügelschlag gleitet ein *Mäusebussard* auf einen Zaunpfahl zu und landet auf ihm. Erst kurz vor dem Aufsetzen schlägt er mit den Flügeln, um zu bremsen. Diese einfachste Flugform der Vögel bezeichnet man als **Gleitflug**. Dabei kommen die Vögel mit ausgebreiteten Flügeln ohne Flügelschlag, jedoch unter langsamem Höhenverlust, vorwärts. Wie ist so ein Flug möglich?

Am Flügel des Bussards erkennt man im Querschnitt eine deutlich ausgebildete *Wölbung*. Im folgenden Versuch wird ihre Bedeutung für den Flug klar. Über ein vergleichbar gewölbtes Blatt Papier wird die Luft geblasen. Dabei entsteht ein *Sog*, der das Blatt nach oben zieht. Dieser *Auftrieb* tritt in gleicher Weise am Flügel des Bussards auf, wenn beim Gleitflug Luft darüber strömt.

Welche Faktoren wirken beim Gleitflug mit? In einem Versuch ermittelten Wissenschaftler die *Gleitstrecken* von drei Vogelarten bei Windstille und einer Anfangshöhe von 10 m (s. Abb. 2) sowie jeweils deren Flügelfläche und das Körpergewicht (s. Tabelle in der Randspalte). Aus dem Vergleich der Werte kann man schließen: je größer die Flügelfläche, umso größer der Auftrieb. Aber auch je höher das Körpergewicht ist, desto stärker wird der Vogel von der Schwerkraft zu Boden gezogen. Daneben wirken weitere Faktoren mit.

Wie kann nun aber ein Mäusebussard minutenlang in der Luft bleiben und den Höhenverlust ausgleichen, ohne mit den Flügeln zu schlagen? Ein Versuch macht uns eine wichtige Voraussetzung für diese Flugform klar. Über einer brennenden Kerze steigt warme Luft auf. Bringt man in die aufsteigende Luft eine Daunenfeder, wird sie von der warmen Luft nach oben getragen.

Mithilfe dieser Beobachtung können wir die obige Frage beantworten. Der Mäusebussard segelt mit ausgebreiteten Flügeln **(Segelflug)** in aufsteigender Luft, die einen Auftrieb bewirkt. Ist der Auftrieb stark genug, so steigen die Vögel im Segelflug sogar noch weiter empor. Aufsteigende Luft entsteht an Berghängen oder infolge der unterschiedlichen Erwärmung von Landschaftsteilen. So erwärmen sich dunkle Flächen wie abgeerntete Felder schneller als etwa Wälder.

Vögel mit großflächigen, annähernd rechteckigen Flügeln besitzen gute Segelflugeigenschaften über Land (Mäusebussard, Steinadler). Gute Segelflieger über dem Meer, wie die Möwen und der Albatros, haben ebenfalls große, aber schmale Flügelflächen, die zum Ende hin spitz zulaufen. Diese Flügelform ist bei den böigen Winden über dem Meer stabiler.

Die häufigste Flugart bei Vögeln ist aber der **Ruderflug**. Hierbei werden die Flügel auf- und abgeschlagen. So entsteht auch in ruhender Luft ein Auftrieb. Indem die Flügel bei der Abwärtsbewegung nach hinten bewegt werden, wird auch Vortrieb erzeugt.

	Flügelfläche (in cm^2)	Körpergewicht (in kg)
Taube	680	0,3
Adler	5930	4,2
Bussard	2030	0,9

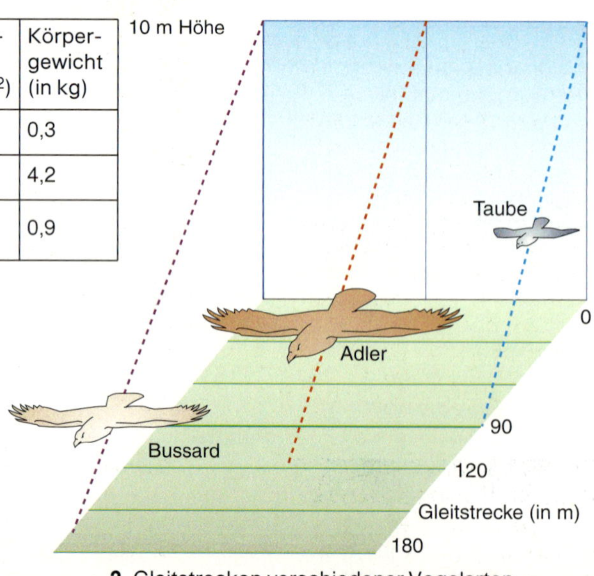

2 Gleitstrecken verschiedener Vogelarten

Federn und Vogelflug

Fast mühelos bewegen sich Vögel in der Luft. Wie kommt der Vogelflug zustande? Welche Rolle spielt das Federkleid dabei?

Der Stoff, aus dem die Federn sind

① Halte mit einer Zange eine kleine Feder in die Flamme eines Bunsenbrenners (Vorsicht!). Beschreibe den Geruch!

Wie schwer ist eine Feder?

② Lege eine Feder auf ein Blatt Millimeterpapier. Fahre den Umriss mit einem Bleistift nach. Schneide anschließend die gezeichnete Papierfeder aus. Wiege jetzt die Papierfeder und die Vogelfeder. Erkläre das Ergebnis!

③ Bestimme die Fläche der Papierfeder. Schneide so lange von der Papierfeder etwas ab, bis sie mit dem Gewicht der Vogelfeder übereinstimmt. Zähle die Fläche auf dem Millimeterpapier aus. Erkläre das Ergebnis!

Federsammlung

④ Im Wald findest du häufig Federn von der Mauser oder von einem Vogel, der von einem Beutegreifer getötet wurde, und im Zoo kann man auch farbenprächtige Federn von tropischen Vögeln entdecken.

⑤ Versucht, Ordnung in euren Fund zu bringen, klebt anschließend die Federn auf einen Karton auf und legt zusammen in der Schule eine Federsammlung an.

Notiere zu den Funden die Vogelart, den Federntyp, Fundort und Datum.

Wie sind die Federn aufgebaut

⑥ Streiche mit deinen Fingern an einer Federkante auf und ab. Beschreibe die Beobachtung.

⑦ Untersuche eine Feder mit dem Mikroskop und zeichne sie an einer auseinander gerissenen Stelle.

⑧ Versuche, eine brennende Kerze durch eine Schwungfeder auszublasen. Gib das Ergebnis an.

Der Flügel beim Fliegen

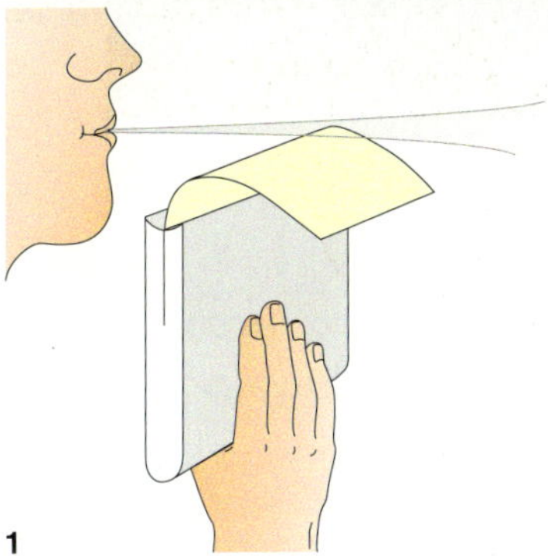

1

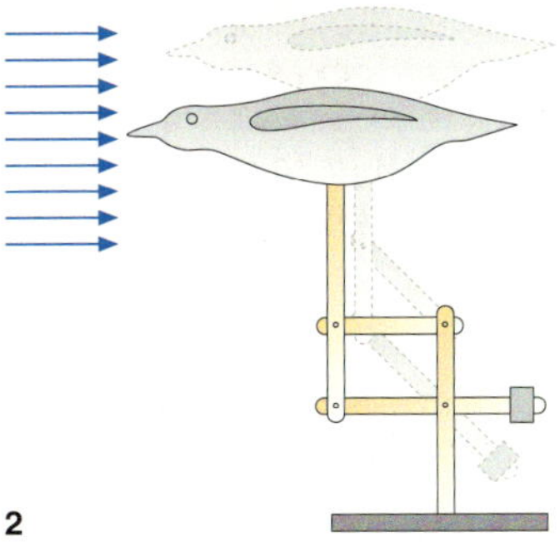

2

⑨ Klemme in dein Biologiebuch ein Blatt Papier so ein, dass es nach vorne überhängt (Abb. 1). Blase jetzt kräftig über das Papier. Beschreibe das Ergebnis. Übertrage das Ergebnis auf einen Vogelflügel.

⑩ Befestige einen Balsaholzgleiter oder einen Vogelbalg mit ausgebreiteten Flügeln auf einer Briefwaage (Abb. 2). Blase die Flügel von vorne mit einem Fön an. Beschreibe und deute das Ergebnis in deinem Heft.

⑪ Gib zu dem Luftstrom Rauch. Wie streicht der Luftstrom über die Oberseite und die Unterseite des Flügels?

Warme Luft und Fliegen

⑫ Spanne ein Glasrohr senkrecht an einem Stativ ein (Abb. 3). Stelle unter das Glasrohr eine brennende Kerze.

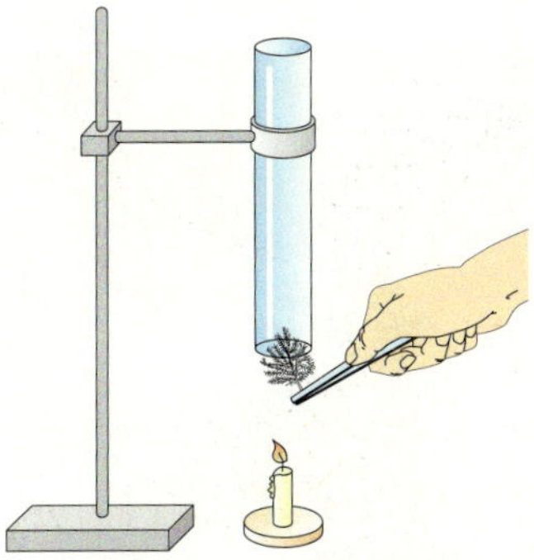

3

Bringe mit einer Pinzette eine kleine Daunenfeder oberhalb der Flamme in das Rohr. Beschreibe und deute das Ergebnis für den Vogelflug.

Isolieren Federn?

⑬ Fülle in zwei große Reagenzgläser ca. 40 °C warmes Wasser ein. Verschließe sie mit durchbohrten Gummistopfen. Durch die Öffnung wird jeweils ein mit Vaseline bestrichenes Thermometer gesteckt. Fülle 2 Ein-Liter-Bechergläser mit ca. 15 °C warmem Leitungswasser. Stelle das eine Reagenzglas so in das Becherglas, während das zweite in ein Würstchenglas mit einer Füllung von Daunenfedern eingebracht wird (Abb. 4). Bringe die Versuchsansätze gleichzeitig in die Bechergläser. Schalte eine Stoppuhr ein. Notiere nach jeweils einer Minute (über 10 Minuten) die Temperatur der beiden Gläser.

⑭ Deute das Ergebnis für Vögel im Winter und auf dem Wasser.

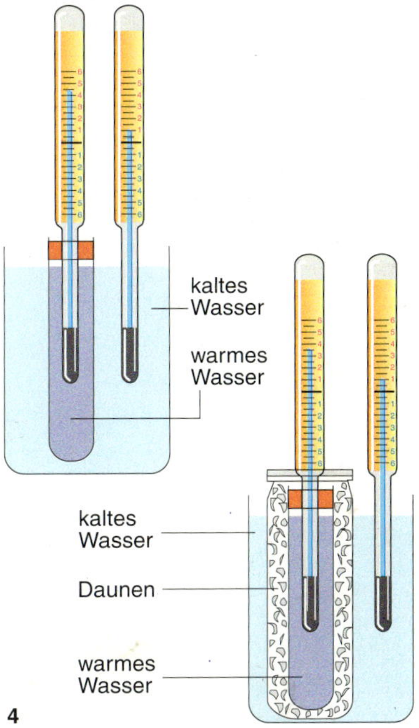

4

1 Haushühner auf dem Bauernhof

Das Haushuhn — Fortpflanzung und Entwicklung bei Vögeln

Balz
Besonderes Verhalten von Männchen und Weibchen, das die Paarbildung einleitet und festigt.

Kloake
letzter Abschnitt des Enddarmes, in den die Ausgänge von Harnblase und Eierstock oder Hoden münden.

Wenn auf einem Bauernhof Hühner im freien Auslauf gehalten werden, kann man dort manchmal folgendes *Verhalten* beobachten. Ein *Hahn* lockt mit Futter im Schnabel eine *Henne* an. Nähert sich diese, umtanzt er sie mit kurzen Schritten. Er senkt und spreizt dabei den von ihr abgewandten Flügel, sodass es aussieht, als ob er stolpere. Duckt sich die Henne nach diesen *Balzhandlungen*, steigt der Hahn auf und presst seine *Kloake* auf die der Henne.

Diese geschlechtliche Vereinigung der Hühner nennt man *Treten*. Die Spermien, die beim Treten übertragen werden, schwimmen in den oberen Teil des Eileiters. Verschmilzt jetzt der Zellkern eines Spermiums mit dem einer Eizelle, ist die *Befruchtung* erfolgt (S. 78).

Die verschiedenen Teile des **Hühnereis** werden auf dem Weg durch den *Eileiter* gebildet (Abb. 2). Aus der *befruchteten Eizelle* entsteht durch Teilungen die *Keimscheibe*, die auf der Dotterkugel schwimmt. Der Dotter dient zur Ernährung des Hühnerembryos, der sich aus der Keimscheibe entwickelt. Das *Eiklar*, die *Hagelschnüre* und zwei *Schalenhäute* werden von Teilen des Eileiters um den Dotter gebildet. Zum Schluss erhält das Ei in der *Schalendrüse* die *Kalkschale*. Diese Schale besitzt viele *Poren*, durch die später Luft für die Atmung des Vogelembryos hindurch kann. 24 Stunden nach der Befruchtung wird das Ei aus der Kloake ausgepresst.

Hühner, die in *Legebatterien* gehalten werden, legen fast jeden Tag ein unbefruchtetes Ei — im Durchschnitt 250 Eier pro Jahr. Die hohe Legeleistung wird durch das regelmäßige Entfernen der Eier möglich. So erreicht die Henne nie ein vollständiges *Gelege*, was unter normalen Bedingungen die Eiablage stoppen würde.

Aufgaben

① Schneide mit dem Messer vorsichtig ein hart gekochtes Ei längs durch. Zeichne und beschrifte alle erkennbaren Teile unter Verwendung von Abbildung 2.

② Nimm ein Stück Kalkschale und betrachte es mit der Lupe. Was erkennst du?

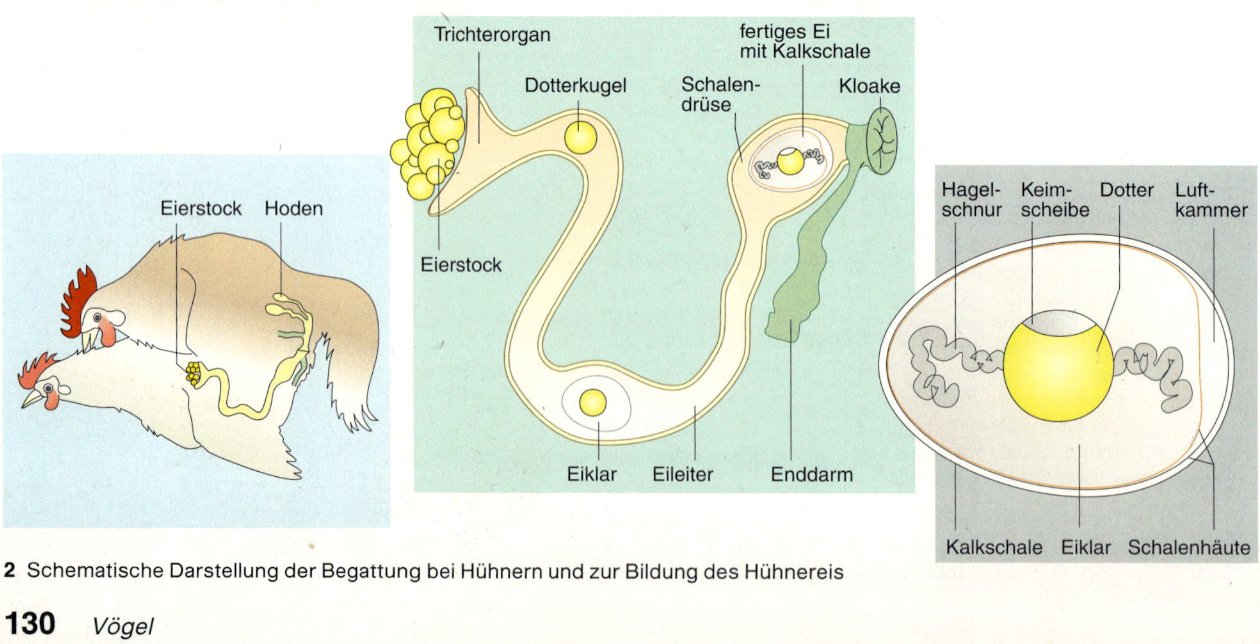

2 Schematische Darstellung der Begattung bei Hühnern und zur Bildung des Hühnereis

Vom Ei zum Küken

Glucke
Henne, die Eier ausbrütet bzw. Küken führt.

Nur aus einem befruchteten Ei kann ein *Küken* entstehen. Das Ei enthält alle Stoffe, die der Hühnerembryo zur Entwicklung benötigt. Der Dotter enthält Fett und Eiweiße, das Eiklar speichert Wasser, Eiweiß, Vitamine und Salze. Sobald die *Glucke* die Eier bebrütet, setzt die Entwicklung des Embryos ein.

Die Glucke überträgt ihre Wärme durch den *Brutfleck*, einer federlosen Stelle auf der Bauchseite, auf die Eier. Sie wendet die Eier regelmäßig mit ihrem Schnabel, sodass diese gleichmäßig gewärmt werden. Die Hagelschnüre halten die Dotterkugel stets so, dass die Keimscheibe oben bleibt.

Nach 3 Tagen kann man auf der Dotterscheibe *Adern* erkennen, die den *Keim* mit Nährstoffen aus Dotter und Eiklar versorgen. Nach 6 Tagen werden Kopf, Augen und die spätere Wirbelsäule sichtbar. Nach 14 Tagen sind Kopf, Schnabel und Augen bereits weit entwickelt. Man sieht jetzt auch deutlich die Flügel und die ersten Federn. Am 21. Bruttag durchbricht das Küken mithilfe des *Eizahnes*, das ist ein Kalkaufsatz am Oberschnabel, die Eischale und schlüpft aus.

Nach kurzer Zeit ist das Daunenkleid trocken. Danach verlässt das Küken das Nest für immer. Es kann sofort sehen und unter der Führung der Glucke Futter suchen. Hühnerküken sind **Nestflüchter**.

Nesthocker (Taube)

Junge Tauben dagegen liegen in den ersten Tagen ihres Lebens nackt und blind im Nest. Sie sind, wie viele andere Vögel auch, **Nesthocker**, die bis zum Ausfliegen auf die Altvögel angewiesen sind.

Aufgaben

① Lege ein rohes Ei waagrecht in eine Vertiefung eines Eierkartons. Stich mit einer Einwegspritze durch die Kalkschale und sauge ca. 1,5 ml Eiklar ab. Nun kannst du das Ei von oben mit Schere und Pinzette öffnen, ohne dass es ausläuft.
   a) Was erkennst du im Inneren?
   b) Versuche mit Präpariernadel und Pinzette den Dotter zu drehen bzw. zu wenden. Was geschieht?

② Beschreibe die Entwicklung des Hühnchens im Ei nach den Fotos auf dieser Seite.

③ Fasse die Unterschiede zwischen Nesthockern und Nestflüchtern in einer Tabelle zusammen.

Nestflüchter (Huhn)

1 Entwicklung eines Kükens im Ei

1 Kampfverhalten bei Junghähnen

Verhalten der Hühner

Hühnerküken müssen das Bild ihrer Mutter in den ersten Lebensstunden kennen lernen, um ihr folgen zu können. Dieses *Lernen* läuft so schnell und unveränderlich ab, wie wenn du deine Hand in feuchten Gips drückst. Nach dem Trocknen bleibt der Abdruck der Hand erhalten. Diese Form des Lernens bezeichnet man als **Prägung**.

Mit den „gluck, gluck, gluck"-Lauten lockt die Glucke ihre Küken zum Futter und hält die Schar zusammen. Verliert ein Küken den Anschluss, piepst es und die Glucke führt es zu den anderen zurück. Werden die Küken angegriffen, ist die Glucke sofort zur Verteidigung bereit.

Die Hühnerküken picken in den ersten Tagen nach allen Gegenständen, die wie ein Korn oder Wurm aussehen oder wie Wasser glänzen. So *lernen* sie durch *Probieren* Genießbares und Ungenießbares voneinander zu unterscheiden.

Im Alter von drei Wochen finden erste *Kämpfe* statt. Ein Küken hackt wie spielerisch nach einem anderen, das andere weicht zurück. Wiederholt sich der Vorgang, so ist das zurückweichende Küken dem anderen unterlegen. Bis zum Alter von 15 Wochen haben alle Hühner einer *Schar* ihre Positionen zueinander eingenommen und jedes Huhn hat nun einen festen Platz in der **Rang**- oder **Hackordnung** der Gemeinschaft.

Ranghohe Hennen fressen zuerst und nehmen die besten Schlafplätze auf den Sitzstangen ein. Rangniedere Hennen müssen auch beim *Staubbaden* und am Legenest hinter den Ranghöheren zurückstehen. Der Vorteil der festgelegten Rangordnung liegt für die Schar darin, dass es dann nur noch selten zu Kämpfen kommt (S. 156).

Aufgaben

① Erkläre nun mit dem, was du über das Verhalten der Hühner erfahren hast, die Ergebnisse der folgenden Experimente.
   a) Ein Küken wird unter eine Glashaube gesteckt. Das Küken flattert ängstlich umher und piepst. Die Glucke reagiert nicht.
   b) Ein Küken wird unter einem Korb versteckt. Sobald das Küken piepst, gluckt die Henne erregt. Sie geht umher und pickt gegen den Korb.

② Eine ranghohe Henne wird aus der Schar herausgefangen und ihr Gesicht mit Farbe angemalt. Wenn sie zur Schar zurückgesetzt wird, reagieren die anderen Hühner so, als sei sie ihnen fremd. Nach einer Weile greift eine rangniedere Henne an. Doch die ursprünglich Ranghöhere wehrt sich so heftig, dass die Angreiferin ablässt. Erkläre die Beobachtungen.

③ Auch junge Hähne kämpfen untereinander eine Rangfolge aus. Beschreibe mit eigenen Worten die in der Abbildung 1 erkennbaren Verhaltensweisen.

Hühnerhaltung

Man unterscheidet heute hauptsächlich zwei Formen der Hühnerhaltung, die *Bodenhaltung* und die *Legebatterien*. Bei der Bodenhaltung wird eine große Zahl von Hühnern auf Streu in einem Stall gehalten. Durchschnittlich sechs Hennen halten sich auf einem Quadratmeter auf. Sie können frei auf der Streu herumlaufen, picken und scharren, Futter und Wasser aufnehmen sowie ihre Eier in Nester ablegen.

Die meisten Hühner leben aber in Batteriehaltung. Dabei sind Tausende von Käfigen mit je vier Hennen in großen Ställen neben- und übereinander gestapelt. Die Hennen werden automatisch gefüttert und getränkt und haben nur sehr wenig Bewegungsfreiheit. Die Eier fallen durch den Drahtboden in eine Sammelrinne und kommen so nicht mit dem Kot, der mit Fließbändern abtransportiert wird, in Berührung. Die Ställe sind klimatisiert und 16 Stunden am Tag gleichmäßig beleuchtet, somit fressen die Hühner ständig und legen viele Eier.

In **Legebatterien** leben jeweils vier Hennen in einem Käfig, der meist weniger als einen halben Quadratmeter groß ist. Damit steht jedem Tier etwa die Größe dieser Buchseite als Platz zur Verfügung.

Ab dem Jahr 2007 sind Legebatterien in Deutschland verboten. Ab 2012 ist die Batteriehaltung in der EU untersagt.

Aufgabe

① Diskutiert Pro und Contra der Boden- bzw. der Legebatterien-Haltung.

1 Bodenhaltung

2 Legebatterie

Zettelkasten

Paduaner Zwerghuhn

Antwerpener Barthuhn

Bankivahahn

Bankivahenne

Wyandotte

Seidenhuhn

Vom Bankivahuhn zu den Hochleistungsrassen

Alle Haushuhnrassen sind durch *Züchtung* aus dem Bankivahuhn entstanden. Bankivahühner leben heute noch wild in den Wäldern Südostasiens. Sie fressen Samen und Knospen und scharren im Boden nach Würmern und Insekten. Zur Gefiederpflege baden sie häufig im Sand. Abends fliegen sie in das Geäst von Bäumen und übernachten dort. Die Henne legt einmal im Jahr 8 – 12 Eier. Unsere Hochleistungsrassen dagegen erreichen heute eine Legeleistung von über 300 Eiern pro Jahr.

Zum Verhalten der Amsel

Amseln kommen häufig in Wäldern, Gärten, Parks und Ortschaften vor. In der Nähe menschlicher Siedlungen finden sie gute Überlebensmöglichkeiten; sie sind Kulturfolger. Amseln kann man leicht beobachten, da sie nicht so rasch fliehen wie viele andere Wildtiere. Solche Freilandbeobachtungen lassen sehr zuverlässige Aussagen über das natürliche Verhalten der Tiere zu. Im Gegensatz zu Experimenten in Gefangenschaft wird das Verhalten nicht durch den Menschen beeinflusst.

Ein Vorteil ist auch, dass erwachsene Männchen und Weibchen leicht zu unterscheiden sind. Das Weibchen ist einfarbig erdbraun mit einer heller gefleckten Kehle. Der Schnabel ist braun. Männliche Amseln besitzen ein einfarbiges kohlschwarzes Gefieder. Im ersten Winter färbt sich der Schnabel der männlichen Jungvögel orangegelb und der Augenring wird auffallend gelb.

Das Verhalten der Amsel ist nicht zu jeder Jahreszeit gleich. Wenn du vorhast, das Verhalten der Amseln im Garten zu studieren, ist es wichtig vorher zu überlegen, welche Verhaltensweisen in der jeweiligen Jahreszeit zu erwarten sind.

Neben einigen besonderen Verhaltensweisen im Jahresverlauf zeigen die Amseln jedoch auch einige Verhaltensweisen über das ganze Jahr hinweg.

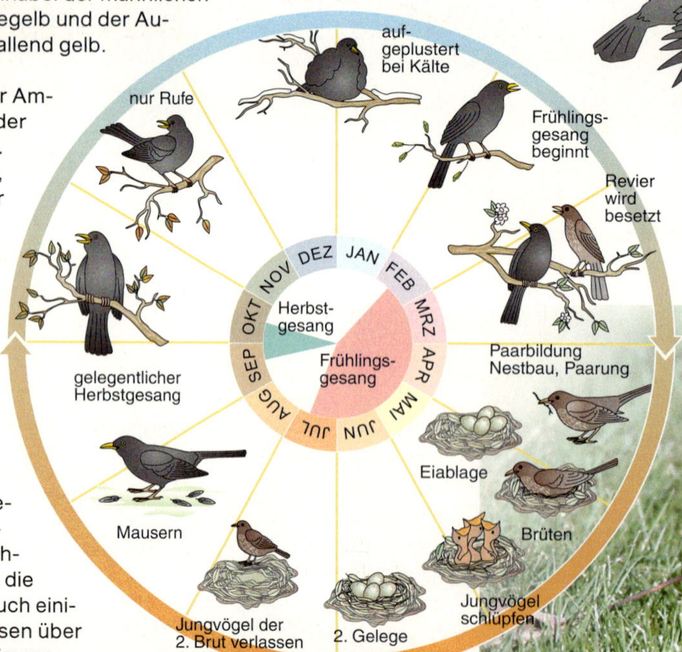

Folgendes Material kann bei den Beobachtungen hilfreich sein: Großformatige Grundstückskarte; Schreibunterlage, Stift (Einzeichnen von Revieren, Nist- und Gesangsplätzen), Notizblock, Uhr, Fotoapparat, Tonbandgerät, Feldstecher.

① Betrachte die Grafik zum Jahresverlauf und nenne besondere Verhaltensweisen, die du zur Zeit bei der Amsel beobachten könntest.

② Beobachte mehrmals zu unterschiedlichen Zeiten und Tagen die Amseln deiner Umgebung und fülle die Tabelle aus.

Datum			
Start-/Endzeit	–	–	–
Temperatur	....	....	....
Wetter	....	....	....
♂ gesamt	....	....	....
♀ gesamt	....	....	....
♂, ♀ gesamt	....	....	....

Gesangsverhalten

Von Februar bis Juli erklingt der Frühlingsgesang der Amseln und von September bis Oktober kann man den deutlich leiseren Herbstgesang hören.

③ Welches Geschlecht haben die singenden Amseln?

④ Markiere die Stellen, an denen du eine singende Amsel beobachtet hast. Haben diese Stellen etwas gemeinsam?

Nahrungssuche/-aufnahme

Große Rasenflächen (z. B. Sportplätze), Beete und fruchttragende Bäume und Sträucher bieten gute Möglichkeiten, Amseln bei der Nahrungsaufnahme zu beobachten.

⑤ Welche Nahrung nimmt die Amsel zu sich?

⑥ Wie bewegt sich die Amsel bei der Nahrungsaufnahme?

⑦ Wie behandelt die Amsel ihre Nahrung oder die Beute?

⑧ Wie erfolgt die Nahrungssuche, z. B. in Laubhaufen?

Eine besondere Situation zur Beobachtung der Amsel bei der Nahrungsaufnahme ergibt sich im Winter an einem Vogelbrett oder Vogelhäuschen, da dies die einzige Stelle sein kann, an der die Amseln etwas zu fressen finden.

Bei allen Beobachtungen ist es wichtig, dass du deine Ergebnisse mit denen deiner Mitschüler vergleichst. Unterschiedliche Ergebnisse lassen sich erklären, wenn man vorher die Probleme aufgeschrieben hat, die sich bei der Beobachtung der Amseln ergeben haben.

Revier- und Brutverhalten bei Amseln

Im zeitigen Frühjahr hört man häufig den Gesang von Amselmännchen. An ihrem tiefschwarzen Gefieder und dem gelben Schnabel sind sie leicht erkennbar. Der Gesang zeigt weiblichen Amseln an, dass ein paarungsbereiter Amselhahn ein *Revier* besetzt hat. Wird ein Weibchen angelockt, balzt er und die beiden bilden ein Amselpaar. Der gleiche Gesang wirkt auf einen anderen Amselhahn jedoch ganz anders: Er signalisiert ihm, dass hier eine Rivale ist, der sein Revier verteidigen wird. Missachtet der fremde Amselhahn diese Warnung, bedrohen sich beide Vögel gegenseitig. Gibt keiner nach, kommt es sogar zum Kampf. Männchen oder Weibchen anderer Vogelarten reagieren auf den Gesang des Amselhahns nicht.

Haben weibliche und männliche Amsel ein Paar gebildet, so suchen sie einen Nistplatz und beginnen mit dem Bau eines Nestes. Die Eier werden abgelegt. Sie zeigen eine bestimmte Färbung und ein bestimmtes Muster, an denen die Altvögel sie erkennen und mit der *Brut* beginnen. Nach etwa zwei Wochen schlüpfen die Jungen. Diese sind zunächst blind und liegen ruhig im Nest. Sobald ein Elterntier am Nest landet, strecken die Jungen die Hälse nach oben und reißen ihre Schnäbel weit auf, sodass der rote Schlund sichtbar wird. Dieses Verhalten nennt man *Sperren*. Gleichzeitig piepen sie. Für das Elterntier ist dieses Verhalten das Signal, den Jungen die mitgebrachte Nahrung in den Rachen zu stopfen. Sobald die Jungen sehen können, zeigen sie das Sperren, wenn sie ein Elterntier erblicken.

Aus dem Revier- und Brutverhalten der Amseln kann man schlussfolgern:

- Amseln können sich untereinander verständigen. Selbstverständlich benutzen sie dazu keine Wortsprache wie wir Menschen, sondern andere Signale.
- Als Signale dienen bestimmte Laute (z. B. der Gesang des Amselhahns), bestimmte Körpermerkmale (z. B. der rote Rachen der Jungen) oder bestimmte Verhaltensweisen (z. B. das Sperren).
- Die Signale werden von einem Sender (z. B. dem Amselmännchen) abgegeben und von einem Empfänger (z. B. dem Amselweibchen) aufgenommen.
- Wie ein Signal wirkt, hängt nicht nur vom Signal selbst ab, sondern auch vom Empfänger. Beispielsweise werden Amselweibchen durch den Gesang angelockt, andere Amselmännchen werden abgeschreckt. Für eine hungrige Katze ist es unwichtig, ob ein singender Amselhahn gerade sein Revier verteidigt, für sie ist er nur eine Beute.
- Nur Signale, die für den Empfänger wichtig sind, lösen eine erkennbare Reaktion aus. Beispielsweise reagieren Jungvögel auf den Gesang eines Amselhahns nicht, da sie mit ihm weder um Weibchen noch um Reviere konkurrieren.

Die beschriebenen Verhaltensweisen nennt man *Kommunikation*. Untersucht man dies bei den verschiedensten Tierarten, so kann man ein allgemein gültiges **Prinzip** erkennen: Bei der **Kommunikation** kommt es zu einer Informationsweitergabe zwischen einem Sender und einem Empfänger (S. 156).

1 Amselnest mit Eiern

2 Amselmännchen mit Jungen

Aufgaben

① Welches Signal löst das Sperren der noch blinden Jungamseln aus?

② Forscher zeigten jungen Amseln das aus Pappe ausgeschnittene Umrissbild einer erwachsenen Amsel – die Jungen sperrten. Das Bild der erwachsenen Amsel wurde immer mehr vereinfacht, die Abbildung in der Randspalte zeigt das Ergebnis. Von welcher Fragestellung könnten die Forscher ausgegangen sein? Erläutere das Ergebnis der Versuche.

③ Auch das Verhalten der Altvögel beim Füttern wird durch bestimmte Signale ausgelöst. Schlage Versuche vor, mit denen man dies überprüfen könnte.

④ Nenne andere Beispiele für Kommunikation unter Tieren.

1 Haussperling bei der Fütterung

2 Haussperling — Weibchen und Männchen

Der Haussperling — ein Kulturfolger

Feldsperling

„Tschilp! Tschilp!" schmettert das Männchen des Haussperlings sein Lied. Es sitzt auf der Dachrinne eines Hauses, nahe bei dem Dachziegel, unter den es die letzten Tage Grashalme eintrug. Das Männchen versucht, mit seinem lauten Tschilpen ein Weibchen anzulocken, was aber misslingt. Es fliegt ab und sammelt erneut Nistmaterial. Nun singt es mit dem Nistmaterial im Schnabel. Da nähert sich ein Weibchen und begutachtet das Nest unter dem Dachziegel. Das Männchen putzt und plustert sich indessen auf. Es *balzt* das Weibchen an. Das Weibchen duckt sich und zeigt Flügelzittern. Die Haussperlinge paaren sich nun mehrfach hintereinander.

Die Balz der Haussperlinge, die auch *Spatzen* genannt werden, setzt in der zweiten Februarhälfte ein und erreicht Ende März ihren Höhepunkt. Das Weibchen legt einige Zeit nach der Begattung bis Mitte April die ersten Eier. Das Nest wird aus trockenen Halmen nach oben geschlossen gebaut. Das Gelege umfasst 3—6 Eier. Während der 14-tägigen Brutzeit kennzeichnet das Männchen mit lautem Tschilpen sein Revier. Die Jungen schlüpfen als nackte und blinde *Nesthocker*. Das Spatzenpärchen füttert seine Jungen durchschnittlich 300-mal pro Tag mit Würmern, Insekten und deren Larven. Nach 17 Tagen verlassen die Jungspatzen das Nest, werden aber von den Alten noch weiter ernährt. Sie müssen erst durch Nachahmung lernen, selbst Samen zu sammeln. Haussperlinge ziehen pro Jahr 2—3 Bruten auf.

Die Spatzen können mit ihrem kräftigen Kegelschnabel Samen von Wildkräutern und Getreidekörner aufquetschen und fressen. Sie nehmen auch Abfälle des Menschen, Obst oder Insekten. Haussperlinge haben sich als *Kulturfolger* dem Menschen eng angeschlossen. Als Lebensraum bevorzugen sie Wohnsiedlungen, besonders eingegrünte Altbauviertel der Städte, aber auch in Dörfern oder Industrieanlagen leben sie. Lediglich geschlossene Wälder werden gemieden.

Als Niststandorte werden Hohlräume unter Dachpfannen von Häusern oder Scheunen, Mauerlöcher und mit Efeu bewachsene Hauswände, aber auch Nistkästen genutzt.

Bereits im Juni bilden die Spatzen große *Schwärme*. Mit der Reife von Gersten- und Weizenfeldern können 500 bis zu 6000 Haussperlinge zusammen beobachtet werden. Da ein Sperlingspaar bei 3 Bruten und bis zu 300 Fütterungen pro Tag umgerechnet bis zu 50000 Blattläuse pro Jahr verfüttert, sollte man Sperlinge als *biologische Schädlingsbekämpfer* ansehen.

Gemeinsam ruhen sie laut tschilpend im Gebüsch und nehmen zusammen ein Staub- oder Wasserbad. Auch an Schlafplätzen kann man Ballungen von Sperlingen finden: 1600 Vögel in einer mit Efeu bewachsenen Hauswand. Im Frühjahr lösen sich die Schwärme auf und die Partner des Vorjahres finden wieder zusammen. Die Haussperlinge bleiben das ganze Jahr in unserer Region. Sie sind *Standvögel*.

Vögel in Gärten und Parkanlagen

Die **Kohlmeise** ist ein häufiger Jahresvogel. Charakteristisch ist ihr schwarzer Kopf mit weißen Wangen sowie die gelbe Unterseite. Wie alle Meisen brütet auch die Kohlmeise in *Höhlen*. Ihr Nest besteht aus Moos und wird mit Haaren und Federn ausgepolstert. Meist legt das Kohlmeisenweibchen in einer Brut bis zu 12 Eier. Insekten bilden die Hauptnahrung. Typisch im Gesang der Vögel sind sich wiederholende Strophen: „zi-zi-be-zi-zi-be".

Die **Blaumeise** ist kleiner als die Kohlmeise. Unverwechselbar ist das blaugelbe Gefieder. Sie sucht Insekten, deren Larven und Spinnen an den Zweigspitzen von Laubbäumen. Größere Samen hält sie mit dem Fuß fest und bearbeitet sie mit dem spitzen Schnabel. Das Gelege besteht aus 7 – 13 Eiern. Die Rufe der Blaumeise klingen wie „tsi-tsi-tsi-tsit".

Die **Tannenmeise** kommt in Nadel- und Mischwäldern sowie Gärten und Parkanlagen mit Nadelbäumen vor. Ihre Nahrung besteht aus Nadelbaumsamen und Nüssen, aber auch Insekten, deren Larven und Spinnen. Sie baut die Nester in Baumhöhlen oder Mäuselöchern. Meist hat sie zwei Bruten mit 6 – 10 Eiern. Die Tannenmeise ist, wie die Blaumeise, ein Vogel, der das ganze Jahr über bei uns bleibt.

Der **Kleiber** bewohnt Eichenwälder, kommt aber auch in Gärten und Parks vor. Er hat seinen Namen einer besonderen Eigenart beim Nestbau zu verdanken: Die Weibchen kleben den Eingang der Nisthöhle so lange mit lehmiger Erde zu, bis nur noch eine körpergroße Öffnung übrig bleibt. Seine Nahrung sucht der Kleiber am Baumstamm. Er ist der einzige einheimische Vogel, der dabei mit dem Kopf voran abwärts klettern kann. Im Sommer bilden Insekten, im Winter fetthaltige Baumsamen die Hauptnahrungsquelle.

Der **Gartenbaumläufer** klettert in kleinen Sprüngen, meist spiralig, am Stamm hoch. Mit seinem langen, gebogenen Schnabel liest der Vogel Insekten und deren Larven sowie Spinnen aus Spalten der Rinde ab. Das Nest für die 5 – 7 Eier baut er hinter abstehenden Rindenstücken oder in Baumspalten. Bis in die Höhenlagen brütet der ihm ähnliche *Waldbaumläufer*. Beide Arten lassen sich am besten an ihrem Gesang unterscheiden.

Der **Zaunkönig** ist ein kleiner, rundlicher brauner Vogel mit fast ständig steil aufgerichtetem Schwanz. Im kugelförmigen Nest in Bodennähe werden zwei Bruten mit 5 – 7 Jungen aufgezogen. Auffällig sind sein geradliniger, schnurrender Flug in Bodennähe, sein lauter Gesang sowie sein äußerst lebendiges Verhalten. Die Stimme des nur 8,5 g schweren Vogels ist bereits im ausgehenden Winter zu hören. Auf der Suche nach Nahrung, die aus Insekten, deren Larven, Würmern und Spinnen besteht, durchstöbert er das Gestrüpp und bewegt sich dabei wie ein kleines Säugetier. Viele Zaunkönige überwintern bei uns, manche ziehen in der kalten Jahreszeit bis in den Mittelmeerraum.

1

2

3

4

5

8

6

7

9

10

Der Kuckuck ist ein Brutschmarotzer

Der Tierfotograf Paul Trötschel berichtet, wie er die *Entwicklung des Kuckucks* fotografiert hat (Seite 138). „Zuerst holte ich eine Sondergenehmigung bei der Naturschutzbehörde zum Fotografieren am Nest. Dann fuhren wir in ein sumpfiges Gelände mit Brennnesselbeständen und stellten dort unser Tarnzelt auf. Wir befanden uns in einer *Kolonie* von etwa 100 *Sumpfrohrsängernestern*. Aus dem Zelt konnten wir, ohne die Vögel zu stören, ein Sumpfrohrsängernest beobachten. Würde ein Kuckuck ausgerechnet in dieses Nest ein Ei legen? Nun begann das Warten, 8 bis 10 Stunden am Tag. Endlich, am 6. Tag, tauchte ein Kuckucksweibchen auf, nachdem das Rohrsängerweibchen gerade das Nest zur Futtersuche verlassen hatte. Das Kuckucksweibchen verschluckte schnell ein Ei und legte dafür ein eigenes in das Nest. Dann flog es mit einem weiteren Rohrsängerei im Schnabel davon. In diesen wenigen Sekunden hatte die Motorkamera den ganzen Film belichtet. Der Aufwand hatte sich gelohnt."

Das Sumpfrohrsängerweibchen brütet nach seiner Rückkehr weiter, ohne sich an den Veränderungen im Nest zu stören. Das Kuckucksei hat ungefähr gleiche Färbung und Fleckung, es ist aber etwas größer. Dieser Kuckuck wird — wegen der Ähnlichkeit im Aussehen der Eier — immer Sumpfrohrsänger als *Pflegeeltern* aufsuchen. Die *Wirtsvögel* ziehen dann seine Nachkommen auf.

Nach 12 Tagen schlüpft — kurz vor den Sumpfrohrsängern — das Kuckucksjunge aus. Wenige Stunden nach dem Schlüpfen bewegt sich der junge Kuckuck im Nest unruhig hin und her. Er versucht sich unter alle Gegenstände zu schieben, die er im Nest findet (Eier, Nestgeschwister oder hineingelegte Stoffbällchen). Er nimmt die Gegenstände auf den Rücken und wirft sie über den Nestrand hinaus. Dieses Verhalten ist angeboren und läuft ganz automatisch ab. Man sagt, es ist ein *Instinktverhalten*. Nach fünf Tagen erlischt diese Handlungsbereitschaft zum Hinauswerfen.

Der Kuckuck benötigt bei seinem starken Wachstum das ganze Futter, das seine Pflegeeltern herbeischaffen. Er öffnet unermüdlich seinen Schnabel. Der große, orangerote *Sperrrachen* ist dabei ein wirksamer *Schlüsselreiz* für die Elterntiere. Das lässt sich mit *Attrappenversuchen* nachweisen (vgl. Abbildungen in der Randspalte).

20 Tage nach dem Schlüpfen ist dem jungen Kuckuck das Nest zu klein. Er verlässt es, wird aber außerhalb noch drei Wochen von seinen Pflegeeltern weitergefüttert. Weil der Kuckuck seine Eier in die Nester anderer Vögel legt, sie dort ausbrüten und die Jungvögel von anderen aufziehen lässt, bezeichnet man ihn als *Brutschmarotzer*. Im Spätsommer zieht der Kuckuck zur Überwinterung nach Zentral- oder Südafrika.

Aufgaben

① Beschreibe mit eigenen Worten die Verhaltensweisen des Kuckucks anhand der Fotografien.

② Diskutiert, ob das Verhalten des Kuckucks grausam ist, wenn er seine Nestgeschwister hinauswirft.

③ Erkläre, warum der junge Kuckuck auch Stoffbällchen aus dem Nest wirft.

Zettelkasten

Sumpfrohrsänger füttert seine Jungen

Ein Kuckuckswirt stellt sich vor: Der Sumpfrohrsänger

Sumpfrohrsänger sind an der Oberseite olivbraun und besitzen einen hellen Augenstreif. Auf der Unterseite ist das Gefieder schmutzig weißlich. Sie ernähren sich von Insekten und im Herbst auch von Beeren. Sumpfrohrsänger bauen ihr Nest an die Stängel mehrerer Pflanzen, z. B. in dichten Brennnesselbeständen. Die Weibchen legen etwa fünf bläulich weiß gefleckte Eier. Die Brutdauer beträgt 13 Tage. Danach bleiben die Nesthocker noch 10—13 Tage im Nest. Sumpfrohrsänger sind eine eher seltene Wirtsart des Kuckucks; häufiger sind Teichrohrsänger, Bachstelzen, Haus- und Gartenrotschwanz, sowie der Neuntöter.

Der Vogelzug — zum Überwintern in den Süden

Mauersegler

Anfang August sammeln sich in Mitteleuropa die *Mauersegler* und ziehen nach Afrika. Dort überwintern sie südlich der Sahara, weil sie bei uns im Winter keine Insekten als Nahrung finden. Solche jährlich wandernden Vögel werden als **Zugvögel** bezeichnet.

Woher wissen wir eigentlich, wohin die Zugvögel ziehen und auf welchem Weg dies geschieht? Erste Ergebnisse bei der Erforschung des Vogelzuges brachte ab 1899 die *Methode der Beringung* von Vögeln mit Aluminiumringen. Mitarbeiter von Instituten für wissenschaftliche Vogelkunde *(Vogelwarten)* legen bei Jungvögeln im Nest oder bei gefangenen Vögeln mit einer Beringungszange jeweils passende Ringe an. Sie notieren in Beringungslisten die Vogelart, das Geschlecht, den Zeitpunkt und Ort der Beringung unter der Nummer, die der Vogel erhalten hat. Die Beringungsliste wird an die Vogelwarte geschickt, für die der Beringer arbeitet. Zusätzlich sammeln viele Vogelfreunde *Ankunfts-* und *Abreisedaten* von heimischen Zugvögeln.

Von einhundert beringten Vögeln erhalten die Vogelwarten allerdings nur etwa fünf Rückmeldungen. Falls du also einen toten, beringten Vogel finden solltest, dann schicke den Ring an eine der beiden deutschen Vogelwarten *(Helgoland* oder *Radolfzell am Bodensee)*. Du gibst dazu Fundort, Datum, Fundumstände, Name und Adresse des Finders an. Bei einem verletzten Vogel schreibst du alle Angaben vom Ring ab und sendest sie mit den gleichen Beschreibungen wie oben an die Vogelwarte. Den verletzten Vogel bringst du zu einer Vogelpflegestation oder zu einem Tierarzt.

Eine andere Methode der Vogelzugforschung ist die *Radarbeobachtung*. Damit können nachts ziehende Vögel überwacht werden. Über große Entfernungen sammelt man Daten von Vögeln, die auf ihrem Rücken einen kleinen Sender tragen. Dessen Funksignale werden von einem Satelliten empfangen und an die Vogelwarte rückgemeldet.

Aus allen Rückmeldungen erstellen die Wissenschaftler dann *Zugkarten* für die einzelnen Vogelarten, die das *Brutgebiet*, den *Zugweg* und die *Überwinterungsgebiete* ausweisen.

Zu den Zugvögeln gehören viele bei uns heimische Arten, wie zum Beispiel Rauchschwalbe, Mehlschwalbe, Kuckuck und Weißstorch. Die Vögel, die das ganze Jahr an ihrem Standort bleiben, wie Haussperling, Dompfaff, Kleiber und Amsel, nennt man **Standvögel**. Die Vögel, die nur für kurze Zeit ungünstigen Lebensbedingungen ausweichen, gehören zu den **Strichvögeln**. Beispiele für diese Gruppe sind Kohlmeise, Blaumeise, Buchfink und Star. Nur wenn in strengen Wintern in Nordeuropa die Beerennahrung knapp wird, kommen Bergfinken, Tannenhäher oder Seidenschwänze plötzlich in großen Schwärmen zu uns. Solche Vögel, die in Schwärmen, aber nicht jeden Winter zu uns kommen, werden **Invasionsvögel** genannt.

Zettelkasten

1 Mehlschwalbe

2 Rauchschwalbe

Die Schwalben

Mehlschwalben bauen ihre Nester an Außenwänden von Gebäuden. In den Winkel von senkrechten und waagerechten Flächen kleben sie ihr rundliches Nest aus feuchtem Lehm und Stroh. Mehlschwalben bebrüten zweimal im Jahr ein Gelege von jeweils 4–6 Eiern. Sie ernähren sich von im Flug gefangenen Insekten. Mehlschwalben sind auf der Oberseite glänzend schwarzblau, am Bürzel und unterseits weiß. Der Schwanz ist kurz gegabelt.
Im Gegensatz dazu tragen die Rauchschwalben am gegabelten Schwanz noch lange äußere Schwanzfedern. Bei ihnen sind Stirn und Kehle rostfarben. Rauchschwalben nisten innerhalb von Gebäuden. Deshalb benötigen sie Einflugöffnungen, um in die Gebäude zu gelangen.

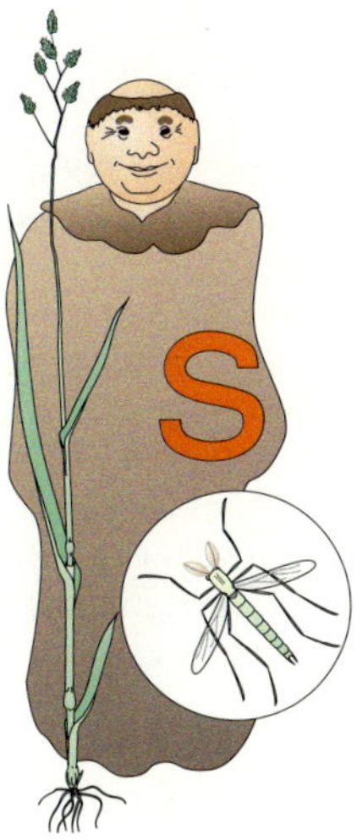

Welches sind die auslösenden Faktoren für den Vogelzug?

Bei Strichvögeln wie dem Star wird der Zug durch Nahrungsverknappung und schlechtes Wetter ausgelöst. Schwalben, Mauersegler und Störche ziehen aber schon nach Süden, bevor Nahrungsmangel oder Wetter sie dazu zwingen. Um herauszufinden, ob Vögel in ihrem Zugverhalten von der Lichtmenge im Laufe des Tages bestimmt werden, hielt man Vögel im Labor unter verschiedenen, konstanten Tageslängen. Alle Versuchstiere zeigten zur gleichen Zeit wie ihre frei lebenden Artgenossen Zugunruhe. Bei diesen Vögeln werden der Wegzug, der Federwechsel und die Fortpflanzung durch eine *innere* Uhr gesteuert.

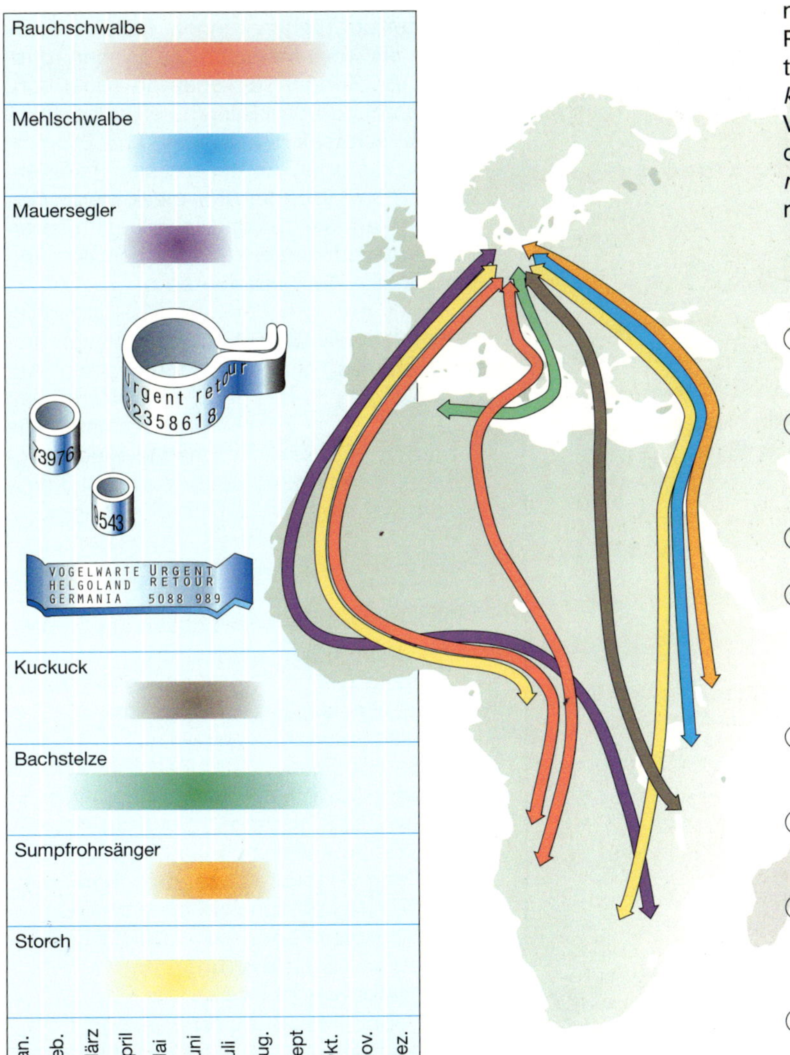

1 Aufenthaltsdauer und Zugwege von heimischen Zugvögeln

Wie orientieren sich die Vögel während des Vogelzugs?

Versuche haben gezeigt, dass man zwischen einer *Richtungsorientierung* und einer *Zielorientierung* unterscheiden muss. Am Tage ziehende Vogelarten versuchen auch im Labor zur Zugzeit im Herbst immer wieder nach Südwesten abzufliegen. Dies entspricht der natürlichen Zugrichtung. Man hat auch beobachtet, dass Jungkuckucke, die nachts und alleine ziehen, sicher ihr Überwinterungsgebiet in Afrika erreichen. Aus beiden Beobachtungen folgt, dass die Zugrichtung angeboren sein muss.

Am Tage ziehende Vögel richten sich dabei nach der Sonne *(Sonnenkompass)*. Sie verwenden zur Richtungsorientierung zusätzlich auffällige Oberflächenstrukturen der Erde, wie Küsten, Gebirge und Flüsse. Bei nachts ziehenden Grasmücken fand man im Planetarium heraus, dass sie ihre Zugrichtung mithilfe der Sterne festlegen (*Sternenkompass)*. An Rotkehlchen konnte man in Versuchen zeigen, dass sie sich noch nach dem Erdmagnetfeld orientieren können *(Magnetkompass)*, wenn man die Orientierung nach der Sonne und den Sternen verhinderte.

Aufgaben

1. Was ist der für eine Bestimmung wichtige Unterschied im Flugbild von Mehl- und Rauchschwalbe?
2. Wie ist es möglich, mithilfe der Beringung Angaben über das Zugziel, ja sogar über die Reisegeschwindigkeit eines Zugvogels zu erhalten?
3. Das Bildrätsel in der Randspalte gibt eine weitere Zugvogelart an. Welche?
4. Entnimm dem Vogelzugkalender aus Abbildung 1, wie lange sich die einzelnen Arten in ihrem Brutgebiet in Mitteleuropa aufhalten. Stelle die Zeiten in einer Tabelle zusammen.
5. Beschreibe die häufigsten Zugwege der bei uns heimischen Arten anhand der Abbildung 1.
6. Erkläre, warum Feuchtgebiete auf dem Zugweg für viele Zugvögel von großer Bedeutung sind.
7. Viele Zugvögel kommen nicht aus ihrem Winterquartier zu uns zurück. Überlegt gemeinsam, welche Gefahren die ziehenden Vögel bedrohen.
8. Sicher habt ihr noch andere Ideen, wie man den Vogelzug erforschen kann. Schreibt eure Vorschläge auf und diskutiert in der Klasse darüber.

Wintersnot — Vögel auf Nahrungssuche

Solange kein Frost auftritt und kein Schnee liegt, können die gesunden und kräftigen *Standvögel* den Winter selbst überstehen. Erst bei geschlossener Schneedecke ist die Nahrung (Samen, Früchte und überwinternde Insekten) für die Vögel unerreichbar. Dann kannst du ein Futterhäuschen mit Sonnenblumenkernen, Samen und Früchten, die du im Sommer gesammelt hast, füllen. Für solch eine Vorratshaltung eignen sich Samen von Disteln und Löwenzahn, Früchte von Eberesche, Holunder und Weißdorn.

Bald wirst du am Futterplatz Sperlinge, Buchfinken, Grünfinken und manchmal auch Bergfinken beobachten können. Diese Vögel besitzen dicke, kegelförmige Schnäbel, mit denen sie hartschalige Samen aufschneiden oder quetschen können. Man bezeichnet sie als *Körnerfresser*. Die Meisen müssen z. B. Sonnenblumenkerne regelrecht aufmeißeln, um den Samen herausholen zu können. Rotkehlchen, Amseln und Zaunkönige bevorzugen normalerweise Insekten, Spinnen und Würmer. Für diese *Weichtierfresser* kannst du an einer geschützten Bodenfutterstelle ein Fettfuttergemisch und getrocknete Beeren anbieten.

Wenn mit der Winterfütterung begonnen wird, muss sie auch durchgehalten werden. Auf keinen Fall gehören auf Vogelfutterstellen gesalzene, menschliche Nahrungsmittel. Alle Futterplätze müssen regelmäßig gereinigt werden, damit durch den Vogelkot keine Krankheitskeime auf das Futter gelangen.

Aufgaben

① Auf nebenstehender Abbildung sind häufige Wintergäste unserer Futterhäuschen zu sehen:

1 Kohlmeise	7 Bergfink
2 Blaumeise	8 Amsel
3 Sumpfmeise	9 Rotkehlchen
4 Grünling	10 Haussperling
5 Distelfink	11 Feldsperling
6 Seidenschwanz	

Welche Vogelarten hast du schon an einem Futterhäuschen beobachtet?

② Stellt gemeinsam Regeln für eine vernünftige Winterfütterung auf.

③ Diskutiert in der Klasse das Für und Wider der Winterfütterung von Vögeln.

④ Erkundige dich in einem Fachgeschäft nach geeignetem Futter für die Winterfütterung.

Vögel als Heimtiere

Am Futterhäuschen kannst du sicher Interessantes aus dem Verhalten der Vögel beobachten. Sehr viel mehr Möglichkeiten bietet die Haltung, Pflege und Beobachtung von Stubenvögeln. Bevor ein Vogel in eure Familie aufgenommen wird, solltest du dich ernsthaft mit allen Fragen auseinander setzen, die am Anfang des Lexikons Heimtiere (Seite 30) gestellt werden.

Alle vorgestellten *Heimvögel* leben als Wildtiere außerhalb der Brutzeit gemeinsam in Schwärmen. Häufig sind sie ihrem Partner treu. Man sollte deshalb alle Arten nur paarweise halten. Bei Einzelhaltung benötigen die Vögel anstelle des Partners regelmäßige menschliche Betreuung. Alle Rassen der Heimvögel kann man gut auf Ausstellungen oder über Züchtungsvereinigungen kennen lernen.

Bei Käfighaltung sollte man sie regelmäßig baden und frei fliegen lassen. (Vorsicht bei angeschalteten Herdplatten, offenen Aquarien und bei giftigen Topfpflanzen!). Der Standort des Käfigs sollte ruhig, licht und etwas oberhalb der Augenhöhe in einem Raum sein, in dem du dich häufig aufhältst. Aus hygienischen Gründen sind Wasser- und Futtersilos gegenüber offenen Gefäßen zu bevorzugen. Sie sollten täglich kontrolliert, gereinigt und aufgefüllt und der Käfig zweimal wöchentlich gereinigt werden.

Papageien

Steckbrief

Papageien. Die farbenprächtigen Vögel mit dem gekrümmten Schnabel und den Kletterfüßen werden wegen ihrer Sprachkünste vom Menschen gehalten.

Viele Arten sind im Freiland ihrer tropischen Heimatländer vom Aussterben bedroht, weil die Tiere in die USA und Europa exportiert werden. Beim Transport sterben sie in großer Zahl. Deshalb ist nach dem *Washingtoner Artenschutzabkommen* der internationale Handel mit allen Papageien bis auf Wellen-, Halsband- und **Nymphensittiche** verboten. Der beste Schutz für die Papageien ist der Verzicht auf die Haltung der Tiere in den reichen Industrienationen.

Kanarienvögel

Steckbrief

Sie stammen vom Kanariengirlitz auf den Kanarischen Inseln ab, von denen sie die Spanier Ende des 15. Jahrhunderts nach Europa brachten. Seither werden sie als Stubenvögel gehalten und nach Gesang, Färbung und Gestalt gezüchtet. Die Männchen der 12 – 13 cm großen Vögel bilden in ihrer Heimat im Frühjahr Reviere aus, die sie mit ihrem Gesang verteidigen. Tiroler Bergleute brachten Kanarienvögel in den Harz und züchteten daraus die bekannte Rasse der *Harzer Roller*.

Haltung: Rechteckiger Käfig mit einer Mindestgröße von 60 cm Breite, 50 cm Höhe und 40 cm Tiefe und mit 3 geschlossenen Käfigseiten, die gegen Zugluft und Sicht schützen. Kanarienvögel werden mindestens 10 Jahre alt.

Ernährung: Täglich einen Teelöffel Kanarienmischfutter, zusätzlich etwas Gemüse und Obst.

Zebrafinken

Steckbrief

Sie sind hervorragend an das Leben in den Trockengebieten ihrer Heimat Australien angepasst: sie können monatelange Dürrezeiten ohne Wasseraufnahme überstehen. Zebrafinken werden seit 100 Jahren vom Menschen gezüchtet, werden aber nicht handzahm.

Haltung: Möglichst in Zimmervolieren mit mehreren Paaren. Volieren sind große Vogelkäfige, in denen die Vögel auch fliegen können. Pro Pärchen braucht man mindestens einen Käfig von 100 x 40 x 50 cm und zwei Schlaf- und Brutnester aus Peddigrohr oder ausgehöhlten Kokosnüssen. Die Vögel können in Gefangenschaft bis ca. 10 Jahre alt werden.

Ernährung: Sie erhalten eine ausgewogene Körnermischung aus verschiedenen Hirsesorten. Zusätzlich werden angekeimte Körner, Samen von Wildgräsern, Obst und Weichfutter gegeben.

Wellensittiche

Steckbrief

Sie leben im australischen Buschland und werden ca. 18 cm lang. Wellensittiche werden seit 100 Jahren wegen ihres farbenprächtigen Gefieders, vor allem aber wegen ihrer Fähigkeit, die Sprache nachzuahmen, in Käfigen gehalten. Die Jungvögel werden rasch zahm.

Haltung: Sie sollten in einem großen Flugkäfig (Länge 75 cm, Breite 40 cm und Höhe 50 cm) gehalten werden. Sie werden 12 – 14 Jahre alt.

Ernährung: Hirse, Glanzsamen, Hafer, Obst und Gemüse.

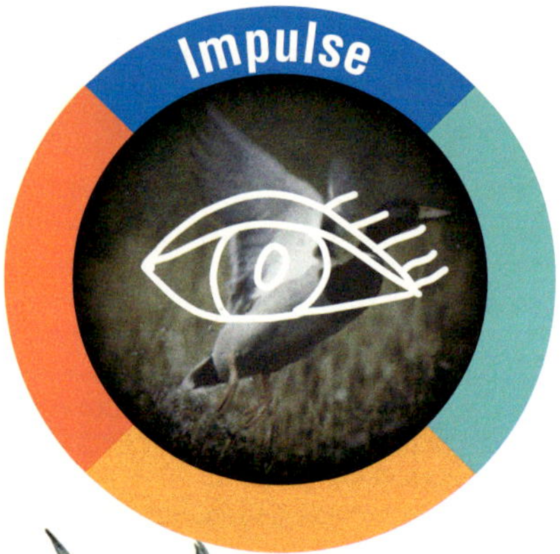

Den Vögeln auf der Spur

Vogelspuren

Du hast wahrscheinlich schon Fußabdrücke und andere Überbleibsel von der Lebenstätigkeit von Vögeln entdeckt. Je aufmerksamer du auf die Spuren achtest, um so mehr wirst du über das Leben der Gefiederten erfahren.

Auf feuchtem Schlamm oder im Neuschnee kann man die Laufspuren oder die Hüpfspuren von Vögeln am besten erkennen.
Wie bewegt sich die Gans am Boden vorwärts? Was verrät dir die Spur? Wie sieht die Fortbewegung eines Buchfinks am Boden aus?
Leichte Singvögel, wie Buchfink oder Haussperling, hüpfen leichtfüßig über den Boden und lassen feine Spuren zurück.

Kennst du die Spuren von Greifvögeln und dem Graureiher? Was solltest du beachten, wenn du Fußabdrücke durch Fotografien, Zeichnungen oder Gipsabgüsse festhalten möchtest?

Nester

Als Spuren der zurückliegenden Brutsaison kannst du im Herbst, wenn die Blätter von Bäumen und Sträuchern gefallen sind, z. B. in Astgabeln die Nester von Vögeln entdecken.

Teichrohrsänger errichten ihr napfförmiges Nest an einigen Halmen des Schilfrohres. Hier füttert ein Teichrohrsänger seine Jungen.

Nester werden mit den unterschiedlichsten Materialien und Konstruktionen erbaut. Schwalben z. B. bauen Lehmnester, die sie an Wände kleben.

Die afrikanischen Webervögel, Verwandte unseres Haussperlings, flechten ein kunstvolles glockenförmiges Nest. Es können in einer Kolonie Hunderte an einem Akazienbaum hängen.

Welche Nester hast du schon gefunden? Wie sahen sie aus?
Welche unterschiedlichen Nistmaterialien sind zum Bau verwandt worden?
Welche Vogelarten hatten sie errichtet?
Wie könntest du mit Zeichnungen und Fotografien eine Ausstellung von Nestern gestalten?

Achtung! Vogelnester können Krankheitskeime und Milben enthalten!

Nest des Gartenrotschwanzes

Gewölle

Gewölle von Watvögeln

Nicht nur Eulen und Greifvögel würgen unverdauliche Reste ihrer Nahrung als Gewölle aus.
Auch Krähen würgen Reste von kleinen Säugetieren, Eischalen, Insektenpanzer und unterschiedliche Pflanzenmaterialien hervor. Gewölle von Möwen und Watvögeln enthalten Schalenreste von Muscheln und manchmal auch Nahrungsreste von Müllkippen.

Wo könntest du bei dir in der Umgebung Gewölle von Saatkrähen, Dohlen oder Elstern finden?
Gibt es bei dir in der Nähe eine Kolonie von Möwen? Suche dort nach Spuren!

Gewölle von Krähen

geschlossener Nistkasten

Nisthilfen und Futterhäuschen

Gartenbesitzer möchten häufig Vögel zum Bleiben veranlassen. Dazu bauen sie ihnen Nistkästen und hängen diese an geeigneten Stellen, geschützt vor Katzen, auf. Andere Gartenbesitzer locken im kalten Winter Vögel mit Futterhäuschen an, um sie besser beobachten zu können. Was kann man aus den hinterlassenen Spuren erschließen?

Was verrät die Größe der Nistkästen und deren Öffnungen über ihre Bewohner?
Wer bevorzugt Halbhöhlen?
Nach welcher Himmelsrichtung sollte die Öffnung der Nistkästen gerichtet sein?
Warum sollte erst bei geschlossener Schneedecke gefüttert werden?

Halbhöhle

Eier

Amselnest

Eier der Küstenseeschwalbe

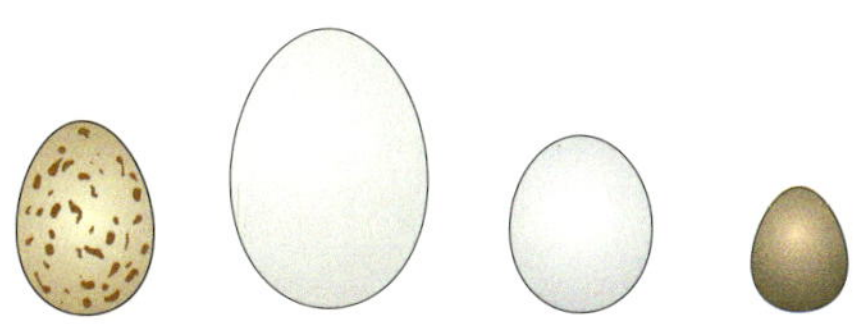

Teichhuhn Graureiher Steinkauz Nachtigall

Die Eier von Schleiereulen, die in Höhlen brüten, sind weiß. Kleine Landvögel, wie die Kohl- und die Blaumeise, legen zwar kleine Eier, aber bis 15 an der Zahl pro Gelege. Die Eier sind überwiegend weiß und zeigen fast keinen Tarneffekt, da sie in einem Nest liegen. Der Sandregenpfeifer legt seine Eier im Uferbereich zwischen Kies und Geröll. Deren sandfarbene, mit braunen Flecken gesprenkelte Eier sind vor der Entdeckung durch Feinde getarnt und damit geschützt.

Warnung!!!
Du darfst keine Eier aus Nestern entfernen!
Versuche über Vogelbestimmungsbücher herauszufinden, wie die Eier von Rotkehlchen, Heckenbraunelle, Ringeltaube und Waldkauz aussehen?
Hat ein Naturkundemuseum in deiner Nähe eine Sammlung von Eiern ausgestellt?
Konntest du schon einmal in einem Zoologischen Garten eine Brutstation für Vogeleier besuchen?

Futtersilo

1 Abfliegende Schleiereule

2 Schleiereule mit Jungen

3 Eulengewölle (rechts zerlegt)

Die Schleiereule — lautloser Jäger in der Nacht

Eulenfuß mit Wendezehe

Schleiereulen waren ursprünglich Felsenbewohner, leben heute aber in Mitteleuropa in der Nähe des Menschen. Sie bewohnen ruhige Schlupfwinkel in Scheunen, Dachböden, Kirchtürmen und zerfallenen Häusern als *Tagesruhesitz* und *Brutplatz*.

Die Schleiereulen jagen hauptsächlich nachts nach Mäusen. Die großen Augen sind so lichtempfindlich, dass sich die Eulen auch bei schwachem Mondlicht gut orientieren können. Die Unbeweglichkeit der Augen gleichen die Eulen durch die enorme Drehbarkeit des Kopfes bis zu 270° aus.

Der herzförmige *Gesichtsschleier* lenkt Schallwellen auf die verdeckten Ohröffnungen. Die Ohren sind der *Leitsinn* bei der Jagd. Schleiereulen können bei absoluter Dunkelheit nur nach Geräuschen Mäuse anfliegen und schlagen. Eine weitere Voraussetzung für diese ungewöhnliche Gehörleistung liegt im Aufbau des Gefieders. Das sehr weiche Gefieder und der fransenartige Kamm an der Außenfahne der Handschwingen verhindern die Entstehung von Windgeräuschen beim Flug. So kann die Eule die Beutetiere orten, die Mäuse dagegen werden nicht durch Geräusche gewarnt.

Hat die Schleiereule eine Maus von einem Ansitz aus erkannt, gleitet sie lautlos zur Erde und greift sie mit den spitz bekrallten Greiffüßen. Dabei stehen zwei Zehen nach vorne und zwei nach hinten. Von den drei nach vorne gerichteten Zehen der Eulen kann eine gedreht werden *(Wendezehe)*. Die Maus hat kaum eine Chance zu entkommen. Im Hakenschnabel wird die Beute zum Brut- oder Kröpfplatz getragen. Dort wird sie mit dem Kopf voran unzerkleinert verschlungen. Einige Stunden nach der Mahlzeit würgt die Eule Unverdauliches (z. B. Haare, Federn, Knochen) als Gewölle wieder aus.

Lang anhaltende Winter mit geschlossener Schneedecke bedeuten für viele Schleiereulen den Tod. Sie können nur geringe Fettreserven anlegen, die schnell verbraucht sind, wenn sie keine Beute machen können. Die Anzahl der Eulen nimmt in Jahren mit vielen Mäusen schnell wieder zu. Die Weibchen legen statt 4 bis 7 dann bis zu 12 Eier. Dazu kommt manchmal noch eine zweite Brut im selben Jahr. Das Weibchen brütet vom ersten Ei an 30 bis 34 Tage. Die Jungen schlüpfen im Abstand von jeweils ein bis zwei Tagen. Nach ungefähr 60 Tagen fliegen sie aus und suchen ein eigenes Revier.

Gewölleuntersuchung

Man kann die Eulen nachts bei der Jagd schlecht beobachten. Die *Zusammensetzung der Nahrung* kann man aber durch eine Untersuchung herausfinden. Anhand der Knochen in den Gewöllen kann die Zusammensetzung der Beutetiere bestimmt werden.

① Vor der Untersuchung werden die Gewölle in einem Backofen über mehrere Stunden bei 150 °C erhitzt, um eventuell vorhandene Krankheitskeime abzutöten. Dann kannst du die getrockneten Gewölle auf Zeitungspapier mit Präpariernadeln und spitzen Pinzetten zerzupfen.

② Versuche zunächst anhand der Bestimmungstabelle herauszufinden, von welcher Eulenart das Gewölle stammt.

③ Versuche die Beutetiere und deren Anzahl nach den gefundenen Schädeln und Kieferteilen zu bestimmen. Nach den Untersuchungen musst du deine Hände waschen!

④ Sammelt die Ergebnisse der ganzen Klasse in einer Tabelle!
Kleine Wühlmäuse ....
echte Mäuse ....
Spitzmäuse ....
Vögel ....
Lurche ....
Restbeute ....

⑤ Forscher haben die Zusammensetzung der Eulennahrung anhand von Gewöllen ermittelt. Die Ergebnisse sind in der Tabelle dargestellt. Vergleiche eure Ergebnisse mit der Tabelle.

⑥ Gib die Unterschiede und Gemeinsamkeiten in der Nahrung der vier Eulenarten an.

⑦ Versuche aus den Knochen der Gewölle nach der Vorlage ein vollständiges Mäuseskelett auf ein Blatt Papier aufzukleben. Dein Ergebnis kannst du mit einer selbst klebenden, durchsichtigen Klarsichtfolie schützen.

	Schleiereule	Waldohreule	Waldkauz	Steinkauz
Bestimmungstabelle Eulengewölle				
Länge (in cm)	2–8	4–7	3–8	3–5
Dicke (in cm)	2–3	2–3		
Form	glatt, groß, abgerundet	schlank, walzenförmig	dick, unregelmäßig	besonders schlank
Farbe	schwarz	grau	grau	grau
Fundort	Kirchen, Scheunen, Häuser	Waldrand, Feldgehölze	Wald, Park	Kirchen, Steinbrüche
Zusammensetzung von Gewöllen (Tausend Gewölle enthalten durchschnittlich):				
kleine Wühlmäuse	558	880	499	786
echte Mäuse	144	83	140	106
Spitzmäuse	253	4	36	22
Vögel	38	88	139	25
Lurche	6	–	111	54
Restbeute	13	5	75	7

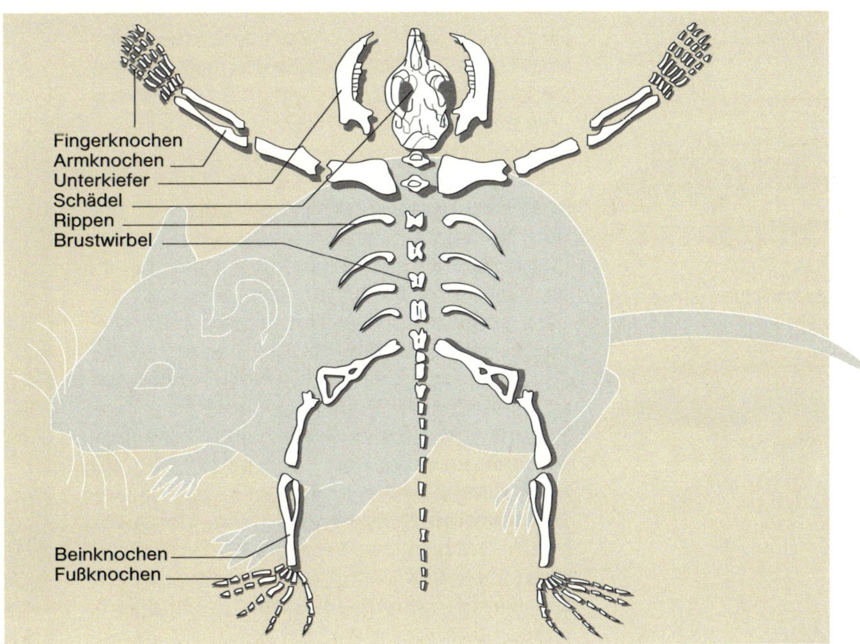

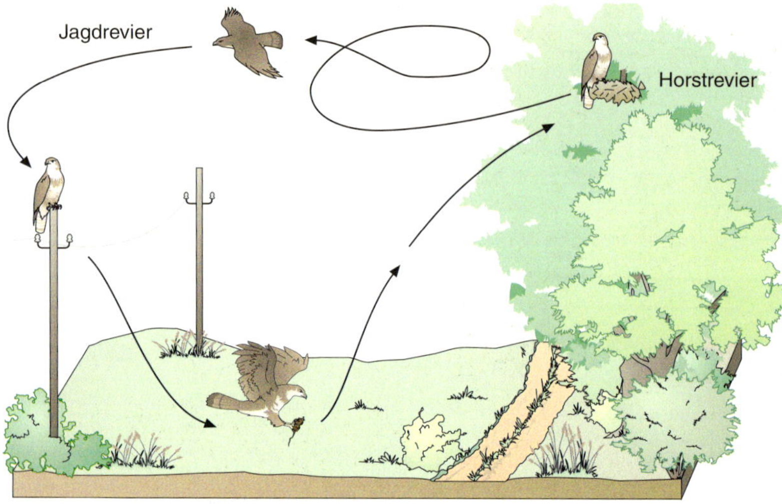

1 Lebensraum des Mäusebussards

Das *Jagdrevier* des Mäusebussards liegt im offenen Feld- und Wiesengelände. Häufig beobachtet der Mäusebussard auf einem Pfahl sitzend. Mit dem guten Sehvermögen seiner großen Augen kann er kleine Beutetiere, wie zum Beispiel Feldmäuse, leicht erkennen. Die Beute greift er dann aus dem Gleitflug auf.

Das Bussardpaar baut sein hoch liegendes Nest, das man als *Horst* bezeichnet, aus Ästen, Reisig und Moos in einem hohen Baum am Rande eines Waldstückes. Dort liegt das *Horstrevier*, in dem nicht gejagt wird. Das Weibchen legt im Abstand von jeweils zwei bis drei Tagen zwei oder drei weißlich braun gefleckte Eier. Nach 33 bis 34 Tagen schlüpft das erste Junge, ein *Nesthocker* mit einem weißlichen Dunenkleid. Die Eltern füttern die Jungen zunächst mit Beuteteilen und später mit ganzen Mäusen. 46 Tage nach dem Schlüpfen können die jungen Bussarde fliegen.

Alle **Greifvögel** besitzen gemeinsame Körpermerkmale, die für einen Beuteerwerb wichtig sind: Einen *Hakenschnabel, Greiffüße* und *große, scharfsichtige Augen.* Sie jagen tagsüber und speien von den unverdaulichen Resten *Gewölle* aus. Die Weibchen sind meist größer als die Männchen. Die Jungen sind *Nesthocker*.

Aufgabe

① Gib anhand der Flugbilder in der Randspalte an, wie man die abgebildeten vier Greifvogelarten im Flug unterscheiden kann.

Der Mäusebussard — ein Greifvogel jagt

Bussard

Turmfalke

Habicht

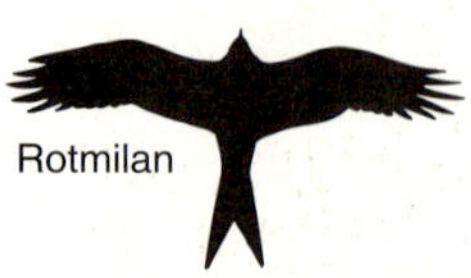
Rotmilan

Bei schönem Wetter kann man über offenen Landschaften häufig ein miauendes „Hiäh, Hiäh“ hören. Wenn du dann zum Himmel schaust, entdeckst du einen im Kreis segelnden Vogel mit breiten Flügeln und kurzem Schwanz. Es ist ein *Mäusebussard*.

Manchmal schlägt der Mäusebussard die Flügel schnell auf und nieder, bleibt mit voll gespreizten Schwanzfedern und schräg gehaltenem Körper im Rüttelflug scheinbar in der Luft stehen. Dann lässt er sich nach unten fallen. Mit voll ausgebreiteten Flügeln bremst er kurz vor dem Boden, streckt die Beine nach vorn und ergreift eine Maus. Der Mäusebussard tötet die Beute meist sofort mit den spitzen Krallen seiner Greiffüße, die man als *Fänge* bezeichnet.

Anschließend fliegt er zu einem festen Platz in seinem Revier. Er *kröpft* sie und reißt mit dem Hakenschnabel Stücke aus der Beute. Losgerissene Stücke kann er mit der scharfen Schneide des Ober- und Unterschnabels zerkleinern. Die Beute wird mit Haut und Haaren verschlungen. Im Magen zersetzen Verdauungssäfte die Fleischteile und sogar Knochen. Unverdauliche Reste, wie Federn und Haare, werden im Magen zusammengepresst und nach einem Tag als Speiballen *(Gewölle)* herausgewürgt. Aus Gewölleuntersuchungen weiß man, dass der Mäusebussard hauptsächlich Feldmäuse frisst. Zu seiner Nahrung gehören außerdem Maulwürfe, Junghasen, Singvögel und Frösche.

2 Mäusebussard

Greifvögel

Rotmilan

Schwarzmilan

Rotmilan und **Schwarzmilan** unterscheiden sich von den anderen Greifvögeln durch einen gegabelten Schwanz. Der Rotmilan ist etwas größer als ein Bussard und hat rötlich braune Schwanzfedern. Der Schwarzmilan ist bussardgroß und im Gefieder schwarzbraun. Als Nahrung bevorzugt der Rotmilan Aas, Vögel, Kleinsäuger, Amphibien und Fische. Er lebt in abwechslungsreichen Landschaften, während der Schwarzmilan mehr in der Nähe von Gewässern zu finden ist. Für beide Milanarten sind eingebrachte Stofffetzen im Horst typisch.

Wanderfalken sind stark vom Aussterben bedroht. Ihre Nahrung besteht fast nur aus Vögeln bis zur Größe eines Eichelhähers, die sie im Flug über offenem Gelände erbeuten. Die Wanderfalken erreichen im steilen *Stoßflug* auf die Beutetiere eine Geschwindigkeit bis zu 300 km/h. Diese Falkenart brütet in steilen Felswänden.

Turmfalken sind die häufigsten Greifvögel Europas. Die etwa taubengroßen Vögel sind auf dem Rücken rotbraun gefärbt. Ihre Flügel sind schmal und spitz zulaufend. Das Schwanzgefieder ist lang und schmal. Charakteristisch ist der *Rüttelflug* in geringer Höhe, bei dem die Falken nach Beute spähen. Haben sie die Beute erkannt, lassen sie sich im *Sturzflug* zur Erde fallen. Zum Schluss bremsen sie mit ausgebreiteten Flügel- und Schwanzfedern ab. Die Beute ergreifen die Turmfalken mit den Fängen und töten sie mit einem Biss des Hakenschnabels in den Nacken. Turmfalken ernähren sich hauptsächlich von Mäusen und anderen Kleinsäugern sowie Jungvögeln, Insekten und Larven. Sie nutzen als Beuterevier offenes Gelände und kommen dabei sogar in Parkanlagen von Großstädten vor. Ihre Horste legen sie auf Bäumen in alten Krähennestern an oder nutzen Nischen in Gebäuden bzw. Nistkästen.

Der **Habicht** ist bei uns nicht mehr so häufig wie früher. Sein Gefieder ist oberseits graubraun und auf der Unterseite weiß mit graubrauner Querbänderung. In der Nähe von abwechslungsreichen Feldflächen stößt der Habicht überraschend aus der Deckung am Waldrand auf seine Beute zu. Die Beute sind überwiegend Vögel (Tauben, Elstern, Drosseln, Stare, Rebhühner) und Säugetiere (Hasen, Kaninchen, Eichhörnchen). Der Horst wird vorzugsweise in der Krone von Nadelbäumen angelegt.

Der **Steinadler** ist der größte Taggreifvogel Europas, der durch langjährige Bejagung stark gefährdet ist. In den bayerischen Alpen brüten z. B. nur noch wenige Paare. Der Steinadler erkundet im *Segelflug* in großer Höhe sein Jagdgebiet. Der eigentliche Angriff erfolgt dicht über dem Boden. Im Überraschungsangriff ergreift er seine Beute aus einem rasanten *Stoßflug*. Die Nahrung besteht aus Murmeltieren, Schneehühnern, Reptilien und Aas. Der umfangreiche Horst aus Knüppeln und Reisern befindet sich gewöhnlich auf einem Absatz einer senkrechten Felswand, selten auf Bäumen.

1 Stockentenweibchen mit Jungen

Die Stockente — ein typischer Schwimmvogel

Auf einem Teich kann man oft zahlreiche *Wasservögel* sehen. Neben den weißen, ruhig schwimmenden Höckerschwänen fallen die zahlreichen, pechschwarzen Blässrallen mit weißem Stirnfleck und Schnabel auf. Vereinzelt sieht man Teichrallen, Haubentaucher und Reiherenten (siehe Seite 151). Doch in den meisten Fällen sind **Stockenten** am häufigsten vertreten.

Stockenten sind als typische *Schwimmvögel* besonders gut an das Leben im Wasser angepasst. Ihren kahnförmigen Körper treiben sie im Wasser mit *Schwimmfüßen* voran. Zwischen den drei nach vorne gerichteten Zehen befinden sich *Schwimmhäute*. Beim Rückwärtsschlag eines Fußes sind die Schwimmhäute ausgebreitet und drücken die Ente vorwärts. Der andere Fuß wird gleichzeitig mit zusammengelegten Zehen nach vorne gezogen.

Die Stockenten werden im Wasser, ähnlich wie ein Schlauchboot, von einem Luftpolster getragen. Die Luft hält sich zwischen dem lockeren Dunengefieder. Die Deckfedern schließen das Dunengefieder nach außen ab. Stockenten fetten ihre Federn mit *Talgabscheidungen* aus der an der Schwanzwurzel liegenden *Bürzeldrüse* ein und machen das Gefieder dadurch wasserabstoßend. Da Luft und Fett schlechte Wärmeleiter sind, geht kaum Körperwärme an das Wasser verloren. Zusammen mit dem Fettpolster unter der Haut verhindert die eingeschlossene Luftschicht, dass die Enten im Wasser auskühlen.

Erpel
männliche Ente

Im Herbst lassen sich manchmal die *Balz* und Paarbildung der Stockenten beobachten. Die *Begattung* erfolgt erst im darauf folgenden Frühjahr. Das Weibchen legt dann im April oder Mai 7 bis 11 grünlich bräunliche Eier in das *Bodennest*. Nach 28 Tagen schlüpfen die Jungen aus und folgen der Mutter sofort auf das Wasser. Die kleinen *Nestflüchter* können gleich schwimmen und ernähren sich selbstständig. Das Weibchen betreut die Jungen noch acht Wochen, bis sie auch fliegen können.

Am flachen Ufer des Teiches kann man Enten oft beim *Gründeln* beobachten. Dabei ragt ihr Hinterkörper senkrecht aus dem Wasser. Mit dem Kopf unter Wasser nehmen sie nahrungshaltigen Schlamm auf. Die Enten pressen dann mit der Zunge das Wasser durch die Hornleisten des Schnabels und die gefransten Ränder der Zunge nach außen. Diese Teile des Schnabels wirken wie ein Küchensieb. Man spricht von einem *Seihschnabel*. Darin bleiben Würmer, Insektenlarven, Schnecken, Laich und Wasserpflanzen als Nahrung zurück und werden verschluckt.

Nach der Art der Nahrungssuche unterscheidet man bei den Enten **Schwimmenten**, die gründeln, und **Tauchenten**, die tiefer im Wasser liegen und tauchend ihre Nahrung suchen. Zu den Schwimmenten gehören neben der Stockente auch die selteneren *Krick-* und *Knäkenten*. Beispiele für heimische Tauchenten sind *Tafel-*, *Reiher-* und *Schellente*.

Wasservögel

Die **Teichralle** läuft mit ihren *Stelzfüßen* geschickt über große Blätter von Schwimmpflanzen und pickt von diesen Insekten, Schnecken und Froschlaich auf. Ihr Nest baut sie versteckt im Gebüsch am Ufer. Das Weibchen legt 8 – 10 Eier in das Nest.

Die **Blessralle** trägt an drei Zehen Schwimmlappen. Mit diesem *Lappenfuß* kann sie sehr schnell schwimmen und auch sehr gut tauchen. Sie ernährt sich hauptsächlich von Wasserpflanzen, Insekten und deren Larven. Blessrallen bauen ihre Nester versteckt im Schilf. Das Gelege besteht aus 7 – 9 Eiern.

Der **Haubentaucher** lebt auf den freien Wasserflächen größerer Seen. Er taucht normalerweise bis zu 6 m tief und bis zu einer Minute lang, um unter Wasser Fische zu fangen. Sein *Schwimmnest* aus faulenden Pflanzenteilen liegt am Rande des Schilfgürtels. Beim Verlassen des Nestes tarnt das Weibchen die 4 Eier jeweils mit losen Halmen und Blättern. An Land wirken Haubentaucher sehr unbeholfen, da die weit hinten am Körper ansetzenden Beine nur ein schwerfälliges Gehen ermöglichen.

Höckerschwäne zählen mit einem Gewicht bis zu 13 kg zu den größten flugfähigen Vögeln. Sie brüten an stehenden und langsam fließenden Gewässern mit reichlich Wasserpflanzen am Ufer. Der Schwan erreicht die Pflanzen mit seinem langen Hals bis in 1,5 m Wassertiefe und rupft sie ab. Das Weibchen baut das Nest aus groben Pflanzenteilen, die es in der Umgebung abreißt. Im Inneren des Nestes verwendet es zusätzlich feineres Material und einige Dunen. Das Weibchen bebrütet die 5 – 7 Eier alleine, das Männchen bewacht und verteidigt in dieser Zeit den Brutplatz. Nach 35 Tagen schlüpfen die zunächst grauen *Dunenjungen*. Sie bleiben dann noch wochenlang mit den Altvögeln als Familie zusammen.

Die **Tafelente** gehört zu den Tauchenten. Das Männchen ist in seinem *Prachtkleid* an Kopf und Hals rosarot, an der Vorderbrust schwarz gefärbt. Nach der Nahrung (hauptsächlich Blätter und Triebe von Wasserpflanzen, auch Weichtiere und Insekten) tauchen Tafelenten bis zu 5 m tief. Das Nest mit 6 – 13 Eiern befindet sich im Röhricht oder ist ein *Schwimmnest*.

Die **Reiherente** ist kleiner als die Stockente. Der Erpel ist in seinem *Prachtkleid* an Kopf, Brust und Rücken schwarz. Reiherenten tauchen nach Schnecken, Muscheln und Würmern. In das Nest, das sie an Land zwischen Seggen und Binsen bauen, legt das Weibchen 5 – 12 Eier.

Spechte — die Zimmerleute des Waldes

Im Frühjahr kann man bei Spaziergängen im Wald oft kurze *Trommelwirbel* hören. Geht man dem Geräusch nach, entdeckt man beim Näherkommen manchmal einen **Buntspecht**, der gerade einen trockenen Ast mit schnell aufeinander folgenden Schnabelhieben bearbeitet. Mit diesem Trommelwirbel kennzeichnet der Vogel sein *Revier* und versucht ein Weibchen anzulocken.

An die Fortbewegung auf Bäumen, auch an senkrecht stehenden Ästen oder am Stamm, sind Spechte besonders gut angepasst. Wenn der Buntspecht mit kurzen Sprüngen den Baumstamm hinaufklettert, geben die Krallen des *Kletterfußes* dem Vogel Halt in der Rinde. Ein Abrutschen nach unten wird zusätzlich durch den *Stützschwanz* verhindert.

Spechtspuren

Bei der Nahrungssuche legt der Buntspecht mit dem harten, keilförmigen Schnabel Insekten unter der Borke oder im morschen Holz frei. Weil der Oberschnabel den Unterschnabel nach vorne mit einer senkrechten Schneide überragt, kann der Specht wie mit einer Axt Span um Span vom Holz abmeißeln *(Meißelschnabel)*. So kann der Buntspecht auch Insekten und Larven erreichen, die tiefer im Holz leben.

Während des Meißelns presst der Specht seine Schwanzfedern gegen den Baumstamm, sodass sie ein Widerlager für die federnden Körperbewegungen bilden. Hat der Buntspecht Insekten gefunden, schnellt er die lange, biegsame *Zunge* aus dem Schnabel heraus und zieht die Beute unter der Rinde hervor.

Im Spätherbst und im Winter, wenn die Insekten als Nahrung fehlen, ernährt sich der Buntspecht überwiegend von den ölhaltigen Samen der Zapfen von Nadelbäumen. Dazu klemmt er die Zapfen in geeignete Baumspalten und hämmert so lange auf sie ein, bis die Samen frei liegen. Unter solchen *Spechtschmieden* findet man zahlreiche Überreste seiner Mahlzeiten. Bei ihrem großen Nahrungsbedarf benötigen Buntspechte sehr große Reviere.

Spechte schlafen und brüten in Höhlen, deshalb bezeichnet man sie als *Höhlenbrüter*. Ein Buntspechtpaar zimmert mit den Meißelschnäbeln in zwei bis vier Wochen die Bruthöhle bevorzugt in faule Baumstämme.

1 Buntspecht

Ein kurzer, waagerechter Gang führt in die senkrecht in den Stamm geschlagene Höhle. Das Weibchen des Buntspechtes legt 4 bis 7 weiße Eier auf die Holzspäne am Grund der Höhle. Männchen und Weibchen brüten gemeinsam. Nach 8 bis 12 Tagen schlüpfen Ende Mai oder Anfang Juni die nackten und blinden Jungen. Die Nesthocker werden dann 23 bis 24 Tage von den Altvögeln versorgt, bevor sie flügge sind.

Die krähengroßen **Schwarzspechte**, die nur in großen, zusammenhängenden Waldgebieten leben, besitzen einen langen und kräftigen Hackschnabel zum Freilegen der Larvengänge unter der Rinde. Am Boden der Wälder finden sie Ameisen, bei der Zerkleinerung von Baumstümpfen Holzameisen und an Baumstämmen Käferlarven als Nahrung.

Grünspechte halten sich häufiger am Boden auf als andere Spechte. Sie schlagen mit ihren Schnäbeln Löcher in Ameisenbauten und löffeln mit ihren Zungen die Ameisen und ihre Puppen auf. Grünspechte können dazu ihre Zunge über zehn Zentimeter aus dem Schnabel herausstrecken. Das beruht darauf, dass die Zunge in einem Muskelschlauch um den Schädel vor- und zurückgleiten kann.

Die große Bedeutung der Spechte für die Forstwirtschaft besteht darin, dass sie viele Forstschädlinge fressen, befallene Bäume entrinden und damit den Schädlingen die Lebensmöglichkeiten nehmen. Außerdem werden verlassene Spechthöhlen von vielen anderen Höhlenbrütern benutzt.

1 Grünspecht

Spechte — Dickschädel mit spitzer Zunge

Die Füße der Spechte weisen eine ungewöhnliche Stellung der Zehen auf: Die erste und die vierte Zehe sind nach hinten gerichtet, die zweite und dritte nach vorne. Die Krallen sind stark gekrümmt und sehr spitz. Der Spechtfuß erinnert in seinem Aussehen an ein Steigeisen, wie es der Mensch als Hilfsmittel beim Klettern verwendet. Der besondere Bau ihrer *Kletterfüße* ermöglicht den Spechten, geschickt an Bäumen auf und ab zu klettern. Wie perfekt die Füße der Spechte gebaut sind, zeigt das folgende Beispiel: Muss sich ein Specht auf einer glatten, senkrechten Oberfläche bewegen, so kann er die vierte Zehe nach vorne stellen und damit verhindern, dass er abrutscht.

Auch der Schwanz der Spechte weist Besonderheiten auf: Die Schwanzfedern sind ungewöhnlich fest, aber auch elastisch. Sie sind unten zugespitzt und bilden den keilförmigen *Stützschwanz*, der den Specht beim Klettern und Hämmern abstützt.

Der *Schädel* der Spechte, speziell das Stirnbein über dem Schnabel, ist verglichen mit dem anderer Vögel besonders verstärkt. Muskeln an Schnabel und Kiefergelenk wirken wie Stoßdämpfer bei einem Auto. Diese besonderen Strukturen ermöglichen es den Spechten, kräftig zu hämmern, ohne sich selbst k.o. zu schlagen.

Hat es ein Specht durch das Hämmern geschafft, an ein Beutetier zu gelangen, so muss er es noch aus seinem Versteck herausziehen können. Dazu kann er seine lange, spitze Zunge mithilfe eines speziellen Muskels weit aus dem Schnabel herausstrecken. Betrachtet man die *Zungen* verschiedener Spechtarten, so kann man deutliche Unterschiede in deren Bau und Verwendung erkennen:

Beim *Buntspecht* ist die Zungenspitze stark verhornt, die Borsten sind nach hinten gerichtet und wirken deshalb wie Widerhaken. Der Buntspecht ist ein Baumspecht. Er spießt mit den Widerhaken der spitzen Zunge Larven auf und holt sie unter der Borke hervor.

Der *Grünspecht* hat eine auffällig lange Leimrutenzunge, d.h. die Zunge ist mit zähflüssigem Schleim bedeckt. Seine Zungenspitze ist rundlich und erinnert an einen Löffel. Der Grünspecht ist ein Bodenspecht, d.h. er sucht seine Nahrung, hauptsächlich Ameisen, am Boden. Mit seiner löffelähnlichen Zungenspitze kann er sie leicht aufnehmen. Berührt ein Insekt den Schleim der Zunge, bleibt es daran kleben.

Bei den *Saftleckerspechten* aus Amerika ist die Zunge relativ kurz. Sie ist ausgefranst und sieht pinselartig aus. Saftleckerspechte können mit ihrer Zunge Baumsäfte aufsaugen.

An den Beispielen kann man sehen, dass der Bau eines bestimmten Organs die Erfüllung einer bestimmten Aufgabe ermöglicht. Wie viele weitere Beispiele bei anderen Tieren und Pflanzen zeigen, handelt es sich bei dieser Erkenntnis um ein allgemein gültiges **Prinzip:** Eine bestimmte **Struktur** erfüllt eine bestimmte **Funktion** (S. 190).

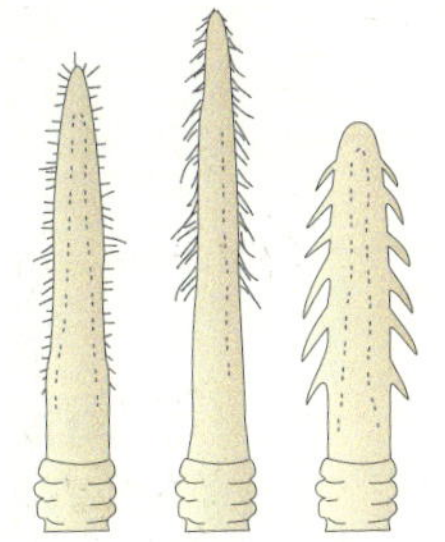

Verhornte Zungenspitzen

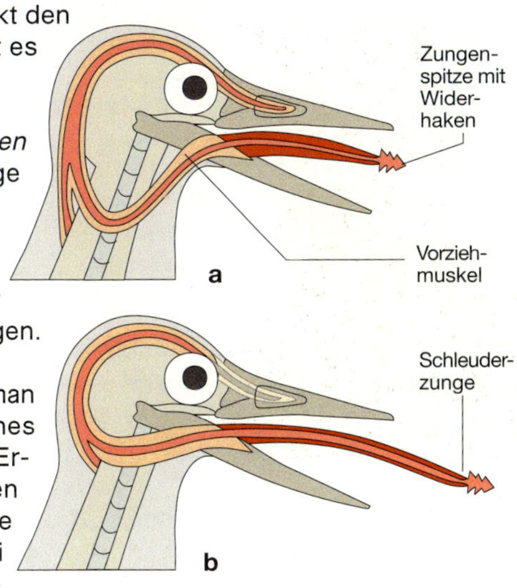

Arbeitsweise der Spechtzunge (Schema)

Aufgaben

① Welche besonderen Strukturen ihres Körpers ermöglichen den Spechten das Leben auf Bäumen?

② Beschreibe weitere Beispiele, an denen der Zusammenhang zwischen der Struktur eines Organs und seiner Funktion erkennbar wird.

③ Gibt es auch Beispiele dafür, dass nicht nur ein bestimmtes Organ, sondern ein ganzes Lebewesen an eine bestimmte Aufgabe angepasst ist?

Kletterfuß eines Spechtes

Schnäbel und Füße verraten sie

Vögel halten sich in den verschiedensten Lebensräumen auf. Für jeden Lebensraum sind andere Angepasstheiten erforderlich, um sich ernähren und fortbewegen zu können. Die Angepasstheiten werden deutlich, wenn du die *Fußtypen* in Beziehung zur typischen Fortbewegungsweise setzt und überprüfst, wie der *Schnabeltyp* zum Fressen der bevorzugten Nahrung als Werkzeug dienen kann (S. 190).

Strauß

Strauße sind Laufvögel der afrikanischen Savanne. Männchen werden bis 150 kg schwer und 3 m hoch. Sie sind also die größten lebenden Vögel. Mit den langen Beinen erreicht der Strauß Schrittlängen von 3 bis 4 Meter und eine Geschwindigkeit bis zu 80 km pro Stunde. Die Beine sind durch einen langen Lauf und nur 2 Zehen gekennzeichnet *(Lauffuß)*. Strauße leben mit Antilopen, Zebras und Gnus in großen Herden zusammen. Nähern sich Feinde, warnen Strauße, wenn sie diese mit ihrem guten Sehvermögen ausmachen. Strauße fressen Pflanzen, Wurzeln, auch Insekten, Reptilien und kleine Nagetiere.

Rosapelikan

Der Rosapelikan fischt in Gruppen. In fischreichen Seen Ostafrikas schwimmen 6 bis 10 Vögel hufeisenförmig — angetrieben durch ihre Schwimmfüße — auf das Ufer zu. Dabei tauchen ihre Schnäbel, die auf der Unterseite einen weit dehnbaren Kehlsack besitzen, im Gleichtakt in das Wasser. Mit dem Kehlsack werden die Fische wie mit einem Netz herausgefischt. Der Haken am Oberschnabel verhindert, dass Fische aus dem Kehlsack entweichen können.

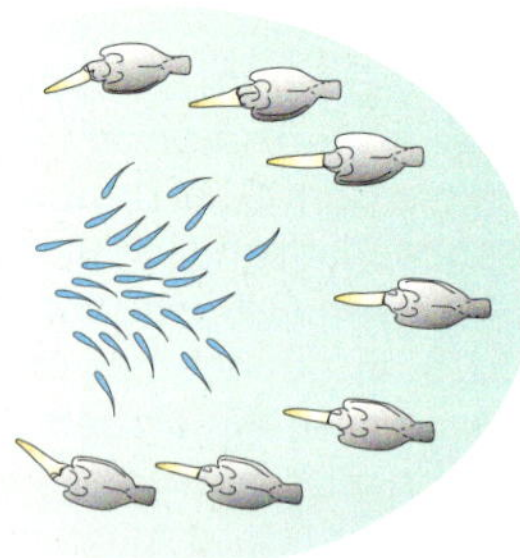

Zwergflamingo

Der Zwergflamingo seiht und brütet in Kolonien. Im Nakuru-See leben über 2 Millionen Tiere zusammen. Sie laufen beim Start zum Flug mit ihren Stelzenbeinen über die Wasseroberfläche, dabei sind die Schwimmhäute zwischen den drei vorderen Zehen des Schwimmfußes ausgebreitet. Zur Nahrungsaufnahme waten die Flamingos durch das flache Wasser. Sie halten den Kopf mit dem abgeknickten Oberschnabel nach unten in den Schlamm und wühlen ihn auf. Mit zurückgezogener Zunge und Pumpbewegungen des Halses werden durch die Schnabelspitze Wasser und Schlamm eingesogen und danach mit der Zunge das Wasser bei geschlossenem Schnabel wieder nach außen gedrückt. Auf der Innenseite des Oberschnabels und in den Haken der Zunge bleiben Algen und Krebschen hängen und werden geschluckt. Der Farbstoff Carotin der Krebschen färbt das Gefieder rosa.

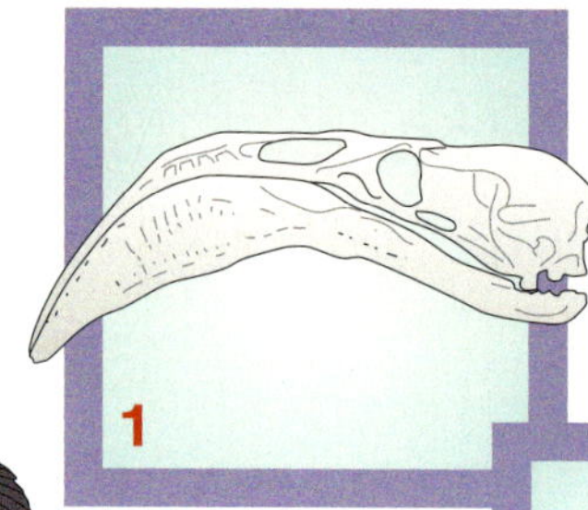

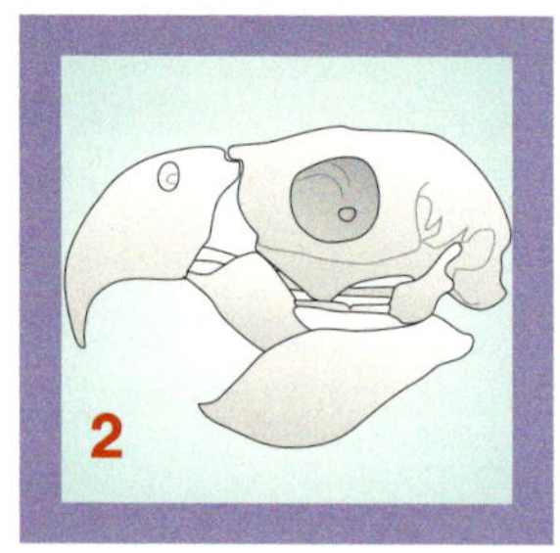

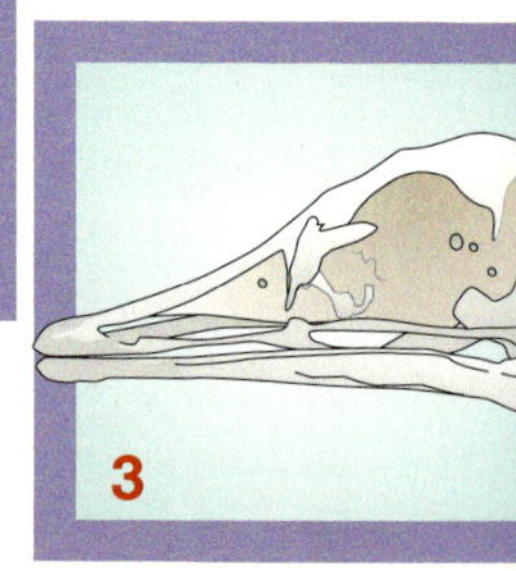

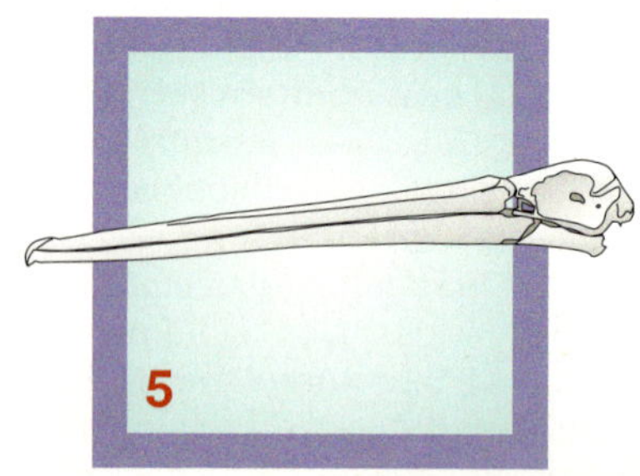

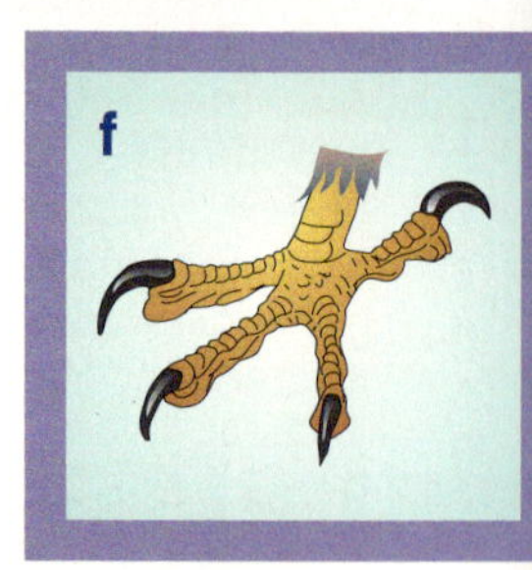

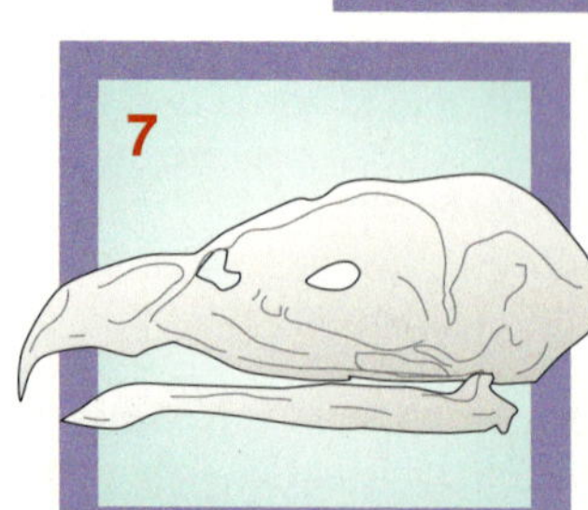

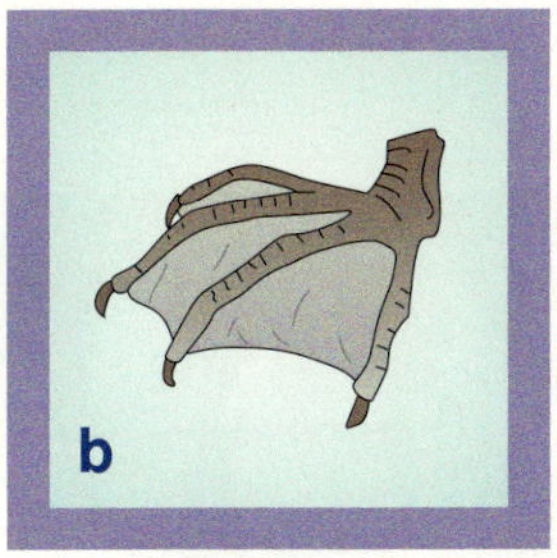

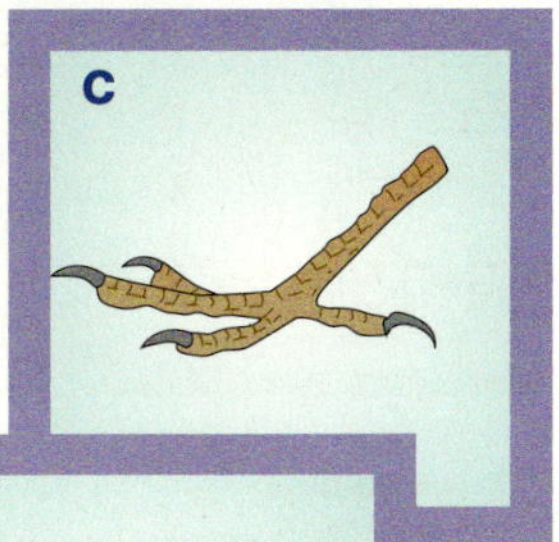

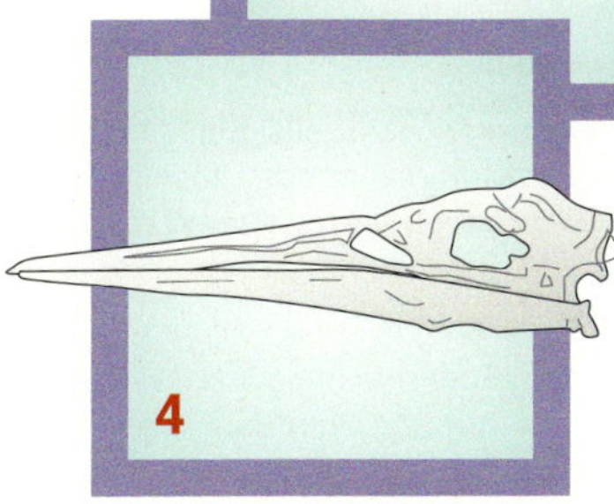

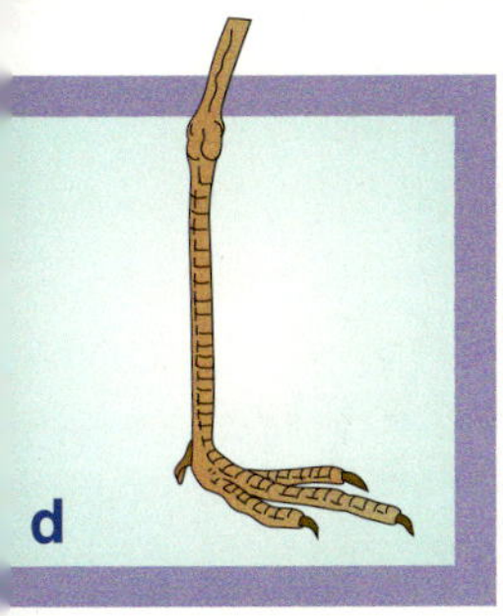

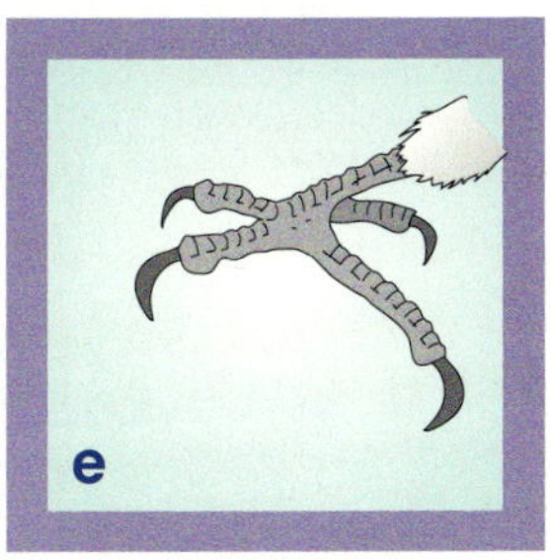

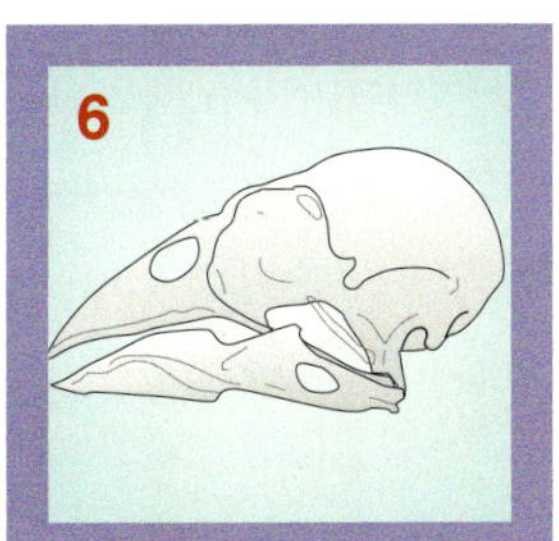

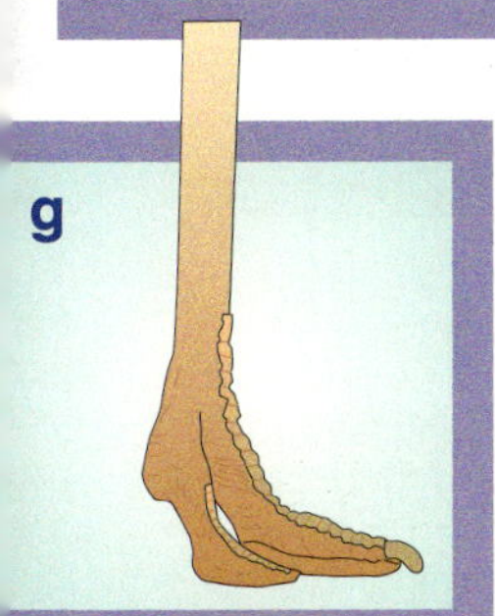

Grünling

Der Grünling frisst bevorzugt Pflanzennahrung. Dieser *Grünfink* ist ungefähr sperlingsgroß und überwiegend grün gefärbt. Er baut in dichtem Gebüsch von Gärten und Parkanlagen Mitteleuropas seine napfförmigen Nester. Dazu sitzt er sicher auf einem Zweig, ohne Muskelkraft zu benötigen. Seine Gelenke an Knie und Lauf beugen sich, die Sehnen werden gespannt, sodass die Zehen den Zweig automatisch umklammern *(Sitzfuß)*.

Der Schnabel des Grünfinks ist kegelförmig. Er ist geeignet, Samen aufzuknacken und heißt deshalb *Körnerfresserschnabel*. Neben Samen von Gräsern, Kräutern und Bäumen bevorzugen diese Finken Beeren und Früchte. Lediglich für die eigene Brut, die Nestlinge, tragen die Eltern kleine Insekten als Nahrung ein.

Steinadler

Der Steinadler – ein Greifvogel – jagt in den Alpen. Aus einem Überraschungsangriff über dem Boden ergreift er mit den langen spitzen Krallen seiner Zehen Murmeltiere als Beute. Mit dem Reißhaken und dem kräftigen Schnabel *(Hakenschnabel)* zerteilt er leicht seine tierische Nahrung.

Gelbhaubenkakadu

Der Gelbhaubenkakadu ist ein Kletterkünstler aus Australien. Seinen Namen verdankt er dem gelben Federschopf am Kopf. In Schwärmen suchen die Kakadus nach Nahrung. Sie besteht im Wesentlichen aus Grassamen, aber auch aus Früchten, Beeren und Nüssen. In dem kürzeren, etwas breiteren Unterschnabel kann eine Nuss lagern, die dann im Zusammenwirken mit dem hakenförmigen, beweglichen Oberschnabel geknackt wird *(Nussknackerschnabel)*. Mit der Zunge und dem Schnabel löst der Papagei geschickt den Samen aus den Samenhüllen. Zum Festhalten der Nahrung setzt der Papagei auch seine Füße ein. Er kann einen der drei Vorderzehen nach hinten schwenken, sodass sich je zwei Zehen gegenüberstehen. Diese Anordnung ist auch zum Klettern sehr hilfreich *(Kletterfüße)*.

Graureiher

Der Graureiher fischt in den Uferzonen von Seen. Still steht ein Graureiher am Ufer eines deutschen Sees. Die drei langen Vorderzehen sind am Stelzenbein weit auseinander gespreizt und verhindern das Einsinken in den weichen Untergrund. Der s-förmig gebogene Hals ist völlig im Gefieder verborgen. Plötzlich stößt der Reiher seinen Kopf explosionsartig vor, der Hals scheint sich zu verlängern und mit dem langen spitz zulaufenden Schnabel *(Pinzettenschabel)* greift er den Fisch. Auf feuchten Wiesen fängt er auch Lurche, Insekten und Mäuse. In der Umgebung der Seen errichten die Reiher meist in Kolonien auf hohen Bäumen ihre Nester.

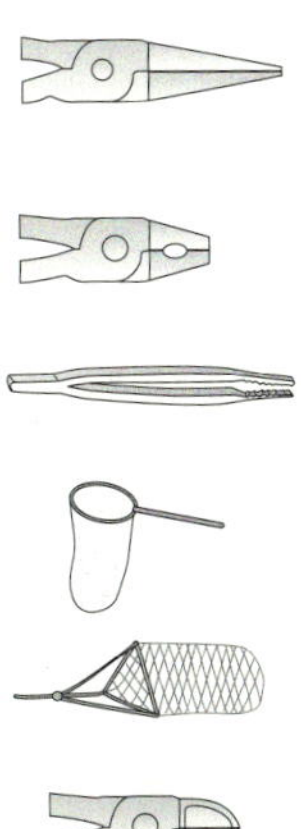

Aufgaben

① Die Reihenfolge der Texte, Schädel mit Schnäbeln und die Fußabbildungen sind durcheinander geraten. Versuche, jeder beschriebenen Vogelart den richtigen Schnabel und den richtigen Fuß zuzuordnen.

② Fasse die Ergebnisse in einer Tabelle nach folgendem Muster zusammen: Vogelart, Erdteil, Schnabeltyp, Fußtyp.

③ Links findest du auch Abbildungen von Werkzeugen. Erkläre für alle Werkzeugbeispiele, wie Vögel die vergleichbaren Leistungen mit ihren Schnäbeln vollbringen.

Kommunikation

„Information ist das halbe Leben!", das ist vielleicht übertrieben. Tatsache ist aber, dass alle Lebewesen untereinander Information austauschen; sie kommunizieren. Als *Kommunikation* bezeichnet der Biologe jede Form der Verständigung unter Lebewesen.

Viele Tiere leben die meiste Zeit des Jahres als Einzelgänger, zur Paarung müssen sie aber zueinander finden. Zahlreiche Arten betreiben Brutpflege. Das setzt voraus, dass die Eltern ihre eigenen Jungen erkennen können. Auch ein geselliges Zusammenleben in einer Gruppe, etwa einem Wolfsrudel, einer Affenhorde oder einem Insektenstaat, ist nur möglich, wenn die Mitglieder sich untereinander verständigen können. Diese Beispiele verdeutlichen, dass Kommunikation für alle Bereiche des Zusammenlebens eine bedeutende Rolle spielt.

Eine Verständigung kann auf verschiedene Weise erfolgen. Uns Menschen ist eine Verständigung über optische Signale (Sichtzeichen) oder Lautsignale vertraut. Wir nehmen sie wahr und können sie daher leicht bei Tieren beobachten. Informationen können aber ebenso über Duftstoffe oder Berührungen weitergegeben werden. Je nach Art der ausgesandten Signale werden sie vom Empfänger über andere Sinnesorgane wahrgenommen.

Sichtzeichen

Auffallend sind die farbenprächtigen Hochzeitskleider bei Vögeln und Fischen, durch die während der Paarungszeit Partner angelockt werden. Gleichzeitig können sie als Warnsignal für einen Rivalen dienen.

Das Sperren der Jungen löst bei den Altvögeln das Fütterungsverhalten aus. Je größer und je intensiver gefärbt der Rachen ist, desto stärker ist der Reiz und desto mehr Futter erhält der Jungvogel, wie das Beispiel des Kuckucks eindrucksvoll zeigt.

Lautsignale

Der Gesang der Vögel signalisiert einerseits anderen Männchen, dass dieses Revier bereits besetzt ist, und dient andererseits dem Anlocken von Weibchen zur Paarung.

Die selbe Funktion hat auch das Trommeln der Spechte oder das Zirpen der Heuschrecken.

Auf Warnrufe, wie sie Vögel zum Beispiel bei Gefahr durch Raubvögel ausstoßen, reagieren auch Nichtartgenossen mit Fluchtverhalten.

Duftstoffe

Hunde setzen durch kurzes Urinieren Duftmarken, mit denen sie ihr Revier markieren. Ameisen legen Duftstraßen an und leiten so ihre Nestgenossen zu einer Futterquelle. Fische sondern bei Verletzung, z. B. durch einen Raubfisch, Schreckstoffe ab. Der Schwarm flüchtet und meidet daraufhin die Gefahrenstelle.

Berührungssignale

Berührungssignale

Wenn Menschen sich streicheln, drücken sie damit Zuneigung aus. Die gegenseitige Fellpflege bei Gorillas stärkt den Zusammenhalt in der Gruppe, sie signalisiert Zuneigung und Friedfertigkeit. Das Puffen mit der Schnauze ist eine Freundschaftsgeste bei Hund und Katze.

Ameisen verständigen sich auch über eine „Fühlersprache", sie betasten sich dabei gegenseitig mit den Fühlern.

Zwei Präriehunde tauschen einen Freundschaftskuss aus.

Elektrische Signale

Elektrische Signale

Nilhechte sind in der Lage, ihren Körper elektrisch aufzuladen, dabei entstehen Spannungen, wie sie beispielsweise bei einer Taschenlampenbatterie auftreten (etwa 5 Volt). Sie besitzen außerdem Sinnesorgane, die durch elektrische Ladungen sogar über eine Entfernung von bis zu 10 Metern erregt werden. Mit solchen elektrischen Signalen drohen die Nilhechte Artgenossen, verteidigen ihr Revier und locken in der Fortpflanzungsperiode Weibchen an.

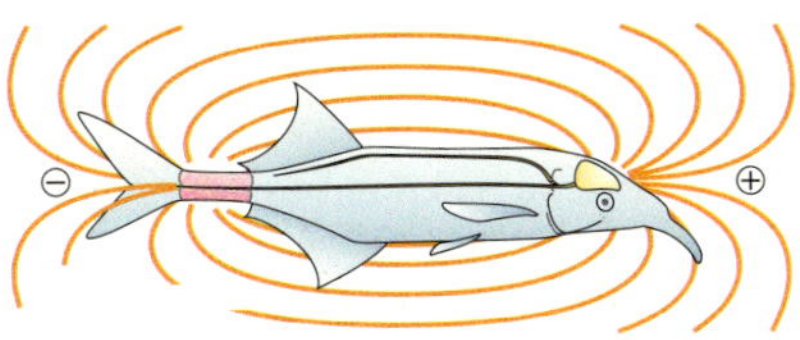

Auch Zitterrochen können mit ihren elektrischen Organen Entladungen bis über 200 Volt erzeugen.

Körpersprache

Körpersprache

Die Körpersprache umfasst Mimik, Gestik, Körperhaltung und Bewegung; durch Kombination mehrerer Signale wird eine bestimmte Reaktion ausgelöst.

In Wolfsrudeln wird durch Kämpfe, die festen Regeln folgen, eine Rangordnung ausgefochten. Sobald der Verlierer sich als Zeichen der Unterwerfung auf den Rücken wirft und seine empfindlichste Stelle, die Halsseite, zum Biss darbietet, bricht der Gegner den Kampf ab. Auch Welpen zeigen diese Demutshaltung gegenüber älteren Tieren.

Aufgaben

① Zähle Beispiele auf, die zeigen, welche verschiedenen Funktionen Sicht- bzw. Lautsignale haben können.
② Bei Säugetieren sind Duftstoffe ein wichtiges Mittel zur Verständigung. Für die menschliche Kommunikation spielen sie dagegen kaum eine Rolle. Begründe.
③ Verschiedene Tiergruppen nutzen unterschiedliche Signale, um vor drohender Gefahr zu warnen. Nenne Beispiele.
④ Welche verschiedenen Signale werden im Tierreich eingesetzt, um einen Geschlechtspartner anzulocken? Erläutere mithilfe von Beispielen.
⑤ Gib neben Partnerfindung und Warnung vor Gefahren weitere Bereiche oder Situationen an, in denen die Kommunikation zwischen Tieren eine wichtige Rolle spielt.
⑥ Beobachte die Verständigung von Affen im Zoo. Achte auf die verschiedenen Laute, die die Affen von sich geben, und notiere, in welcher Situation sie zu hören waren.

Vom Wasser zum Land

Fische

Lurche

Kriechtiere

Trotz der großen Vielfalt unter den Fischen, Lurchen und Kriechtieren lassen sich bei ihnen jeweils gemeinsame Merkmale finden. So besitzen zum Beispiel Fische Flossen, Lurche und Kriechtiere dagegen vier Gliedmaßen, Kriechtiere haben als charakteristisches Merkmal eine trockene Hornschuppenhaut, usw. Diese charakteristischen Merkmale sind die Folge einer Entwicklung über viele Millionen Jahre.

Evolution

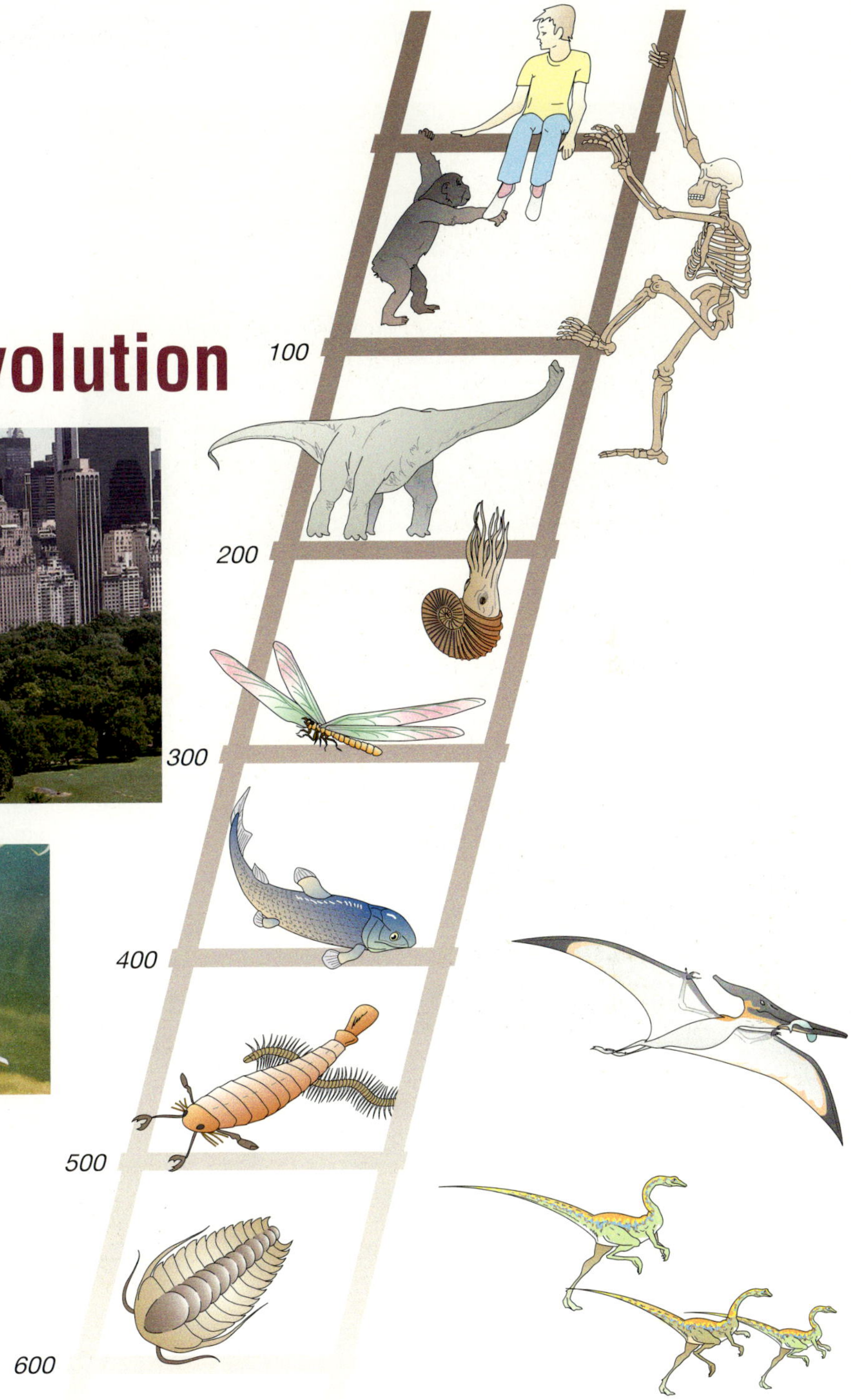

Stammes-geschichte

Der Vergleich von Fischen, Lurchen und Kriechtieren zeigt uns aber auch, wie sich aus im Wasser lebenden Organismen die an Land lebenden Organismen entwickelt haben könnten. Dieser Weg vom Wasser zum Land war Voraussetzung für die spätere Entstehung der Vögel und Säugetiere und damit auch des Menschen.

1 Fische — ein Leben im Wasser

1 Karpfen

Der Körperbau eines Fisches

Der Karpfen, den wir als einen der beliebtesten Speisefische kennen, hat seinen natürlichen Lebensraum in stehenden und langsam fließenden Gewässern. Die am Boden und auf Pflanzen lebenden Kleintiere und auch die Pflanzen selbst, auf denen die Kleinlebewesen angesiedelt sind, sind die Hauptbestandteile seiner Nahrung.

Am Beispiel des Karpfens kann man gut erkennen, wie die Fische an das dauernde Leben im Wasser angepasst sind.

Mit seiner lang gestreckten, an Kopf- und Schwanzende zugespitzten Gestalt gleitet der Karpfen ruhig durchs Wasser. Der *Rumpf* ist seitlich abgeplattet. An ihm sitzt der *Kopf* relativ starr ohne erkennbaren Hals. Dies verleiht dem Fischkörper Stabilität bei der Fortbewegung durch das Wasser. Die typische tropfenförmige Körperform, die bei den meisten Fischen zu finden ist, bietet den geringsten Wasserwiderstand. Sie wird *Stromlinienform* genannt. Mit ihr muss der Fisch den geringsten Energieaufwand beim Schwimmen betreiben.

Die Körperoberfläche eines Fisches fühlt sich glitschig an. Das ist auf den *Schleim* zurückzuführen, den viele kleine Hautdrüsen absondern. Wie die Stromlinienform, verringert auch dieser Schleim den Wasserwiderstand und schützt den Fisch außerdem vor Krankheiten der Haut. Unter der Schleimschicht liegen in dachziegelartiger Anordnung kleine Knochenplättchen, die *Schuppen*. Das Schuppenkleid verleiht dem Fisch eine feste, aber bewegliche Hülle, die den Körper vor Verletzungen schützt.

Aus dem Schuppenkleid ragen die *Flossen* heraus. Sie bestehen aus knöchenen *Flossenstrahlen* und einer Haut, durch die sie verbunden sind. Die verschiedenen Flossentypen sind in Abb. 2 und 161.1 zu erkennen. Die *Schwanzflosse* (1) dient als Hauptantrieb beim Schwimmen. *Rückenflosse* (2) und *Afterflosse* (3) stabilisieren den Körper im Wasser, sodass er nicht zur Seite kippt. Mit den *Bauch-* (4) und *Brustflossen* (5) steuert der Fisch den Schwimmvorgang.

Bei genauerer Betrachtung erkennt man an den Seiten des Fischkörpers eine leicht geschwungene, gepunktete Linie (Pfeil in Abb. 1). Das ist die *Seitenlinie* — ein Sinnesorgan. Die Punkte sind in Wirklichkeit winzige Öffnungen, die in einen feinen Kanal unter den Schuppen münden. In diesen Kanal strömt Wasser ein, wodurch kleine Sinneshärchen am Grunde des Kanals bewegt werden. Mithilfe dieses Seitenlinienorgans kann der Fisch feinste Änderungen der Wasserströmung wahrnehmen und so auch in trübem Wasser Hindernisse oder Feinde orten.

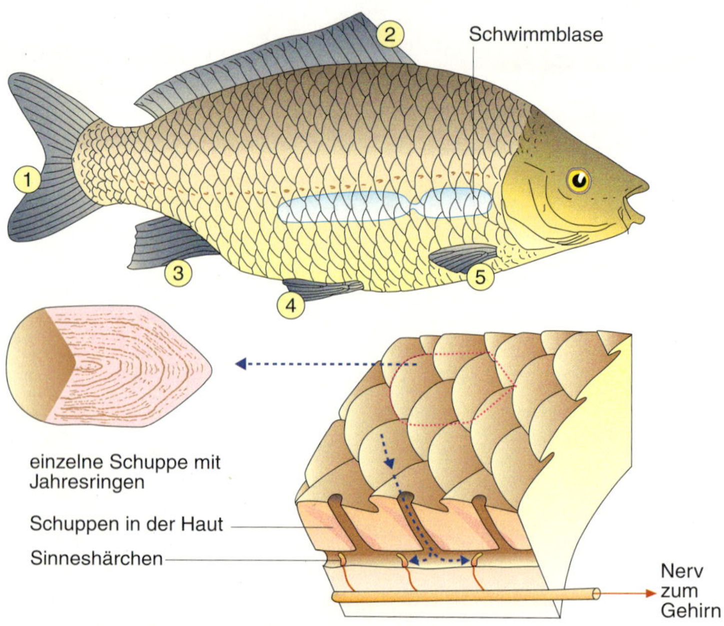

2 Karpfen — Körperbau, Körperbedeckung und Seitenlinienorgan

Das Skelett

Das *Skelett* des Fisches besteht im Wesentlichen aus dem Schädel mit Unter- und Oberkiefer und der Wirbelsäule, die sich vom Schädel aus nach hinten zieht. Von den Wirbeln gehen nach oben die *Dornfortsätze*, nach unten die *Rippen* aus. Sie stützen den Fischkörper und schützen gleichzeitig die inneren Organe.

Zum Skelett gehören auch die *Flossenstrahlen*. Schulter- und Beckengürtel sind nur geringfügig am Ansatz der Brust- bzw. Bauchflossen ausgebildet und sind nicht mit der Wirbelsäule verbunden. Alle Skelettteile bestehen aus Knochen. Fische sind demnach, wie die Säugetiere und Vögel, **Wirbeltiere** mit einem Innenskelett.

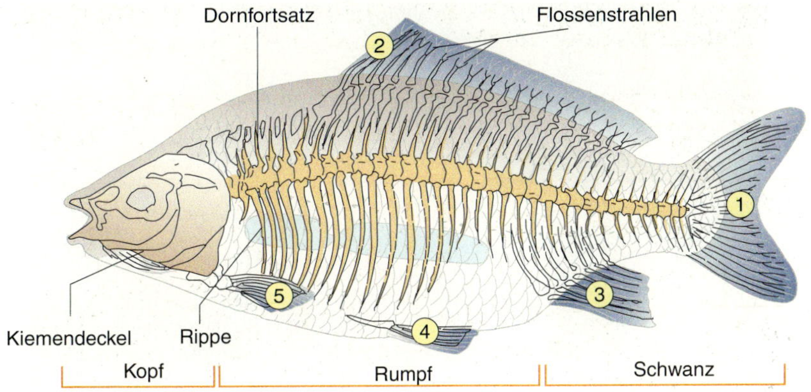

1 Skelett eines Fisches

Die inneren Organe

Die inneren Organe eines Fisches entsprechen weitgehend in Bau und Lage denen der bekannten Säugetiere. Im Bauchraum unter der Wirbelsäule liegen die Verdauungsorgane und die Geschlechts- und Ausscheidungsorgane. Als Anpassung an das Leben im Wasser besitzen Fische keine Lungen, sondern *Kiemen* als Atmungsorgane. Diese liegen in der *Kiemenhöhle* hinter dem Kopf.

Das Fleisch des Rumpfes besteht aus vielen hintereinander liegenden Muskelpaketen. Sie ermöglichen dem Fisch Schlängelbewegungen, indem sie sich abwechselnd auf der linken und der rechten Körperseite zusammenziehen.

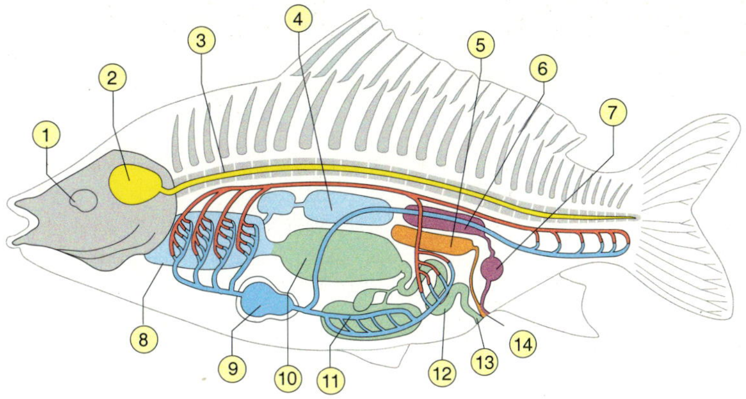

2 Innere Organe eines Fisches

Die Schwimmblase

Unter der Wirbelsäule liegt ein Organ, das nur bei Fischen vorkommt – die *Schwimmblase*. Die darin enthaltene Luftmenge verleiht dem Fisch Auftrieb, da Luft eine geringere Dichte als das umgebende Wasser hat. Die Füllung der Schwimmblase ist so geregelt, dass der Fisch ohne Kraftaufwand gerade im Wasser schwebt. Fische können die Luftmenge in der Schwimmblase unterschiedlichen Wassertiefen und damit unterschiedlichem Wasserdruck anpassen. Vergrößern oder verringern sie die Luftmenge in der Schwimmblase, nimmt der Auftrieb im Wasser zu oder ab. So können die Tiere in unterschiedlichen Wassertiefen schweben.

Haie besitzen keine Schwimmblase und müssen daher ständig in Bewegung sein, um nicht auf den Boden zu sinken.

Aufgaben

① Suche im Internet oder in einem Lexikon nach Abbildungen von U-Booten. Vergleiche dann den Körperbau des Karpfens mit der Konstruktion eines U-Bootes. Welche Übereinstimmungen stellst du fest?

② Bei welchen weiteren Wirbeltieren findest du die Stromlinienform?

③ Benenne die in Abbildung 2 mit Ziffern versehenen inneren Organe eines Fisches (s. auch S. 193). Ordne den einzelnen Organen ihre Aufgaben zu.

④ Erläutere, warum bei vielen am Boden lebenden Fischen, beispielsweise einigen Welsen, die Schwimmblase fehlt?

⑤ Wie könnte man mit einem einfachen Experiment nachweisen, dass das Skelett von Fischen aus Knochen besteht? Entwerft in einer „Experten"-Gruppe einen Plan und führt dann das Experiment durch. Präsentiert anschließend das Ergebnis den „Laien".

1 Fisch mit abgespreiztem Kiemendeckel (unten: Kiemendeckel entfernt)

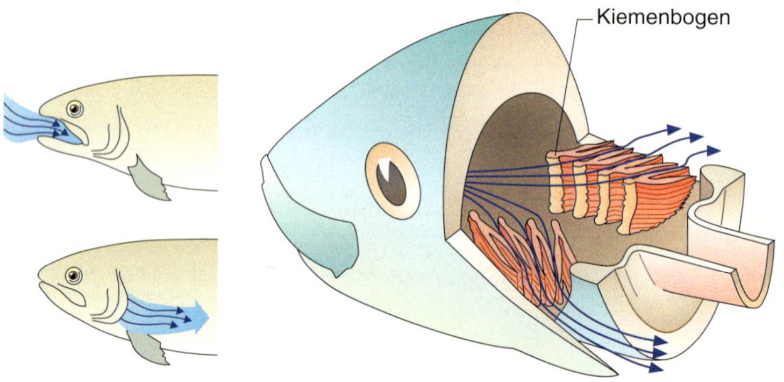

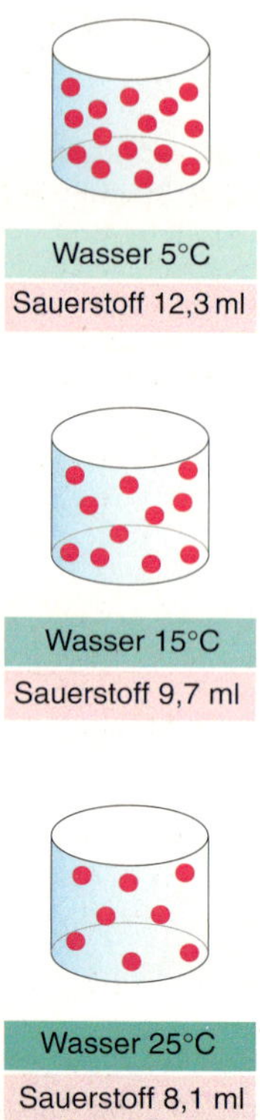

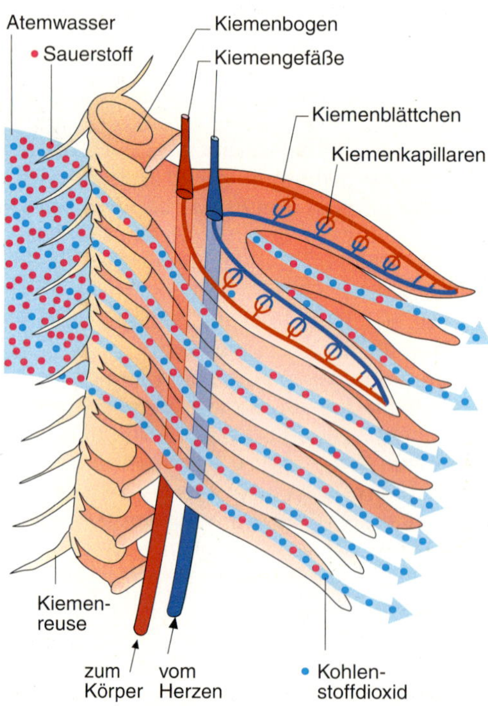

2 Aufbau der Kiemen

Atmen unter Wasser

Tauchen ist für den Menschen nur für kurze Zeit möglich. Dann muss er an die Oberfläche kommen, um Luft zu holen. Fische müssen das nicht. Sie entziehen mit ihren *Kiemen* dem Wasser den lebensnotwendigen Sauerstoff.

Die Kiemen liegen unter dem schützenden *Kiemendeckel.* Dort kann man vier hintereinander liegende *Kiemenbögen* mit vielen hauchdünnen *Kiemenblättchen* erkennen. Ihre rote Farbe verrät, dass sie gut durchblutet sind. Jeder der halbrunden, knöchernen Kiemenbögen besitzt eine Reihe solcher zweizipfeliger Kiemenblättchen. Von den Kiemenbögen stehen außerdem zahlreiche, mit den Zinken eines Kammes oder Rechens vergleichbare Fortsätze ab, die *Kiemenreusen.* Sie verhindern, dass die zarten Kiemen verletzt werden. Bei einigen Fischarten halten sie wie ein *Filter* im Wasser schwebende, kleinste Nahrungsteilchen zurück.

Das *Herz* pumpt sauerstoffarmes Blut in die Kiemenblättchen. Gleichzeitig strömt außen an den Kiemenblättchen ständig Wasser vorbei. Das im Blut gelöste Kohlenstoffdioxid wird an das Wasser abgegeben und gleichzeitig, in umgekehrter Richtung, der im Wasser gelöste Sauerstoff in die Adern aufgenommen. Das nun sauerstoffreiche Blut gelangt weiter in den Körper, wo es an die Organe Sauerstoff abgibt. Diese geben umgekehrt Kohlenstoffdioxid an das Blut ab. Danach fließt das sauerstoffarme Blut wieder zum Herzen und zu den Kiemen zurück.

Aufgaben

① Erkläre mithilfe der Abbildungen die Atembewegungen und den dabei auftretenden Wasserstrom bei der Kiemenatmung.

② Der in der Luft enthaltene Sauerstoff ist im Wasser gelöst. Beschreibe den Weg des Sauerstoffs, bis er in die Blutbahn gelangt. Nimm hierzu Abbildung 2 zu Hilfe.

③ Manchmal tritt nach einer langen, sehr warmen Wetterphase im Hochsommer ein Fischsterben vor allem in flachen, stehenden Gewässern auf. Erläutere mithilfe der Abbildungen in der Randspalte einen möglichen Grund dafür.

④ An der Luft verkleben die Kiemenblättchen miteinander und trocknen schnell aus. Deshalb müssen Fische an der Luft ersticken. Erkläre den Zusammenhang.

Schwimmen – Schweben – Sinken

Körperform und Geschwindigkeit

Die Form der Fische kann ganz unterschiedlich sein. So gibt es Fischarten mit schlanken, spindelförmigen Körpern, aber auch solche mit einem hochgewölbten Rücken und Bauch. Davon hängt es unter anderem ab, ob eine Fischart zu den Schnellschwimmern gehört oder nicht.

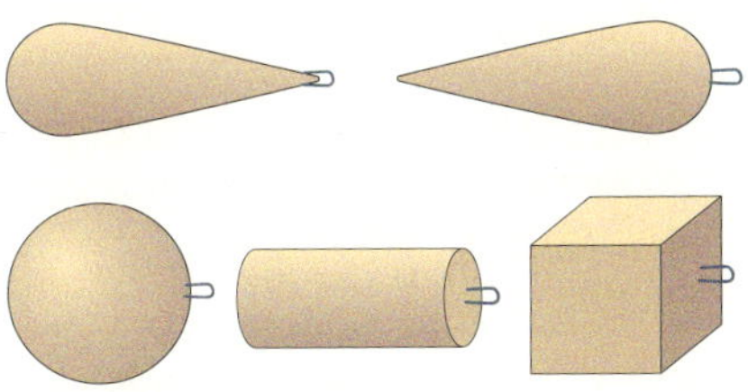

Um genau herauszufinden, welchen Einfluss die Körperform auf den Wasserwiderstand beim Schwimmen hat, kannst du ein Experiment machen.
Forme dazu entsprechend der Abbildung aus Knetmasse verschieden geformte Körper. Bei der Herstellung der Schwimmkörper wird eine Drahtöse in diesen eingeschlossen. Damit sich die Drahtösen während des Experiments nicht herausziehen, muss der vom Schwimmkörper umschlossene Draht in einem Winkel gebogen sein. Achte außerdem darauf, dass die verschiedenen Körper die selbe Masse haben, z. B. 5 Gramm (Waage!). An den Ösen werden jeweils gleich lange Fäden befestigt, die ungefähr 20 cm länger sind als das Versuchsbecken. Am anderen Ende des Fadens bringst du eine Öse an. Eines der so vorbereiteten Modelle wird entsprechend der Abbildung in ein längeres, mit Wasser gefülltes Becken gebracht und an die Öse ein Wägestück angehängt. Markiere am oder im Becken eine Start- und Ziellinie. Das am Faden hängende Modell wird nun auf die Startlinie gebracht und das Wägestück über die Beckenkante gehängt. Das Wägestück wird so festgehalten, dass der Faden nicht durchhängt. Miss nun mithilfe einer Stoppuhr die Zeit, die nach Loslassen des Wägestücks bis zum Erreichen der Ziellinie vergeht. Bei der Auswahl des Wägestücks ist darauf zu achten, dass der Körper relativ langsam durch das Wasser gezogen wird. Führe den gleichen Versuch mit den übrigen Körpern durch.

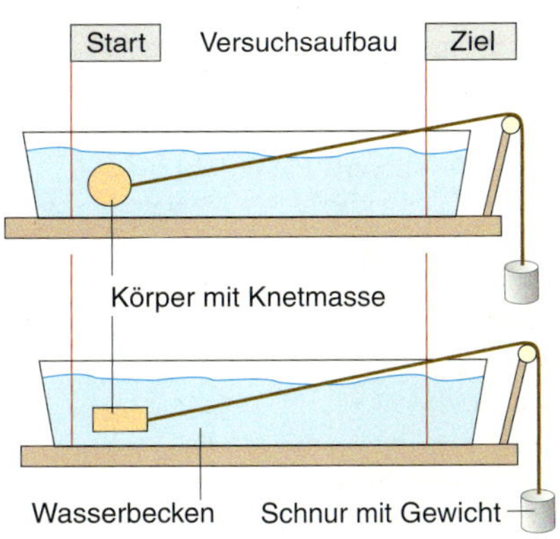

① Notiere deine Messwerte in einer Tabelle und erläutere sie. Kennst du Fische, die einem der Modelle ähneln?

Schwimmblase und Schweben

Die Aufgabe der Schwimmblase wird mit folgendem Experiment deutlich: Bereite einen Glaskolben so vor, wie er in der Zeichnung dargestellt ist. Fülle den Kolben ganz mit Wasser, tauche ihn dann in ein mit Wasser gefülltes (Glas-)Becken, blase langsam Luft in den Schlauch und lasse sie anschließend wieder ab. Wiederhole dieses ein- bis zweimal, bevor du versuchst, gerade so viel Luft in den Ballon zu blasen, dass der Kolben in der Schwebe bleibt.

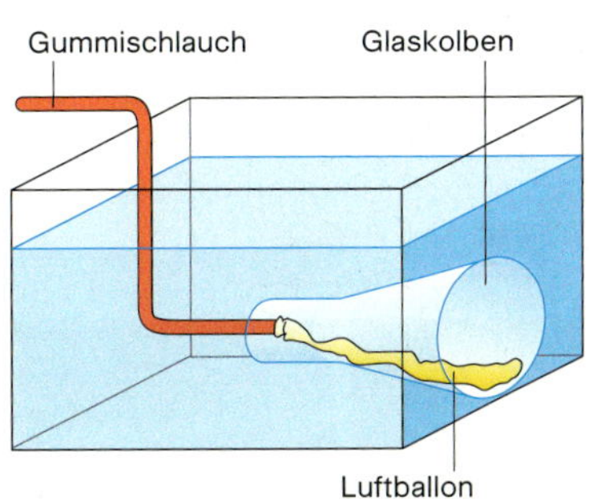

② Notiere deine Beobachtungen und versuche, das Ergebnis dieses Experiments zu deuten.

Schwimmblase und Wasserdruck

Schwimmt ein Fisch nach oben, verringert sich der Wasserdruck. Die Schwimmblase wird dann größer, weil sie nicht mehr so stark zusammengedrückt wird. Da der Fisch dadurch mehr Auftrieb erhält, muss er so viel Gas aus der Schwimmblase entfernen, dass sie wieder die ursprüngliche Größe besitzt. Dann schwebt der Fisch erneut im Gleichgewicht, nur etwas höher. Schwimmt ein Fisch nach unten, nimmt der Wasserdruck zu, die Schwimmblase wird dadurch kleiner und der Auftrieb nimmt ab. Um erneut im Gleichgewicht schweben zu können, jetzt nur etwas tiefer, muss der Fisch so lange Gas in die Schwimmblase aufnehmen, bis der Auftrieb im Wasser wieder so groß ist wie zuvor.

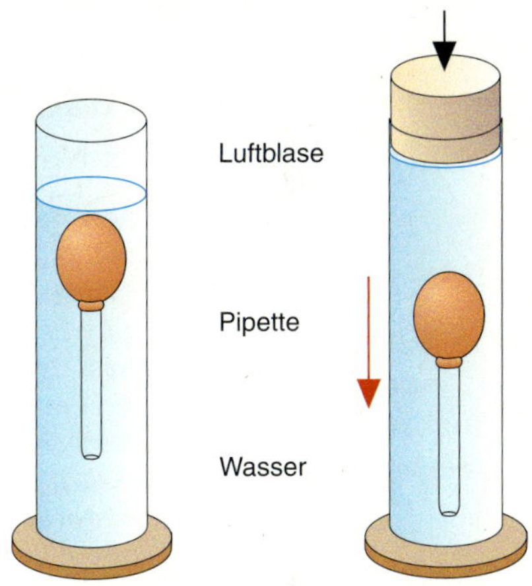

Ein Experiment kann dir dieses zum Teil veranschaulichen. Fülle dazu eine Pipette mit Gummihütchen vollständig mit Wasser. Drücke nun über Wasser so viel Wasser aus der Pipette heraus und sauge dafür Luft an, dass die Pipette mitsamt Luftbläschen im Standzylinder gerade noch an der Wasseroberfläche schwimmt. Durch Ausprobieren bekommst du die richtige Menge heraus. Fülle nun den Standzylinder fast vollständig mit Wasser und drücke den Gummistopfen langsam in die Öffnung und lockere ihn wieder.

③ Notiere deine Beobachtungen

Durch Druck auf den Stopfen wird auch der Druck im Standzylinder erhöht. Entsprechendes gilt umgekehrt.

④ Wie verändert sich dabei das Volumen der im Pipettenhütchen eingeschlossenen Luft? Welche Folgen hat das?

⑤ Wie würde sich bei einem Fisch dabei das Luftvolumen in der Schwimmblase verändern, um dem Absinken bzw. Steigen entgegenzuwirken?

1 Bachforelle

Die Bachforelle – ein Bewohner kalter Gewässer

An den Lebensraum des Baches und des Gebirgsflusses ist die Bachforelle hervorragend angepasst. Ihr *spindelförmiger Körper* verleiht ihr eine fast ideale *Stromlinienform*, sodass der Wasserwiderstand im schnell fließenden Wasser stark verringert wird. Mit leichten, kaum wahrnehmbaren Schlägen der kräftigen Schwanzflosse erzeugt die Bachforelle gerade so viel Vortrieb, dass sie im fließenden Wasser zu „stehen" scheint. Die übrigen Flossen helfen dabei, eine ruhige Gleichgewichtslage zu halten. Auf diese Weise wartet die Bachforelle z. B. auf Insekten, die auf der Wasseroberfläche herantreiben. Sie schießt blitzschnell auf diese zu, verschluckt sie und kehrt anschließend in ihre Lauerstellung zurück.

Das tief gespaltene Maul weist die Bachforelle als *Raubfisch* aus. Zu ihrer Nahrung gehören nicht nur Insekten, sondern auch kleine Fische und Larven von Insekten, die untergetaucht im Wasser leben. Neben geeigneter Nahrung muss der Lebensraum der Bachforelle ihr weitere Bedingungen bieten: Am wichtigsten ist ein hoher Sauerstoffgehalt des Wassers. Dieser ist nur dann hoch genug, wenn das Wasser kalt ist. Bei Temperaturen über 18 °C stirbt die Bachforelle, da dann der Sauerstoffgehalt zu gering wird. Die gleiche Wirkung haben Verunreinigungen, die in das Gewässer gelangen. Das erklärt, weshalb Bachforellen nur in Bächen mit kaltem Quellwasser und Gebirgsflüssen vorkommen, die nicht verunreinigt sind.

Im Winter, in der die Laichzeit der Bachforelle liegt, wandern die fortpflanzungsfähigen Tiere stromaufwärts zu ihren Laichplätzen im Oberlauf des Baches. Dort ist das Wasser noch kälter und sauerstoffreicher. Vor dem Ablaichen heben die Weibchen eine muldenförmige *Laichgrube* im kiesigen Untergrund aus, indem sie mit kräftigen Schlägen der Schwanzflosse Sand und Kies zur Seite fegen. Die Männchen fechten untereinander Rivalenkämpfe aus. Der Sieger kommt schließlich zur Fortpflanzung, indem er seine *Spermienflüssigkeit* über die vom Weibchen in die Laichgrube abgelegten Eier abgibt. Die Eier werden also außerhalb des Körpers befruchtet *(äußere Befruchtung,* S. 78). Das Weibchen bedeckt anschließend die Laichgrube mit Kies und verlässt diese. Zwei bis drei weitere Laichgruben mit bis zu 1500 Eiern können angelegt werden.

Die aus den Eiern im April bis Mai schlüpfenden *Fischlarven* ernähren sich zunächst vom Nährstoffvorrat des *Dottersackes*. Nach dessen Verbrauch verlassen die ca. 2,5 cm großen Jungfische die Laichgrube und müssen selbst auf die Jagd nach Beutetieren gehen, um heranwachsen zu können.

Bachforellen sind geschätzte Speisefische, die allerdings nur langsam heranwachsen. Aus diesem Grund züchtet man heute in Teichen eine Verwandte der Bachforelle, die *Regenbogenforelle*. Sie stammt aus Nordamerika, verträgt höhere Temperaturen und wächst schneller heran. Zwei weitere Formen, die *See-* und *Meerforelle,* sind Rassen der Bachforelle. Während die Seeforelle in kalten Gebirgsseen vorkommt, lebt die Meerforelle vor den Meeresküsten und wandert zum Ablaichen die Geburtsflüsse hinauf.

2 Entwicklungsstadien der Bachforelle

Fischpräparation

Die Untersuchung einer Forelle zeigt viele Organe, die denen von Säugern und Vögeln ähneln, aber auch Organe, die diese Tiere nicht besitzen. Dabei handelt es sich vor allem um Organe, die eine Anpassung an das Leben im Wasser darstellen.

Für die Untersuchung und Präparation der Forelle brauchst du folgende Hilfsmittel: Alte Zeitungen als Unterlage, spitze Schere, Pinzette, Lupe, Skalpell.

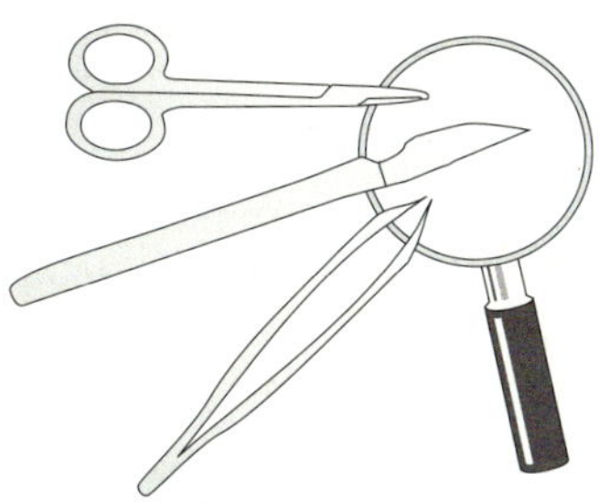

1 Präparationsbesteck

Untersuchung von außen

① Suche bei dem Fisch folgende Körperteile und beschreibe in deinem Heft deren Form und Beschaffenheit: Haut, Nase, Augen, Zähne, Seitenlinie, Flossen, Kiemendeckel, hintere Körperöffnungen.

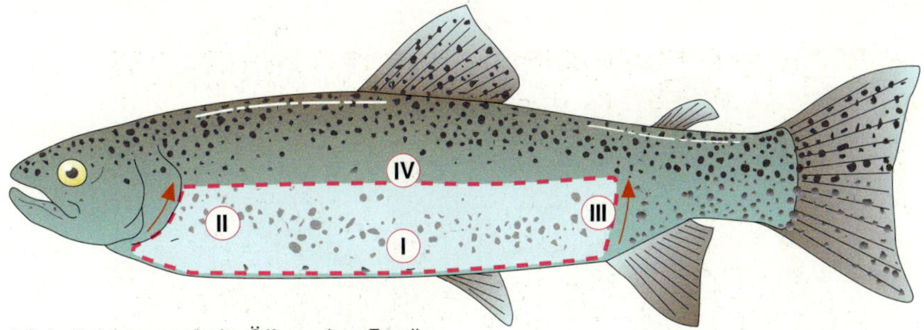

2 Schnittrichtungen beim Öffnen einer Forelle

Untersuchung der Kiemenhöhle

② Lege den Fisch auf die Zeitungen. Trenne mit der Schere den linken Kiemendeckel und die ganze Wand des Mundraumes ab. Welche Teile werden dabei sichtbar?

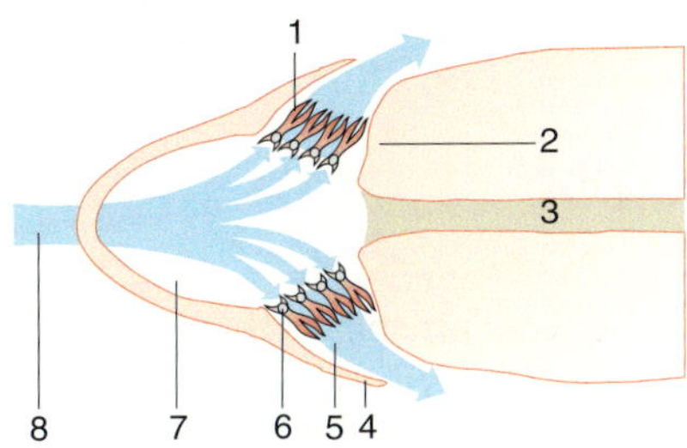

3 Der Weg des Atemwassers

③ Ordne in deinem Heft den Ziffern der Abbildung 3 folgende Begriffe zu: Mundraum, Kiemendeckel, Kiemenbogen, Kiemenblättchen, Rumpfmuskeln, Speiseröhre, Atemwasser, Kiemenraum.

④ Suche den Weg des Atemwassers und notiere in deinem Heft die Ziffern der Abbildung 3 in der Reihenfolge dieses Weges. Suche und notiere in gleicher Weise den Weg der Nahrung.

Untersuchung der Bauchhöhle

⑤ Schneide, wie in der oberen Abbildung eingezeichnet, ein Fenster seitlich aus der Bauchwand:
- I. Längsschnitt vom After zum Rand der Kiemenhöhle, Schere möglichst flach führen, um keine inneren Organe zu treffen.
- II. Bogenschnitt am hinteren Rand der Kiemenhöhle entlang.
- III. Bogenschnitt vom After aus nach oben.
- IV. Körpermitte aufklappen und abtrennen.

⑥ Nun liegen die inneren Organe offen. Versuche sie anhand der Beschreibung und der Abbildung 4 zu finden. Der obere Bereich der Bauchhöhle wird von der großen, gasgefüllten Schwimmblase ausgefüllt, die zum Teil vom Eierstock bzw. Hoden verdeckt ist. Befindet sich der aufpräparierte Fisch unter Wasser, sieht man die Schwimmblase zur Oberfläche treiben. Weiter rückenwärts befindet sich nur noch die Niere.

⑦ Mit einer stumpfen Pinzette versuchen wir, den Darm etwas aus dem Fisch zu lösen, um seinen Verlauf besser zu erkennen. Er ist von drei Leberlappen umgeben.

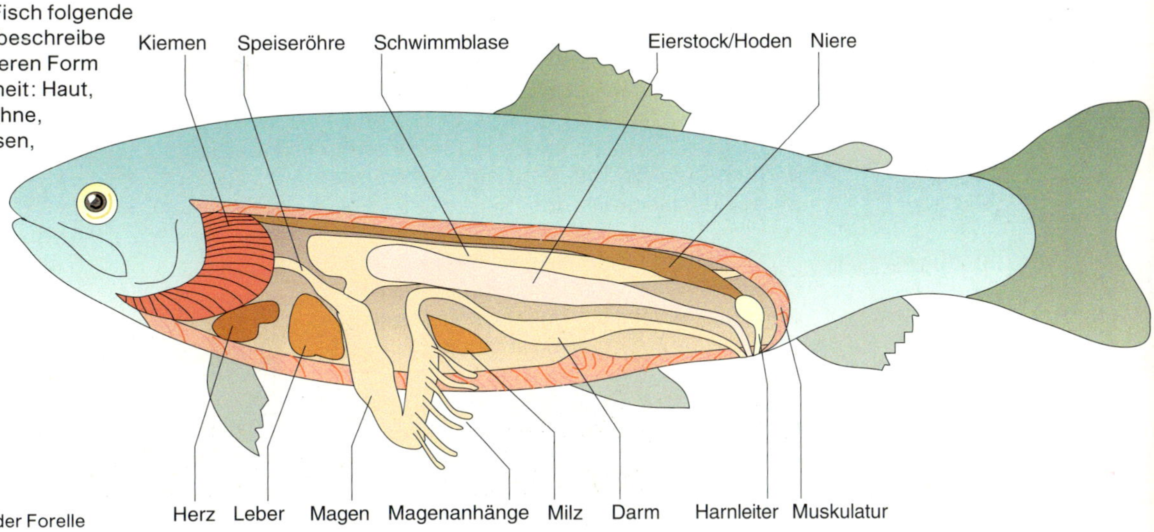

4 Die Organe der Forelle

1 Abfischen der Karpfen

Die Karpfenzucht

Der Karpfen ist der vom Menschen am häufigsten verzehrte Süßwasserfisch. Mehrere hunderttausend Tonnen des beliebten Speisefisches werden jedes Jahr weltweit verkauft. Die meisten dieser Tiere werden in den Teichwirtschaften der Binnenfischerei gezüchtet.

Zuger-Gläser

Man unterscheidet verschiedene Zuchtformen, wie z. B. *Schuppenkarpfen, Spiegelkarpfen* und *Lederkarpfen*. Neben den Speisekarpfen erfreut sich eine ostasiatische Zuchtform, der *Farbkarpfen (Koi),* als Zierkarpfen in unterschiedlichen Färbungen großer Beliebtheit. Der älteste bekannte Koi soll in Japan das stattliche Alter von 226 Jahren erreicht haben. Speisekarpfen können normalerweise etwa 40 Jahre alt werden. Bis ein Speisekarpfen sein Verkaufsgewicht von 1,5 bis 2 kg hat, vergehen jedoch nur drei Jahre. Die Binnenfischer bemühen sich um möglichst gute Bedingungen für die Karpfen, damit größte Erträge erreicht werden. Deshalb werden Eiablage, Befruchtung und die Entwicklung der Fische nicht dem Zufall überlassen.

Der Karpfen legt seine Eier, d. h. er laicht, einmal jährlich zu Beginn des Sommers, wenn die Temperatur des Wassers hoch genug ist. Die Zuchttiere werden je nach Witterung bereits im April oder Mai in kleine, flache Laichteiche oder in Behälter gesetzt, die mit warmem Wasser versorgt werden. In den Eierstöcken der Weibchen reifen die Fischleier, auch *Rogen* genannt, heran, während die Keimdrüsen der männlichen Tiere die Spermien bilden, die gemeinsam mit der weißen Samenflüssigkeit als *Milch* bezeichnet werden.

Ein Karpfenweibchen kann bis zu 700 000 Eier abgeben. Die laichbereiten Weibchen, die *Rogner*, werden über einer Schüssel abgestreift. Danach wird über diesem Laich mehrerer Weibchen die Spermienflüssigkeit mehrerer Männchen, der *Milchner*, abgestreift und miteinander vermischt. In Zuger-Gläsern werden nun die befruchteten Eier unter ständiger Frischwasserzufuhr bei 22 bis 25 °C Wassertemperatur in ca. drei Tagen erbrütet. Die geschlüpften Larven sind noch nicht schwimmfähig und ernähren sich von den Nährstoffvorräten aus ihrem Dottersack. Nach etwa 48 Stunden sind diese Nährstoffe aufgebraucht. Die Larven haben sich zu Jungfischen entwickelt. Sie müssen nun selbstständig Nahrung aufnehmen und werden in flache Teiche eingesetzt, die große Mengen Kleinstlebewesen enthalten. Die Karpfen werden während ihres Wachstums mehrfach in verschiedene Teiche umgesetzt.

Je nach natürlichem Nahrungsangebot wird mit Getreide oder mit speziellem Mastfutter zugefüttert. Im Herbst des dritten Jahres wird „geerntet“, d. h. die Karpfen werden abgefischt. Als sogenannte „dreisömmrige“ Karpfen gelangen sie in den Handel.

Mit dieser Methode werden auch verschiedene andere Arten wie Stör, Lachs und Forelle gezüchtet. Jungfische dieser Fischarten werden oft auch in natürliche Gewässer ausgesetzt, um ihren Bestand zu erhalten oder sie wieder neu anzusiedeln.

2 Gewinnung des Rogen

Haltung und Pflege von Fischen im Aquarium

Ein Aquarium bietet die Möglichkeit, das interessante Verhalten der Fische in ihrem Lebensraum zu beobachten. Tropische Süßwasserfische, wie Guppys, Schwertträger, Panzerwelse und Purpurbrachtbarsche, sind besonders für angehende Aquarianer geeignet, da sie recht einfach zu pflegen sind und viele Besonderheiten im Verhalten zeigen. Bei der Einrichtung des Aquariums und der Auswahl von Fischen und Pflanzen musst du sorgfältig vorgehen.

Den Boden bedecken wir einige Zentimeter hoch mit gewaschenem Sand und geben darüber eine Schicht mit ebenfalls mehrfach gewaschenem Kies. Dieser muss unbedingt kalkfrei sein, da sonst die meisten Wasserpflanzen nicht richtig wachsen. Günstig ist es, wenn wir ein leichtes Gefälle von hinten nach vorn in den Boden modellieren, da wir dann Schmutz leichter entfernen können. Größere Steine oder eine geeignete Wurzel als Versteck für die Tiere setzen wir anschließend gleich an die vorgesehenen Stellen.

Damit unsere Aquarienlandschaft nicht sofort wieder zerstört wird, muss das Wasser vorsichtig mit kleinen Gefäßen eingegossen werden. Man kann es aber auch durch einen Schlauch aus einem hochgestellten Eimer einlaufen lassen. Dazu wird der Schlauch mit beiden Enden in die Hand genommen, mit Wasser gefüllt und anschließend mit dem Daumen verschlossen. Ein Ende halten wir nun in den gefüllten Eimer, das andere in unser Aquarium über einen kleinen Teller, der das herauslaufende Wasser abbremst.

Größere Pflanzen setzen wir nach hinten, kleinere in den Vordergrund. Je mehr Pflanzen wir einsetzen, desto weniger Algen werden sich entwickeln, da die Pflanzen überschüssige Mineralien aus dem Wasser nehmen. Das Einpflanzen ist recht einfach. Die Stängel werden nur mit den Fingern oder einem Pflanzenstab in den Boden gedrückt und mit Kies beschwert.

Falls ihr ein Warmwasseraquarium einrichtet, benötigt ihr eine Heizung. Diese besteht meistens aus einem Heizstab und einem Thermostaten, der die Wassertemperatur überwacht. Man stellt die Heizung auf 24 bis 25 °C ein. Ein Filtergerät mit Pumpe sorgt stets für sauberes Wasser. Wird mit Aquarientorf gefiltert, so reichert ihr das Wasser dadurch mit Humussäure an und bereitet es besonders gut auf. Für die Pflanzen ist eine künstliche Beleuchtung vorteilhaft, die gleichzeitig das Aquarium abdeckt, sodass kein Fisch herausspringen kann.

1 Aquarium

Einen oder zwei Tage später werden die Fische eingesetzt, da erst dann das Wasser die richtigen Eigenschaften besitzt. Zu Beginn solltet ihr jedoch nur unempfindliche Arten wählen, die sich leicht halten lassen, aber dennoch interessante Beobachtungen zulassen. Dazu zählen besonders die Guppys, die sich leicht vermehren. Aber auch Platy und Schwertträger kommen in Frage. Hier solltet ihr euch von einem erfahrenen Aquarianer beraten lassen. Wichtig ist jedoch, dass nur wenige Fische (höchstens 1 Fisch auf 5 Liter Wasser) eingesetzt werden, da sonst das Wasser ständig gewechselt werden muss. Außerdem benötigen einige Arten genügend Platz für ihre Reviere.

Guppy

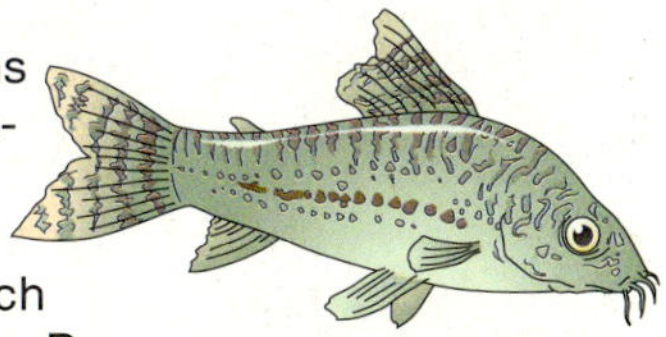

Leopard-Panzerwels

Purpurprachtbarsch

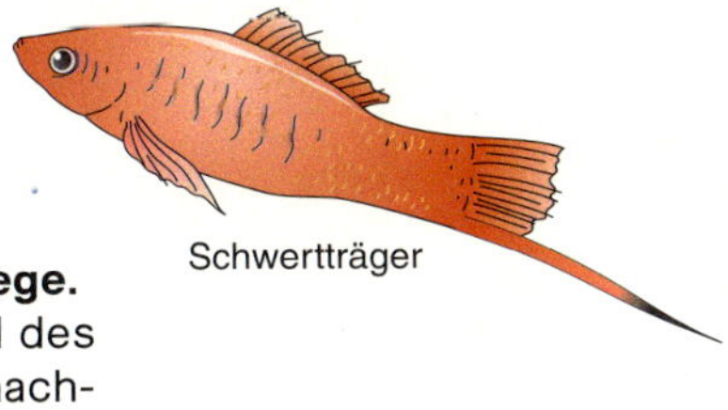

Schwertträger

Ein Aquarium bedarf regelmäßiger Pflege. Etwa jede zweite Woche sollte ein Teil des Wassers gewechselt werden. Kräftig nachwachsende Pflanzen müssen gekürzt werden. Algen an den Scheiben werden abgeschabt und Schmutzstoffe vom Boden abgesaugt. Starkes Grünalgenwachstum kann mit zu viel Lichteinstrahlung zusammenhängen.
Die meisten Aquarienfische erhalten zu viel Futter! Man gibt ihnen nur die Menge, die sie in etwa 5 bis 10 Minuten vollständig fressen. Reste verderben unnötig das Wasser. Wassertemperatur und Filterleistung werden regelmäßig überprüft.

1 Bär fängt springenden Lachs

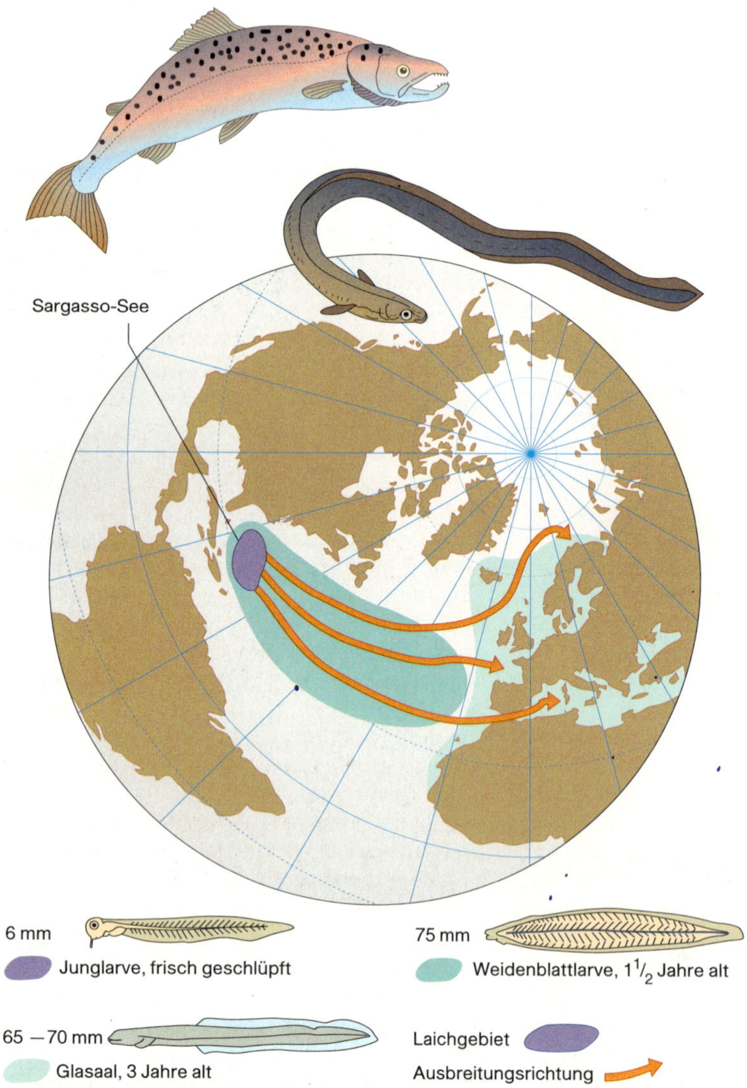

2 Weg des europäischen Aals

Lachs und Aal sind Wanderfische

Viele einheimische Fischarten bleiben zeitlebens in dem Gewässer, in dem sie herangewachsen sind. Man nennt sie deshalb *Standfische*. Beispiele dafür sind *Hecht* und *Karpfen*. Andere Arten unternehmen weite Wanderungen zu ihren Nahrungs- oder Laichgründen. Solche Fische nennt man *Wanderfische*. Zu ihnen gehören Aal und Lachs, die zwischen Meer und Süßwasser wandern.

Den größten Teil ihres Lebens verbringen die **Lachse** im Meer. Dort leben sie räuberisch und wachsen innerhalb von zwei Jahren zu geschlechtsreifen Tieren heran. Sie sind dann bis 1,20 m lang und 45 kg schwer. Die Lachse wandern von Juli bis September aus dem Meer in die *Oberläufe* der Flüsse zu ihren *Laichplätzen*. Man weiß aus Markierungsversuchen, dass die erwachsenen Lachse stets das Gewässer ihrer Jugendentwicklung aufsuchen. Beim Aufsteigen überwinden die Lachse auch Hindernisse wie Staustufen oder Wasserfälle. Im Winter laichen sie dann in der Nähe der Quellen sauberer Flüsse ab. Die Alttiere treiben danach erschöpft flussabwärts. Erst im Frühjahr schlüpfen die Jungtiere aus. Sie leben einige Zeit im Süßwasser, bevor sie dann flussabwärts ins Meer wandern.

Weit besser als beim Lachs sind die Laichwanderungen des europäischen **Aals** untersucht. Er lebt 6 – 12 Jahre lang in Seen, Bächen oder Gräben und wird bis zu 1,50 m lang. Im Herbst wandern die geschlechtsreifen Tiere *flussabwärts* in den Atlantik. Sie schwimmen dem Golfstrom entgegen bis in die Sargasso-See vor der amerikanischen Küste. Das sind zwischen 6 000 und 8 000 km Wanderweg! Nach dem Ablaichen sterben die Alttiere. Die geschlüpften *Aallarven* treiben mit dem Golfstrom im Laufe von drei Jahren nach Europa zurück. Als durchsichtige *Glasaale* wandern sie dann wieder in die Flüsse ein. Man weiß, dass weder die erwachsenen Lachse noch die erwachsenen Aale auf ihren Laichwanderungen Nahrung zu sich nehmen. Sie müssen sich also durch die Anlage von Fettreserven auf die Wanderungen vorbereiten.

Aufgaben

① In welchem Punkt unterscheiden sich die Laichwanderungen von Lachs und Aal?

② Gestaltet in der Klasse eine Wandzeitung zum Thema „Lebenskalender“ von Lachs bzw. Aal.

1 Heringsschwarm und **2** Arbeit auf einem Fangschiff

Das Meer — ein wichtiger Nahrungslieferant

Wer schon einmal eine Fahrt mit einem Krabbenkutter auf der Nordsee mitgemacht hat, wird mit Spannung das Heraufholen der Netze verfolgt haben. Verschiedene Meerestiere, einige in großer Zahl, kommen zum Vorschein, zum Beispiel Garnelen, Seesterne und kleinere Fische. Sie und andere Meerestiere finden in den nährstoffreichen Küstengewässern eine optimale Nahrungsgrundlage. Solche Bedingungen sind im Atlantischen Ozean, zum Beispiel auch vor den Küsten Islands, vor der Westküste Großbritanniens und vor den Küsten Neufundlands, gegeben. Dort können viele Algen gedeihen, die zum Beispiel Nahrung von Kleinkrebsen sind. Diese bilden die Nahrungsgrundlage für Fische, die bei gutem Nahrungsangebot in großen Schwärmen vorkommen können, zum Beispiel die Heringe. Diese fallen wiederum größeren Räubern zum Opfer, zum Beispiel *Thunfischen*.

Aus solchen nährstoffreichen Meeresgebieten kommen die meisten der Seefische, die als *Speisefische* zu uns gelangen. Eine wichtige Rolle spielen der *Dorsch* oder *Kabeljau* und die *Makrele*. Beide leben in großen Schwärmen. Dorsche werden meist zu Filets verarbeitet, Makrelen werden oft geräuchert angeboten. Weitere bekannte Seefische sind der *Rotbarsch* und der *Hering* sowie die verschiedenen Plattfischarten, zum Beispiel *Scholle* und *Steinbutt*. Plattfische sind durch die seitliche Abflachung ihres Körpers an das Leben auf dem Meeresboden hervorragend angepasst.

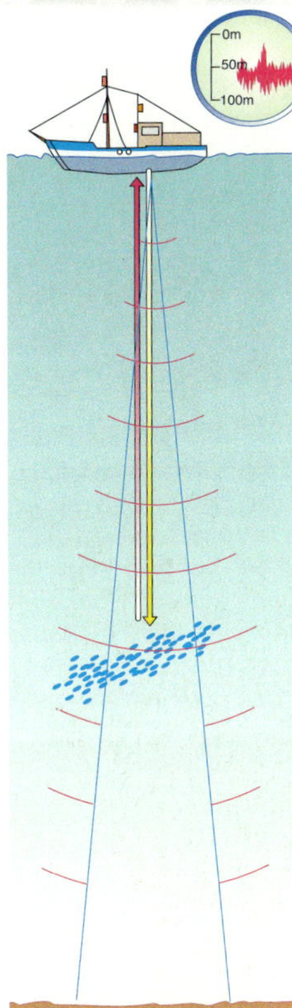

Echolottechnik

Grundschleppnetz

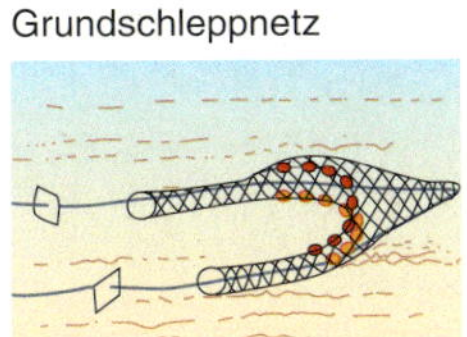

Moderne Fischereischiffe können Fischschwärme mithilfe der *Echolottechnik* genau orten. Die von einem Sender abgegebenen Ultraschallwellen werden vom Fischschwarm zurückgeworfen und von einem Empfänger aufgezeichnet. Mit ringförmig angeordneten Netzen *(Ringwaden)* fängt man große Fischschwärme, die sich in der Nähe der Oberfläche aufhalten. Mit *Schleppnetzen (Trawl)* fischt man auf oder dicht über dem Meeresboden lebende Fische, wie Dorsche und Plattfische. Fischfangflotten können heute Fischschwärme fast vollständig dem Meer entnehmen, sodass die Weltmeere heute sehr stark überfischt sind. Der Bestand mehrerer wichtiger Nutzfischarten ist bereits deutlich zurückgegangen.

Trotzdem nimmt die Menge der jährlich gefangenen Meeresfische wegen der zunehmend intensiven Befischung weltweit noch zu. Die Menge der weltweit gefangenen Seefische stieg von etwa 14 Mio. Tonnen im Jahr 1950 um mehr als das Dreifache im Jahr 2000. Der Gefährdung der Fischbestände versucht man durch Festlegung von Fangquoten und dem Verbot bestimmter Fangmethoden entgegenzuwirken. So ist in allen Ländern der Europäischen Union die Fischerei mit Treibnetzen verboten. Die *Treibnetzfischerei* mit kilometerlangen Netzen ist besonders schädlich, da in den 10 bis 15 Meter hohen Netzen auch viele nicht gewünschte Fische hängen bleiben. Außerdem verfangen sich in ihnen zum Beispiel auch Delfine, die dann ertrinken müssen.

Fische

Fische bewohnen sowohl das Süßwasser mit den Bächen, Flüssen und Seen als auch das Meer, in dem etwa 35 g Salz in einem Liter Wasser gelöst sind. Viele Fischarten weichen in ihrer Körperform von der „normalen" Fischform ab. Manche haben zur Sicherung der Fortpflanzung besondere Verhaltensweisen entwickelt, wie die Brutpflege oder die Fähigkeit zu weiten Wanderungen. Das alles sind Anpassungen dieser Fische an die unterschiedlichen Lebensbedingungen in ihren Lebensräumen.

Süßwasserfische

Rotauge. Dieser Fisch, der auch Plötze genannt wird, besiedelt langsam fließende oder stehende Gewässer, wo er meist in Schwärmen lebt. Rotaugen ernähren sich von verschiedenen Kleintieren, z. B. von Würmern und Insektenlarven. Aber auch Pflanzen und Pflanzenteile gehören zu ihrer Nahrung. Rotaugen sind eine wichtige Beute von Barsch und Hecht.

Wels oder **Waller**. Er ist einer der größten heimischen Süßwasserfische. Welse können bis 3 m lang, 150 kg schwer und 80 Jahre alt werden. Als Lebensraum braucht der Wels Seen und Flüsse mit weichem Boden. Hier ruht er tagsüber in Höhlen oder unter Überhängen am Ufer. Am Maul stehen zwei lange und vier kurze *Barteln*. Sie

helfen in der Dämmerung und Nacht, die Nahrung (Fische, Frösche und sogar Wasservögel) aufzuspüren.

Flussbarbe. Dieser gesellig lebende Bodenfisch wird in der Dämmerung aktiv und sucht dann mit den vier Bartfäden *(Barteln)* an seinem Maul den Boden nach Laich, Fischbrut, Würmern und Kleinkrebsen ab. Zum Laichen ziehen die Fische in großen Schwärmen kurze Strecken stromauf, wo der goldgelbe, giftige Laich über kiesigem Grund abgesetzt wird. Die Flussbarbe wird bis zu 90 cm lang.

Flussbarsch. Dieser Raubfisch jagt in kleinen Trupps nach Krebsen und Fischen. Er kommt in Bächen, Flüssen und Seen vor und ist gut an der stacheligen vorderen Rückenflosse und an den roten Bauch-, After- und Schwanzflossen zu erkennen. Barsche werden bis 50 cm lang.

Hecht. Mit einer Körperlänge von bis zu 1,50 m ist der Hecht der größte Raubfisch unserer heimischen Gewässer. Durch seine Streifenzeichnung perfekt getarnt, lauert der Hecht oft im dichten Pflanzenwuchs auf Beute. Zu seiner Beute gehören nicht nur Fische, sondern auch Frösche, Ratten und Wasservögel. Nähert sich ein Tier, schießt er mit weit aufgerissenem Maul hervor und packt seine Beute.

Stichling. Die verschiedenen Arten dieses kleinen Fisches kommen in Teichen, Bächen, Flüssen, selbst im Brackwasser und im Meer vor. Stichlinge leben die meiste Zeit des Jahres in Schwärmen. Zur Fortpflanzungszeit jedoch besetzen die Männchen in flachem, warmem Süßwasser ein Brutrevier. Sie verteidigen es und bauen ein Nest. Durch Balztänze werden trächtige Weibchen zum Ablaichen im Nest veranlasst. Das Männchen versorgt die Brut allein.

Bitterling. Dieser nur wenige Zentimeter lange Fisch benötigt sandigen Untergrund, in dem Teich- oder Malermuscheln leben. Auf diese ist er nämlich bei der Fortpflanzung angewiesen. Die Weibchen geben dabei mithilfe ihrer langen Legeröhre Eier in die Ausströmöffnung der Muschel ab. Die Spermazellen der Männchen gelangen über die Einströmöffnung zu den Eiern. Da die Muschelbestände bei uns zurückgehen, ist dadurch auch der Bitterling gefährdet.

Meeresfische

Kabeljau. Die Schwärme dieses 1,5 m langen Fisches sind im ganzen Nordatlantik, der Nord- und Ostsee zu finden. Die Jungfische fressen Tierplankton, zum Beispiel kleine Krebstiere. Der erwachsene Kabeljau oder *Dorsch* ist ein räuberischer Allesfresser, der von Krebsen, Würmern und Weichtieren lebt und auch Jagd auf Heringe macht. Die Weibchen legen jeweils 3 bis 4 Mio. Eier. Der Verlust unter den Jungfischen ist sehr groß.

Rotbarsch. Er sieht zwar barschähnlich aus, gehört aber zur Gruppe der „Drachenköpfe". In 400 bis 600 m Tiefe jagt der bis zu 1 m lange, schmackhafte Speisefisch vorwiegend Heringe und Dorsche, frisst aber auch Garnelen und Muscheln. Sein Lebensraum sind die küstennahen Gebiete des Nordatlantiks.

Flunder. Sie ist ein Bewohner der Küstengewässer und ist für Beutetiere und Feinde wegen ihrer Tarnfarbe und Körperform nur schwer zu entdecken. Ihre „praktische" Form hat die Flunder jedoch nicht von Geburt an. Eine frisch aus dem Ei geschlüpfte Flunderlarve hat zunächst die Form eines normalen Fisches. Erst im Laufe der Entwicklung entsteht der *Plattfisch*, indem sich das linke Auge und das Maul auf die rechte Seite, die spätere Oberseite, verlagern und das Tier sich auf die linke Seite legt.

Zu den Plattfischen gehören noch die bis zu 40 cm große *Scholle*, der 1 m lange *Steinbutt*, der bis zu 3 m lange *Heilbutt* und die etwa schollengroßen Arten *Flunder* und *Seezunge*. Da Plattfische keine Schwärme bilden, ist ihre Fangmenge vergleichsweise gering, obwohl sie als Speisefische sehr geschätzt werden.

Muränen. Diese Fische besiedeln gemäßigt bis tropisch warme Meere und besitzen einen aalförmigen, schuppenlosen Körper, Kiemendeckel fehlen. Stattdessen haben Muränen seitliche Kiemenöffnungen. Rücken-, After- und Schwanzflosse bilden einen Flossensaum, Brust- und Bauchflossen fehlen. So sind diese Meeresfische an das Leben in Spalten und Höhlen von Riffen oder Felsküsten angepasst. Ihr tief gespaltenes Maul kennzeichnet die Muränen als Räuber. Sie sind nachtaktiv und finden ihre Beute, zum Beispiel schlafende Fische, mithilfe ihres feinen Geruchssinnes. Zahlreiche nadelspitze Zähne ermöglichen das Ergreifen und Festhalten der Beute.

Thunfisch. Dieser Meeresfisch ist ein begehrter Speisefisch und kann bis zu 5 m lang werden. Seine kräftige Muskulatur und die Stromlinienform ermöglichen ihm Geschwindigkeiten bis zu 50 km/h, wenn er in kleinen Gruppen nach Schwarmfischen, z. B. Makrelen, oder nach Tintenfischen jagt. Die Hauptlaichplätze des Thunfischs liegen im Mittelmeer, wo seit altersher mit Harpunen oder Reusen nach ihm gefischt wird. Im Winter unternimmt er weite Wanderzüge und ist dann auch in der Nordsee anzutreffen.

Haie. Alle Haie sind *Knorpelfische*. Sie besitzen einige besondere Merkmale, die sie von den Knochenfischen unterscheiden. Die knorpelige Wirbelsäule der Haie trägt nur kurze Wirbelfortsätze. Die Kiemen sitzen an den Wänden von beiderseits fünf Kiemenspalten. Haie besitzen keine Schwimmblase. In den Kiefern vieler Haiarten stehen messerscharfe, dreieckig geformte Zähne in mehreren Reihen hintereinander. In der vorderen Reihe ausfallende Zähne werden durch die in den hinteren Zahnreihen ersetzt. Von den etwa 350 Haiarten sind für den Menschen nur wenige wirklich gefährlich. Einige Arten, wie der Walhai, filtern ihre Nahrung mithilfe des weit geöffneten Mauls aus dem Wasser. Sie sind völlig ungefährlich.

Rochen. Sie gehören wie die Haie zu den Knorpelfischen. Charakteristisch ist ihr tellerförmig abgeflachter Körper. Am bekanntesten ist der **Teufelsrochen**. Seinen Namen hat er von den beiden von der Schnauze ausgehenden Verlängerungen, die wie Hörner aussehen. Die größten Arten leben im Pazifischen Ozean und erreichen eine Spannweite von bis zu 6 Metern. Mithilfe ihrer flügelförmigen Brustflossen sind sie elegante Schwimmer. Bei geöffnetem Maul nehmen sie Kleinlebewesen auf, die ihre Nahrung bilden.

Sammelt farbige Abbildungen von Fischen und klebt sie auf einer Weltkarte auf! Schreibt den Lebensraum dazu! Beschreibt das Aussehen (Farbe und Form, Maulstellung, Lage der Augen usw.) der Fischarten!
Welche Bedeutung könnten farbige Streifen, unregelmäßige Muster oder einzelne große Farbflecken haben?

Vielfalt der Fische

Auf wie viele Fische kommst du, wenn du darüber nachdenkst? Schreibe die Namen der Fische auf und vergleiche mit deinen Mitschülern!

Wahrscheinlich ergibt sich eine Liste, in der die große Vielfalt der Fische sichtbar wird. Hier sind einige Beispiele: Haifisch, Goldfisch, Seepferdchen, Hering, Tintenfisch, Karpfen, Plattfisch, Forelle, Walfisch, Fischstäbchen ....
Aber genau aufpassen, ob in der Liste alles stimmt!

Nahrungserwerb

Die Schützenfische Hinterindiens fangen ihre Beute aus der Luft. Sie besitzen durch die spezialisierte Gestaltung des Maules die Fähigkeit, Insekten mit einer gezielten Ladung Wasser von einem Ast oder Schilfrohr „herunter zu schießen".

Der Fetzenfisch schwimmt träge zwischen Seegras und Tang umher. Er ist mit 30 cm Länge eine der größten Seepferdchenarten und lebt in den warmen Meeresbuchten vor Australien und Asien.

Fortpflanzung

Das Seepferdchen besitzt als einziger Fisch einen Greifschwanz. Eine weitere Besonderheit ist die Brutpflege — so tragen die Männchen die Eier in einer Bruttasche, bis die Jungen ausschlüpfen.

Färbung

Fische können sehr unterschiedlich gefärbt sein. Viele haben einen silbrigen Bauch und einen dunklen Rücken. Dadurch sind sie besser getarnt. Kannst du erklären, warum? Suche nach Beispielen!

Die farbenprächtigsten Fischarten kommen in tropischen Gewässern vor. Manche kann man auch in den Aquarien von zoologischen Gärten bewundern. Es lohnt sich ein Ausflug in den Zoo, um sich die Vielfalt der Farben und der Muster einmal anzusehen. Vielleicht solltet ihr einmal mit einem Zoolehrer über dieses Thema sprechen.

Am Kopf hat der Schmetterlingsfisch einen senkrechten, schwarzen Streifen, in dem das Auge verborgen liegt. Ein Zick-Zack-Muster überzieht seinen Körper und ein dunkler Fleck liegt am Ende der Rückenflosse. Eigenwilliger hätte es sich auch ein Künstler kaum ausdenken können.

Fliegende Fische können bis zu 50 m weit fliegen und erreichen eine Geschwindigkeit von etwa 50 km/h. Ihre Flughöhe beträgt ungefähr 1 Meter.

Anglerfische sehen oft sehr merkwürdig aus, falls man sie überhaupt findet. Wo ist die Angel? Wie und warum funktioniert sie?

Fortbewegung

Bei vielen Fischen dient nicht die Schwanzflosse dem Hauptantrieb, sondern andere Flossen, wie zum Beispiel die Brustflossen bei den Doktorfischen, die Rücken- und Afterflosse bei den Drückerfischen. Das ist, wie auch die Fischgestalt, eine Anpassung an ihren Lebensraum und ihre Ernährungsweise.

Informiere dich über Doktor- und Drückerfische. Überlege, welche Flossen für die auf dieser Seite abgebildeten Fische den Hauptantrieb bilden könnten.

Fischgestalten

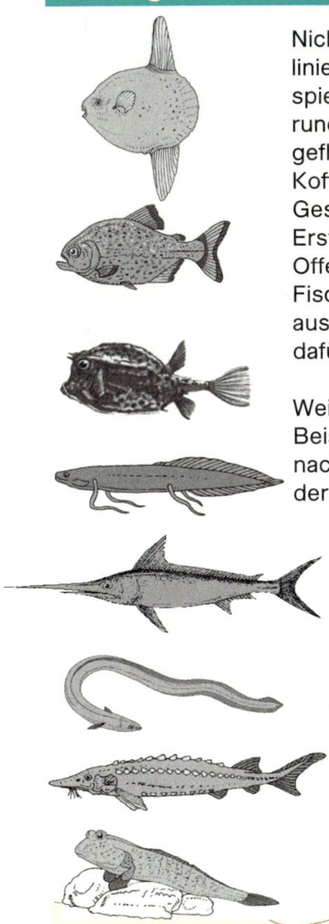

Nicht alle Fische besitzen einen stromlinienförmigen Körper. Es gibt zum Beispiel lang gestreckte Seenadeln, kugelrunde Igelfische, flache Seezungen, geflügelte Rochen und fast rechteckige Kofferfische. Manchmal versetzt die Gestalt eines Fisches den Beobachter in Erstaunen.
Offenbar gibt es Gründe dafür, dass Fische manchmal gar nicht fischförmig aussehen. Kannst du eine Erklärung dafür finden?

Weitere Informationen kannst du zum Beispiel in Büchereien finden. Suche nach Beispielen von Fischen mit besonderer Gestalt und berichte darüber.

Lebensraum

Fische leben im Wasser. Sie kommen im Süßwasser von Seen und Flüssen vor, im Salzwasser der Meere oder im Brackwasser. Es gibt Spezialisten für die Tiefsee und für flache Gewässer, für das Eingraben im Sand und das Leben in engen Zwischenräumen, usw.

Suche jeweils nach Beispielen!
Gibt es Fische, die sowohl im Salzwaser als auch im Süßwasser leben können?
Wo leben fliegende Fische?
Was weißt du über Tiefseefische?
Stelle selbst weitere Fragen und suche nach Antworten dafür.

Bei der Scholle ist die linke Körperseite zur Ober— und die rechte zur Unterseite geworden. Auch das Auge wandert bei der Entwicklung der Jungfische so über den Rücken von einer Körperseite zur anderen.

1 Grasfrösche im Laichgewässer

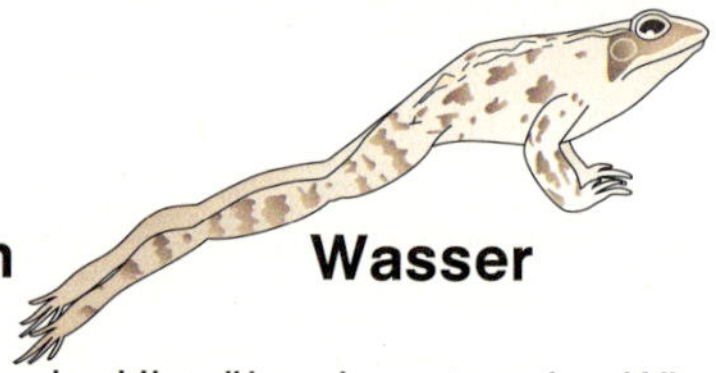

Der Grasfrosch — ein Leben an Land und im Wasser

Der Grasfrosch jagt in feuchten Wiesen, Gräben und dichten Gebüschen nach Insekten, Regenwürmern und Schnecken.

Die *langen Hinterbeine* ermöglichen weite Sprünge auf dem Trockenen, aber auch schnelles Schwimmen. Durch die *Schwimmhäute* zwischen den Zehen ist er gut an die Fortbewegung im Wasser angepasst. Seine braune Färbung mit dunklen Flecken tarnt den Grasfrosch im Gras- und Krautgewirr ebenso wie am Grund eines Gewässers. Die *halbkugeligen, seitlich sitzenden Augen* geben ihm gute Rundumsicht. Mit den *Trommelfellen*, die als dunkle Flecken hinter den Augen erkennbar sind, nimmt er Geräusche auf. Seine Haut trägt keine Hornschicht. Sie ist *nackt* und stets von einer dünnen, feuchten Schleimschicht bedeckt. In trockener Luft würde die Haut rasch austrocknen. Deshalb benötigt der Grasfrosch feuchte Lebensräume; er ist ein **Feuchtlufttier**.

Die Körpertemperatur des Grasfrosches entspricht immer etwa der Außentemperatur und schwankt mit ihr. Er ist **wechselwarm**. Wenn es im Herbst dauerhaft kühler wird, bewegt er sich immer langsamer. Schließlich verkriecht er sich in ein Erdversteck oder er gräbt sich im Schlamm auf dem Grund von Gewässern ein. Hier überdauert er den Winter regungslos in *Winterstarre*. Im Frühjahr, wenn die Außentemperaturen wieder steigen, wandert er zur *Paarung* in das Gewässer, in dem er aufgewachsen ist (S. 78).

Die Männchen treffen zuerst am Tümpel ein. Dort warten sie dann quakend auf die Weibchen, die sich aber bis zu einer Woche Zeit mit ihrer Ankunft lassen. Das Grasfroschweibchen erkennt das Grasfroschmännchen an seinen *Rufen*. Ist es einem der „Sänger“ nah genug gekommen, klettert dieser auf den Rücken des Weibchens und klammert sich fest. Kämpfe um ein Weibchen gibt es bei den Grasfröschen nicht. Das Männchen wird einige Tage herumgetragen, bis die Eier des Weibchens herangereift sind. An flachen Stellen mit Pflanzenbewuchs presst das Froschweibchen bis zu 4000 Eier, den *Laich*, ins Wasser und das Männchen gibt seine milchige Spermienflüssigkeit dazu. Man spricht von *äußerer Befruchtung*, da die Spermien außerhalb des Körpers in die Eizellen eindringen. Die das Ei umgebende *Gallerthülle* quillt zu einer dicken Schutzschicht auf. Das Ei darin dreht sich mit der dunklen Seite nach oben. Der schwarze Farbstoff nimmt die Sonnenwärme auf und schützt vor der gefährlichen UV-Strahlung.

Von der Kaulquappe zum Frosch

Drei Wochen nach der Befruchtung schlüpft die *Froschlarve* aus der Eihülle. Larven nennt man alle Jungtiere, die nach dem Schlüpfen eine andere Gestalt haben als ihre Eltern.

Die Froschlarve heftet sich zunächst an Pflanzen oder Steinen fest und zehrt von ihrem *Eidottervorrat* am Bauch. Sie atmet über büschelige *Außenkiemen* am Kopf. Nach 10 Tagen hat die Larve die bekannte Gestalt einer *Kaulquappe*. Die Kiemen sind nun von einer Hautfalte überwachsen *(Innenkiemen)*. Der Schwanz mit dem breiten Flossensaum ermöglicht das Schwimmen. Mit Hornleisten am Mund weidet die Kaulquappe die Algen von Steinen und Wasserpflanzen ab. Sie ist ein reiner *Pflanzenfresser*.

Ende Mai, Anfang Juni schwimmt das Tier immer häufiger zur Oberfläche und schluckt Luft. Es hat sich eine einfache Lunge gebildet. Schließlich verlässt ein kleiner Frosch das Wasser. Er hat noch einen kleinen Stummelschwanz, der aber nach kurzer Zeit verschwindet. Sobald der Frosch seine Kinderstube verlassen hat, ernährt er sich nur noch von Kleintieren, wie Fliegen, Mücken und Würmern. Er ist zum *Fleischfresser* geworden. Wenn der Grasfrosch bei der Reviersuche nicht von einem Feind gefressen oder überfahren wird, kehrt er im dritten Frühjahr zur Paarung wieder in sein Geburtsgewässer zurück.

Kennzeichnend für die gesamte Tierklasse der Lurche ist, dass die Jungtiere im Wasser lebende, mit Kiemen atmende Larven sind. Bei der Entwicklung der Larven zum erwachsenen Lurch vollzieht sich ein Form- und Gestaltwandel, die **Metamorphose**. Dabei entwickelt sich die Fähigkeit zum Landleben durch die Ausbildung der Lunge und die Kiemenrückbildung. Stets ist der Körper von einer nackten, schleimbedeckten Haut umhüllt. Der wissenschaftliche Name der Lurche ist *Amphibien* (griech., *amphi* = beide, zwei; *bios* = Leben), d.h. Wasser und Land sind wechselweise ihr Lebensraum.

Aufgaben

① Beschreibe die Veränderungen der Larve während der Metamorphose (Abb. 1–4).
② Stelle Unterschiede zwischen Kaulquappe und Frosch zusammen.
③ Stelle in einer Tabelle Anpassungsmerkmale des Grasfrosches an das Land- und Wasserleben einander gegenüber.

1 Laich und geschlüpfte Kaulquappen

2 Junge Kaulquappe

3 Ältere Kaulquappe

4 Junger Grasfrosch

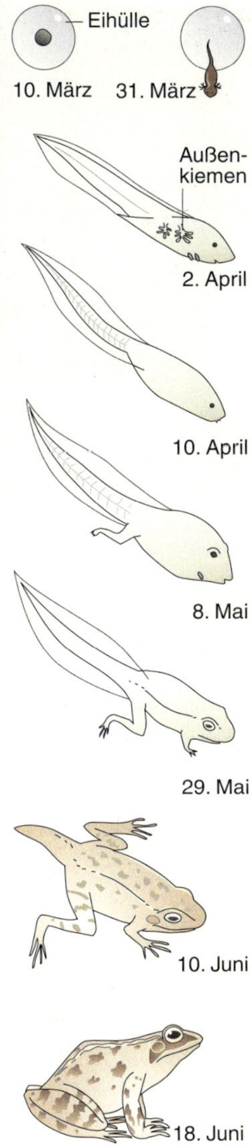

1 Erdkröte

Funktionsweise der Schleuderzunge

2 Erdkröte erbeutet ein Insekt

Grasfrosch und Erdkröte sind Froschlurche

Seine braune *Tarnfärbung* schützt den **Grasfrosch** meistens vor Entdeckung. Man wird erst dann auf ihn aufmerksam, wenn er sich mit einem *Fluchtsprung* in Sicherheit bringen will. Blitzschnell streckt er die Hinterbeine und schnellt vorwärts. Bei einem Sprung ins Wasser zeigt er, dass er auch ein guter Schwimmer ist. Die Vorderbeine werden eng an den Körper angelegt, sodass der Wasserwiderstand gering wird. Mit den Hinterbeinen drückt er sich im Wasser ab, wobei er beide Beine zugleich anzieht und danach wieder streckt, vergleichbar unseren Beinbewegungen beim Brustschwimmen. Schwimmhäute zwischen den Zehen sorgen für größere Wasserverdrängung und damit für verstärkte Antriebskraft.

Wie der Grasfrosch, ist auch die **Erdkröte** in ihrem Lebensraum mit ihrer warzigen braunen Haut gut getarnt. Ihre Hinterbeine sind jedoch kürzer als die des Frosches. Sie ist ein schlechter Springer und bewegt sich eher behäbig vorwärts. Vor Feinden, wie Rabenkrähen, Ringelnattern oder Mardern, schützen sie *Giftdrüsen*. Diese sitzen in den Warzen der Haut und in Wülsten hinter den Augen. Das Gift brennt unangenehm auf Augen-, Mund- und Nasenschleimhäuten eines Angreifers. So konnte man beobachten, dass eine Ringelnatter eine verschlungene Erdkröte wieder ausgewürgt hat. Die Kröte flieht bei der Begegnung mit dem Feind nicht. Sie richtet sich hoch auf und schaukelt mit dem Körper hin und her: Sie *droht*.

Skelett eines Froschlurches

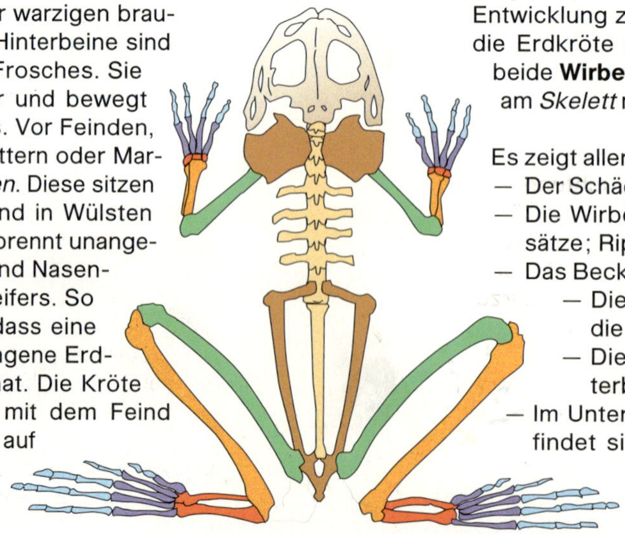

Wie die Frösche, brauchen auch die Kröten zur Fortpflanzung einen Teich oder Tümpel. Hier wachsen ihre Pflanzen fressenden *Kaulquappen* heran. Sie schlüpfen nicht aus Laichballen, sondern aus bis zu 5 m langen *Laichschnüren*, die das Erdkrötenweibchen im flachen Wasser wie lange Perlenketten zwischen die Pflanzen spannt.

Erdkröte und Grasfrosch sind nützliche *Schädlingsvertilger*. Sie fressen Kleintiere, wie Insekten, Würmer und Nacktschnecken, die sie mit ihrer klebrigen *Schleuderzunge* zielsicher erbeuten. Beide sind nur in der Dämmerung und nachts aktiv. Tagsüber bleiben diese *Feuchtlufttiere* in ihren sicheren Verstecken.

Wegen der Gemeinsamkeit in Körperbau und Entwicklung zählt man den Grasfrosch und die Erdkröte zu den **Froschlurchen**. Dass beide **Wirbeltiere** sind, erkennt man leicht am *Skelett* mit seiner Wirbelsäule.

Es zeigt allerdings einige Besonderheiten:
- Der Schädel ist dreieckförmig und flach.
- Die Wirbel haben nur kleine Querfortsätze; Rippen sind nicht vorhanden.
- Das Becken ist lang gestreckt.
- Die Vorderbeine sind kürzer als die Hinterbeine.
- Die Fußwurzelknochen der Hinterbeine sind sehr lang.
- Im Unterschenkel der Hinterbeine befindet sich nur ein Knochen; Schien- und Wadenbein sind miteinander verwachsen.

1 Feuersalamander

Larve des Feuersalamanders

2 Kammmolch

Feuersalamander und Kammmolch sind Schwanzlurche

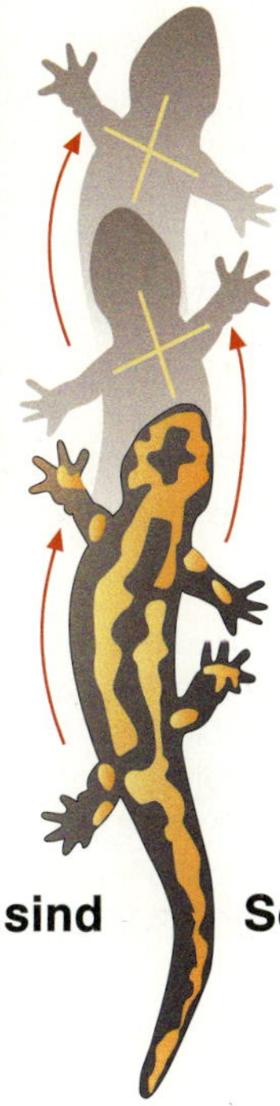

Bewegungsphasen des Feuersalamanders

Feuersalamander bewohnen schattige, kühle Laubwälder mit Bächen. Erst abends kommen sie aus ihrem feuchten Versteck hervor, denn tagsüber ist die Luftfeuchtigkeit meist zu gering und ihre schleimige Haut könnte austrocknen. Der gedrungene Körper mit drehrundem Schwanz schlängelt sich langsam vorwärts, wobei die plumpen Beine mitbewegt werden. Feuersalamander ernähren sich von Würmern, Schnecken, Spinnen und Insekten, die sie mit ihrem gut entwickelten Geruchssinn aufspüren.

Wenn ein Räuber versucht, einen Feuersalamander zu fressen, bekommt ihm das schlecht. In der Haut hat der Feuersalamander *Giftdrüsen*, aus denen Gift in die Mundschleimhaut des Räubers eindringt und Schmerzen verursacht. Die auffällige gelbschwarze Färbung des Feuersalamanders dient als *Warnung* für seine Fressfeinde.

Feuersalamander paaren sich auf dem Land. Im Mai nimmt das Weibchen ein vom Männchen abgesetztes Spermienpaket mit der Kloake auf. Befruchtung und Entwicklung der Eier erfolgen im Körper des Weibchens. Erst im folgenden Frühjahr setzt das Weibchen Larven, die bereits einen Ruderschwanz, vier Beine und kurze Kiemenbüschel besitzen, in ein Gewässer ab. Die Larven ernähren sich von Kleintieren. Nach einer Entwicklungszeit, die je nach Nahrungsangebot und Wassertemperatur bis zu zwei Jahre betragen kann, verlassen Feuersalamander für immer das Wasser.

Skelett eines Schwanzlurches

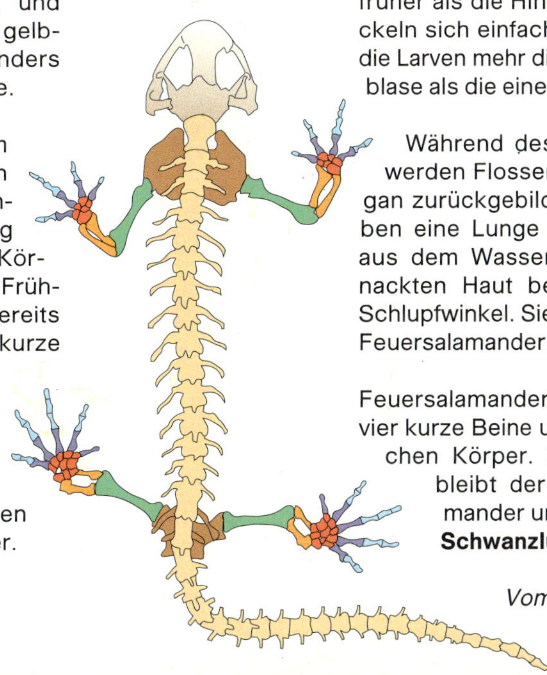

Kammmolche sind zur Fortpflanzungszeit von März bis Mai im Wasser anzutreffen. Sie besitzen einen seitlich abgeflachten *Ruderschwanz* und ein *Seitenlinienorgan*, vergleichbar dem der Fische. Die Männchen sind in der Paarungszeit bunt gefärbt und tragen einen hohen, stark gezackten Rückenkamm. Das kammlose, unscheinbar gefärbte Weibchen nimmt nach einem Balzspiel ein Spermienpaket in die Kloake auf. Es kommt im *Körperinnern* zur *Befruchtung* (S. 78). Die befruchteten Eier heftet das Weibchen einzeln an Wasserpflanzen.

Die geschwänzten Larven ernähren sich von Kleintieren. Sie tragen bis zur Umwandlung äußere Kiemen. Ihre Vorderbeine entstehen früher als die Hinterbeine. Sehr bald entwickeln sich einfache Lungen. Sie erfüllen für die Larven mehr die Aufgabe einer Schwimmblase als die eines Atmungsorgans.

Während des Landlebens der Molche werden Flossensaum und Seitenlinienorgan zurückgebildet. Erwachsene Tiere haben eine Lunge und müssen zum Atmen aus dem Wasser auftauchen. Wegen der nackten Haut benötigen Molche feuchte Schlupfwinkel. Sie ernähren sich ähnlich wie Feuersalamander.

Feuersalamander und Kammmolch haben vier kurze Beine und einen schmalen, länglichen Körper. Nach der Metamorphose bleibt der Schwanz erhalten. Salamander und Molche gehören zu den **Schwanzlurchen**.

Der Bauplan der Lurche

Vergleicht man die Körperumrisse von Frosch- und Schwanzlurchen, so zeigen sie kaum Gemeinsamkeiten, denn ihre Skelette unterscheiden sich deutlich. Froschlurche haben Besonderheiten im Bereich des Beckens und der Hinterbeine. Das hängt damit zusammen, dass sie für die Fortbewegung meist nur die Hinterbeine einsetzen, während sich Schwanzlurche vierbeinig fortbewegen. Jedoch zeigt der innere Aufbau der beiden Tiergruppen, der **Bauplan**, viele gemeinsame Merkmale.

Lurche sind *Wirbeltiere* und besitzen die entsprechenden Skelettmerkmale. An Schulter- und Beckengürtel setzen die vier Gliedmaßen an. Sie stützen den Körper und ermöglichen die Fortbewegung. Kennzeichnend für die Lurche ist, dass normalerweise die vorderen Beine 4, die hinteren dagegen 5 Zehen besitzen. Statt Rippen weist die Wirbelsäule nur kurze Querfortsätze auf.

Auch die *inneren Organe* der Lurche lassen sich mit denen der anderen Wirbeltiere vergleichen. Lurche besitzen ein Gehirn mit daran anschließendem Rückenmark und je nach Lebensweise unterschiedlich gut ausgeprägte Sinnesorgane. Ein Verdauungssystem mit Magen und Darm ist ebenso vorhanden wie Nieren und Geschlechtsorgane.

Die Ausfuhrgänge dieser Organe münden alle in einer gemeinsamen Körperöffnung, der *Kloake*. Das Herz besitzt zwei Vorkammern und eine Hauptkammer. Es treibt das Blut durch einen geschlossenen Kreislauf.

Die *Larven* der Schwanz- und Froschlurche leben während ihrer gesamten Entwicklung im Wasser. Sie tragen *Kiemen* als Atmungsorgane. Erwachsene Lurche sind Lungenatmer. Sowohl an Land als auch im Wasser können sie außerdem über die gut durchblutete, feuchte Haut atmen. Diese *Hautatmung* ist nicht mehr möglich, wenn die Haut austrocknet. Die notwendige Hautfeuchtigkeit wird durch eine Schleimschicht aufrecht erhalten, die die Haut völlig bedeckt. Der Hautschleim der Lurche entsteht in Drüsen der Unterhaut. Hier sind auch Giftdrüsen zu finden. Die Schleimschicht und die feuchte Haut wären ein guter Nährboden für Krankheitserreger, das eingelagerte Gift verhindert aber deren Ansiedlung. Bei manchen Arten ist das Gift so stark, dass es Fressfeinde fernhält und sogar für den Menschen gefährlich sein kann.

Alle Lurche sind *wechselwarme Tiere*, bei denen die Körpertemperatur immer nur wenig über der Außentemperatur liegt. Wenn die kalte Jahreszeit beginnt, sinkt auch ihre Körpertemperatur und sie bewegen sich immer langsamer. Im Winter, bei weit gesunkenen Temperaturen, werden sie schließlich regungslos; sie fallen in *Kältestarre*.

Aufgaben

① Fertige eine Tabelle und liste darin die Unterschiede zu den Skeletten der Säugetiere und Vögel auf.

② Ergänze die Tabelle dann noch durch einen Vergleich der inneren Organe und der Hautbedeckung.

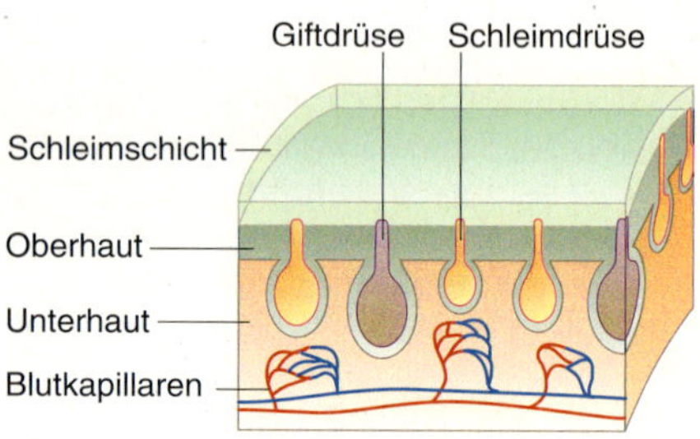

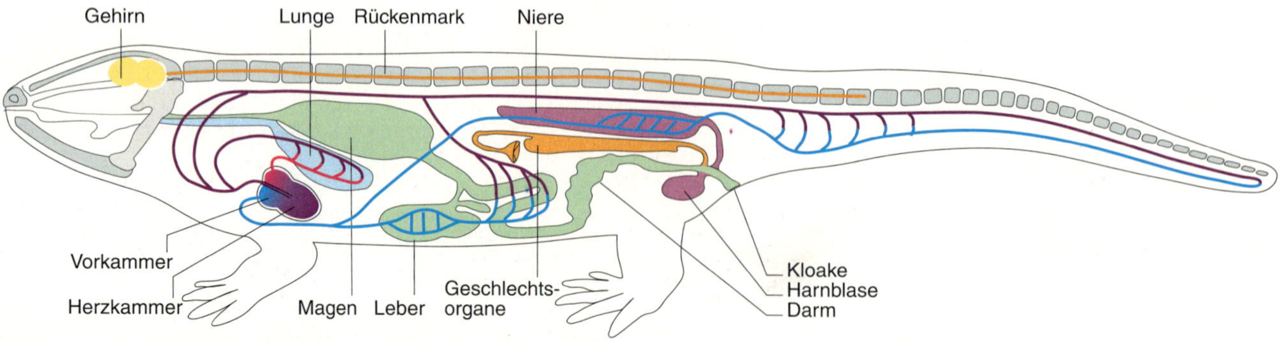

1 Haut und innere Organe eines Schwanzlurches

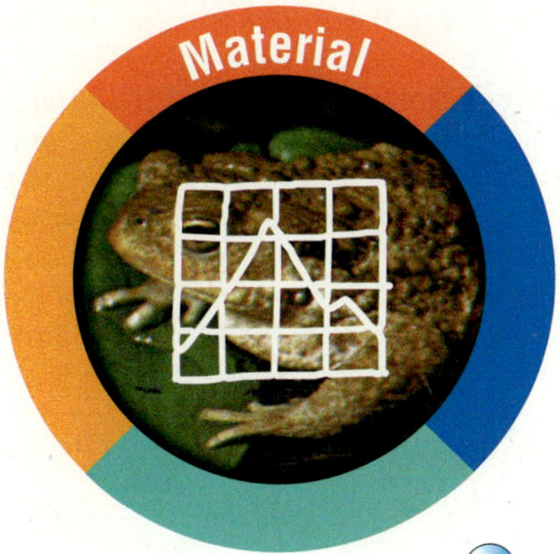

Atmung bei Lurchen

Wie alle Tiere, so müssen auch Frösche und Molche ständig atmen. Dabei nehmen sie Sauerstoff auf und geben Kohlenstoffdioxid an die Umgebung ab. Die Menge des Sauerstoffs, der je Minute benötigt wird, kann bei ein und demselben Tier verschieden sein.

Bei vielen Tieren, die mit Lungen atmen, lassen sich die Atembewegungen direkt beobachten, so auch bei Fröschen. Sie bewegen dazu den unteren Teil des Mundes, den *Mundboden*. So wird der luftgefüllte Mundraum vergrößert bzw. verkleinert.

Aufgaben

① Betrachte die Abbildung 1. Bei welcher Bewegung des Mundbodens atmet ein Frosch ein, bei welcher aus?

② Frösche haben weder Zwerchfell noch Rippen. Erkläre damit die Bedeutung der Mundbodenbewegung.

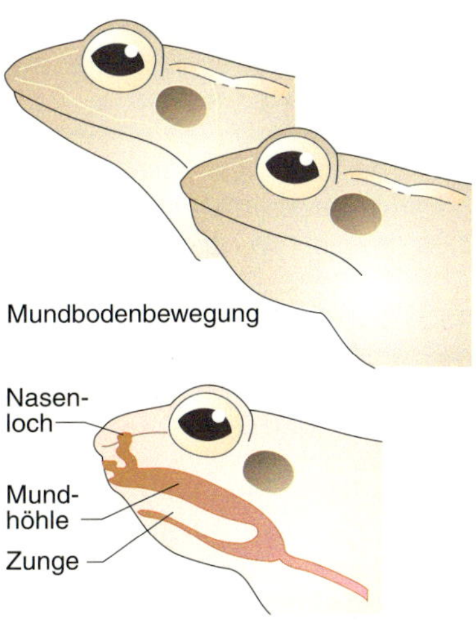

1 Kopf des Grasfrosches mit Mundhöhle

Beobachtungen zeigen, dass Frösche je nach Umgebungstemperatur unterschiedlich rasch atmen. In einem Experiment wurde das genauer untersucht. Die Abbildung zeigt dazu eine Versuchsanordnung, mit der an einem Frosch untersucht wird, wie die Atmung von der Temperatur abhängt.

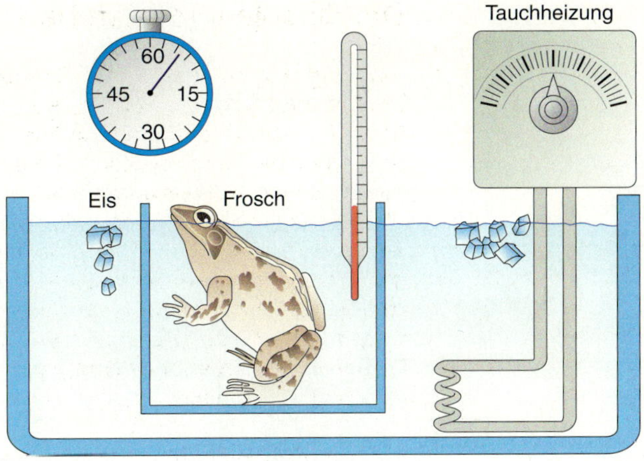

③ Beschreibe den Versuchsaufbau der Abbildung oben. Erkläre, wie man vorgehen muss, damit die Atmung in einem Temperaturbereich von 0 °C bis 30 °C damit untersucht werden kann. Welche Temperatur wird tatsächlich gemessen und was darf man über die Körpertemperatur des Tieres dabei annehmen?

Temperatur (in °C)	Atemzüge (je Minute)
0	0
5	0
10	0
15	4
20	10
25	30
30	90

④ Die Tabelle zeigt das Ergebnis des Versuchs. Beschreibe es. Was fällt daran auf? Wie lässt sich damit die Veränderung der Atmung zwischen 15 °C und 30 °C deuten?

⑤ Das Tier benötigt auch im Temperaturbereich zwischen 0 °C und 10 °C Sauerstoff.
Auf welchem Weg gelangt Sauerstoff in den Körper? Erkläre.

⑥ Der benötigte Sauerstoff kann von den Lurchen nicht vollständig über die Lunge aufgenommen werden. Jedoch ist der Anteil der Lungenatmung nicht bei allen Lurchen gleich groß. Er beträgt bei der Erdkröte $^3/_4$, beim Feuersalamander $^1/_2$ und beim Kammmolch $^1/_4$ an der gesamten Atmung.
Die drei Abbildungen a – c zeigen den Bau der Lungen der drei Tierarten. Welche Lunge gehört zur Erdkröte, welche zum Feuersalamander, welche zum Kammmolch?
Begründe deine Zuordnung.

⑦ Schwanz- und Froschlurche überwintern in Erdhöhlen oder am Grunde von Gewässern. In der Kältestarre sind sie völlig bewegungslos. Dennoch leben sie, haben einen Stoffwechsel und benötigen Sauerstoff. Erkläre, weshalb sie auch ohne Atembewegungen nicht ersticken.

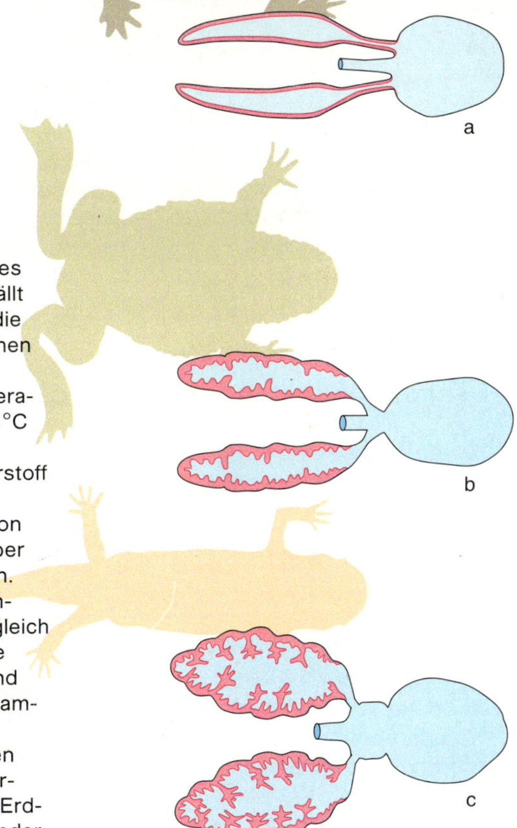

2 Lungenbau verschiedener Lurcharten

1 Erdkrötenpaar auf der Laichwanderung

2 So wird den Kröten geholfen

Schutzmaßnahmen für Erdkröten

Wenn du an einem milden Frühjahrsabend in der Nähe eines Gewässers unterwegs bist, ist es durchaus nichts Ungewöhnliches, wenn du auf der Straße zahlreiche *Erdkröten* entdeckst. Es scheint, als seien sie vom Himmel gefallen.

In der Zeit von Mitte März bis April verlassen die Erdkröten in Nächten mit milder und feuchter Witterung fast gleichzeitig ihr Winterquartier und beginnen ihre *Frühjahrswanderung*. Den Winter haben sie in einem feuchten Erdloch im Wald in der *Kältestarre* zugebracht. Jetzt wandern sie, wie jedes Jahr, bis zu zwei Kilometer weit zu ihrem Laichgewässer. Dabei suchen sie nicht irgendeinen Teich oder Tümpel auf, sondern sie gehen nur in das Gewässer, in dem sie selbst aus dem Ei geschlüpft sind. Sie sind *laichplatztreu*.

Die Männchen ziehen meist etwas früher los und warten in einigem Abstand vor den Laichgewässern auf die Weibchen. Kommt ein Weibchen vorbei, klammert sich ein Männchen auf dem Rücken des Weibchens fest. So wird es von diesem den letzten Teil des Weges bis zum Wasser getragen.

Am flachen Ufer eines Teiches legen die Weibchen den Laich ab und die Männchen geben ihre Spermien dazu. Einige Tage später wandern die Tiere nach und nach in ihre *Sommerquartiere*. Diese liegen in Wiesen, Wäldern, Gebüschen oder Hecken.

Häufig sind Erdkröten auf ihrer Hochzeitsreise zu den Laichgewässern der Gefahr ausgesetzt, überfahren zu werden. Beim Bau von Straßen, auch von großen Bundesstraßen, wurde häufig nicht beachtet, dass die meisten Erdkröten nur in ihr Laichgewässer zurückkehren und Ersatzgewässer kaum aufgesucht werden. So zerschneiden teilweise stark befahrene Verkehrswege die Lebensräume dieser Lurche. Es ist schon vorgekommen, dass an einem Tag die Hälfte eines Bestandes getötet wurde, weil alle Tiere fast gleichzeitig wandern.

Naturschützer haben deshalb in den letzten Jahren an vielen Orten Schutzmaßnahmen für die Erdkröten und andere Lurche ergriffen. Mit Plastikfolie und Stöcken werden behelfsmäßig Fangzäune an Straßenabschnitten errichtet, die von vielen Erdkröten überquert werden. In regelmäßigen Abständen werden hinter dem Zaum Eimer eingegraben, in die die Erdkröten hineinfallen. Mehrmals täglich entleeren Helfer die Eimer auf der anderen Straßenseite, sodass die Erdkröten unversehrt weiterwandern können. Kurzzeitig können von der Polizei auch Straßen während der Frühjahrswanderung der Amphibien gesperrt werden.

So wie die Erdkröten, sind auch andere Lurche gefährdet. Was könnte für einen dauerhaften Schutz getan werden? Das Beste wäre, deren Lebensraum zum *Naturschutzgebiet* zu erklären und bei der Planung von Straßen oder Industriegebieten zu prüfen, ob Lebensräume der Amphibien zerschnitten oder zerstört werden. Wäre dies der Fall, müsste zukünftig eine Beeinträchtigung dieser Lebensräume unterbleiben.

Diese weitgehenden Maßnahmen lassen sich nicht immer schnell verwirklichen. Deshalb errichtet man zunächst entlang der Wanderwege dieser Amphibien behelfsmäßige *Schutzzäune*. Wenn man die Erdkröten in den Fangeimern zählt und die Verteilung der Amphibien entlang der Straße über einen längeren Zeitraum protokolliert, kann man daraus die Hauptwanderwege erschließen. An den Kreuzungsstellen mit den Straßen können dann feste Schutzzäune aus feinmaschigem Draht aufgestellt und unter den Straßen Röhren eingebaut werden. Die Zäune leiten die wandernden Erdkröten dann zu den Röhren, die den Tieren als ungefährliche Wege zur Unterquerung der Straßen dienen können.

Eine andere Ausgleichsmaßnahme zum Schutz der Lurche ist die Anlage neuer Laichgewässer *(Ersatzlebensräume)* auf der Straßenseite der Winterquartiere. In diese neuen Teiche bringt man wandernde Amphibien und hindert sie durch eine Umzäunung daran, abzuwandern. Sie laichen dann dort ab. Die Amphibien, die aus den befruchteten Eizellen entstehen, werden später immer wieder zu ihrem Geburtsgewässer zurückkommen.

Bei der Anlage der Teiche muss darauf geachtet werden, dass in neu angelegten Gewässern keine Fische ausgesetzt werden, da sie die Amphibienlarven fressen würden.

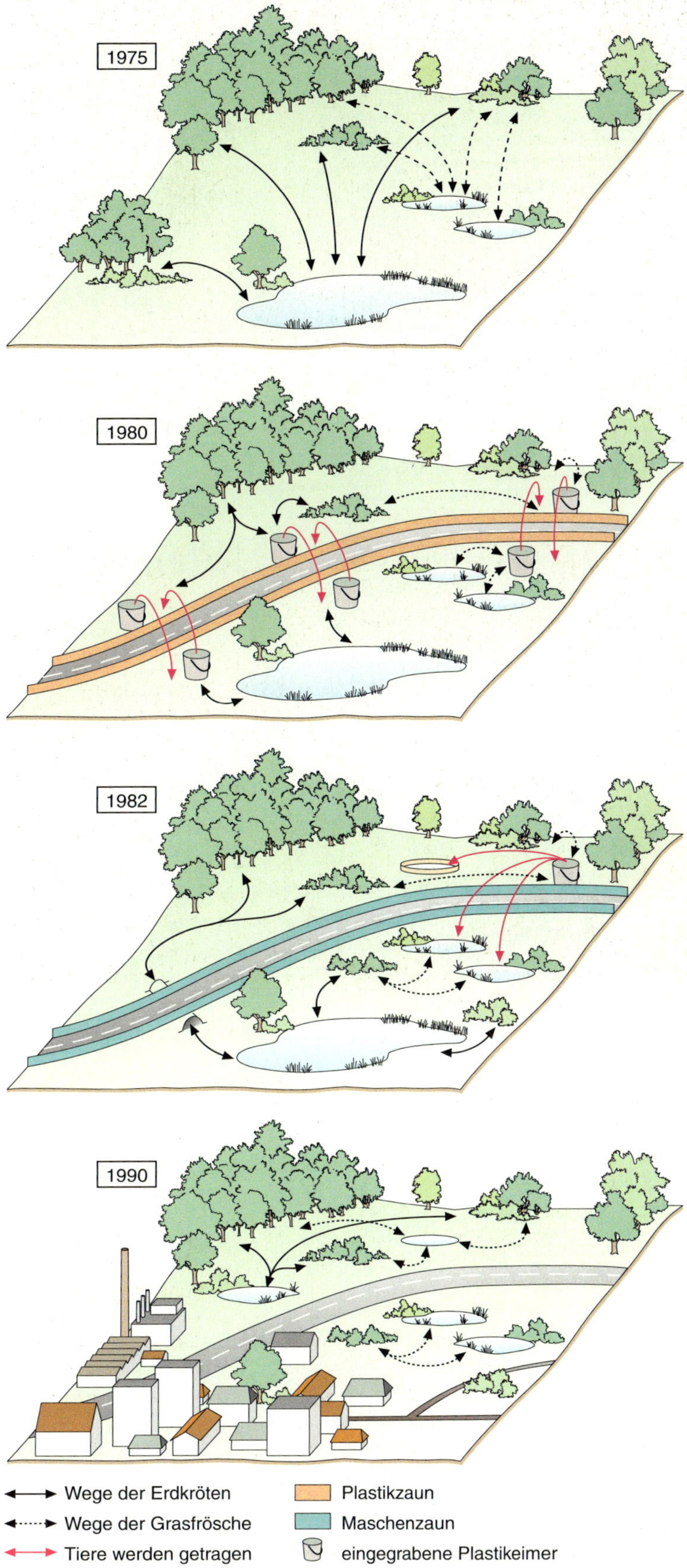

Aufgaben

① Erkläre, warum erwachsene Erdkröten, die man zum Ablaichen in Ersatzgewässer gebracht hatte, im nächsten Jahr zu ihren ursprünglichen Laichgewässern zurückkehrten.

② Die Abbildung zeigt den Lebensraum von Amphibien im Verlauf mehrerer Jahre.
   a) Beschreibe die ursprünglichen Wanderungswege der Amphibien im natürlichen Lebensraum.
   b) Welche Veränderungen erfährt die Landschaft im Laufe der Zeit? Welche Auswirkungen hat das für die Amphibienwanderung?
   c) Beschreibe die Maßnahmen, die in den Einzelabbildungen rechts zum Schutz der Amphibien dargestellt sind.

③ Erkundige dich bei Naturschutzverbänden, ob in deiner Umgebung Maßnahmen zum Schutz von Amphibien durchgeführt werden. Hier hast du eine Möglichkeit, aktiv mitzuarbeiten. Berichte in der Klasse über Schutzmaßnahmen für Amphibien.

Bestimmungsschlüssel einheimischer Lurche

Noch vor wenigen Jahrzehnten wimmelte es im Frühjahr in allen Gewässern von Millionen von Kaulquappen. Heute sind Lurche so selten geworden, dass alle einheimischen Arten unter *Naturschutz* gestellt wurden.

Von den 19 einheimischen Lurcharten wirst du voraussichtlich nur einige in der Natur beobachten können. Anhand der Abbildungen und Kurztexte kannst du die Tiere kennen lernen und bestimmen.

Aufgabe

① Verwende den hier aufgezeigten Bestimmungsschlüssel zur Benennung der auf der Seite 183 abgebildeten Lurcharten! Zur Bestimmung jedes Tieres musst du den Linien wie einem Straßennetz folgen. An jeder Weggabelung stehen Wegweiser, die dir Hinweise geben, welchen Weg du nehmen musst!

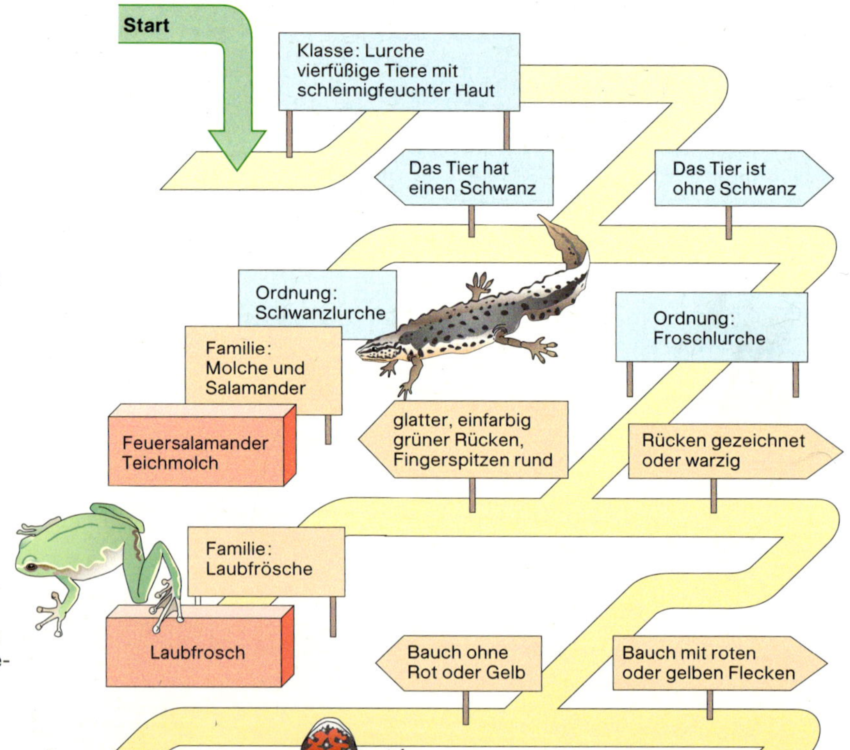

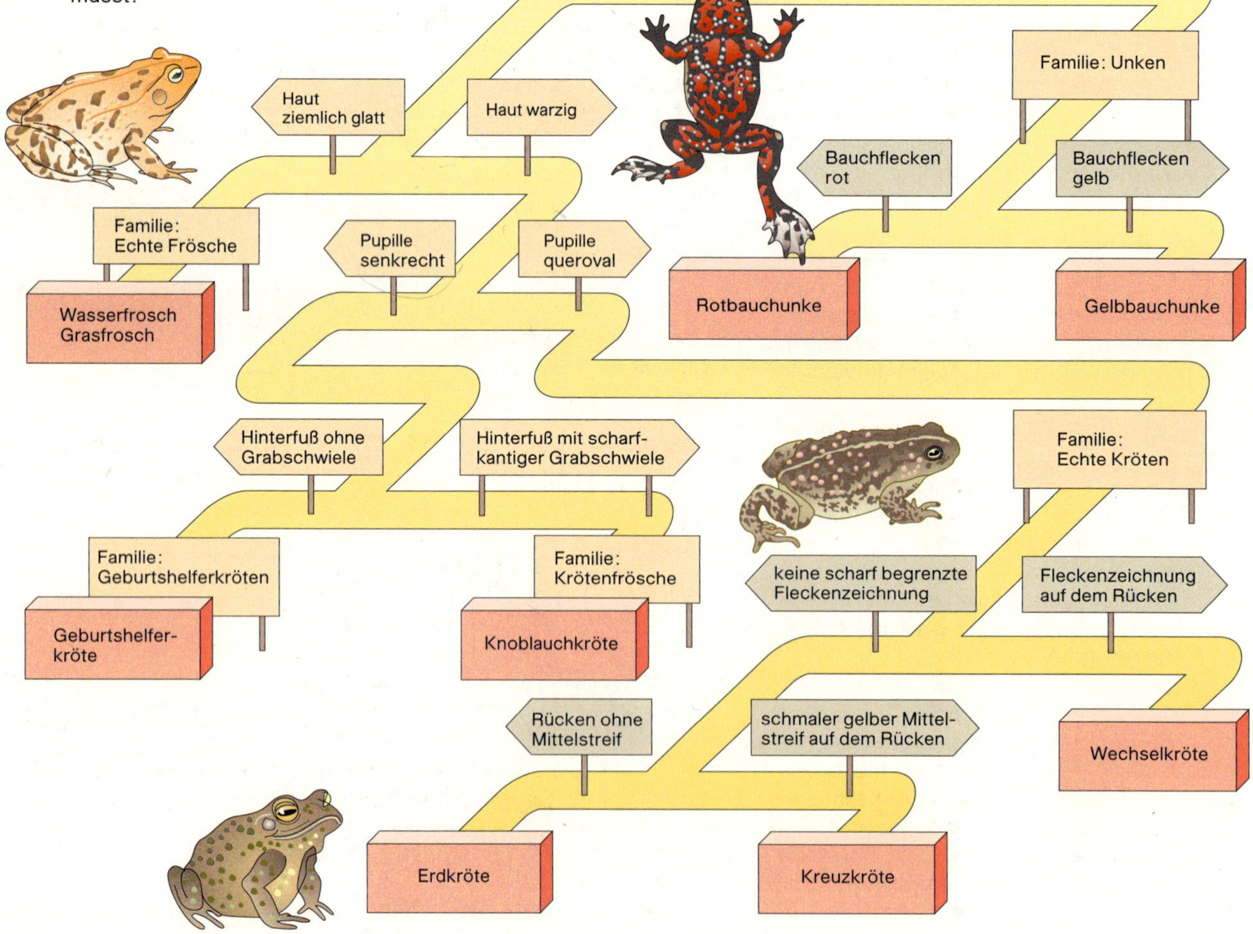

1 Das kurzbeinige Tier hüpft kaum, sondern rennt streckenweise. Der Chorgesang der Männchen schallt bis zu 2 km. Es ist in verschiedenen Lebensräumen zu finden.

2 Mit den Grabschwielen am Hinterfuß wird ein Versteck gegraben. Das aufgeschreckte Tier droht hoch aufgereckt und springt den Feind mit offenem Maul an.

3 Die Haftscheiben an Fingern und Zehen erlauben kletternde Lebensweise. Die Fähigkeit zum Farbwechsel sichert dabei stets eine optimale Tarnung.

4 Dieser Lurch bewohnt auch recht trockene Lebensräume, wenn ein feuchtes Tagversteck vorhanden ist. Mit dem braunen Rücken ist er bestens getarnt.

5 Das Tier lebt im oder am Wasser oft gesellig. Die zwei großen, seitlichen Schallblasen dienen der Schallverstärkung. Sie sind Ausstülpungen der Mundschleimhaut.

6 Bei Gefahr wird der Bauch mit der auffälligen Warnfarbe gezeigt. Das Hautsekret hat Reizwirkung auf die Schleimhäute. Tagaktiv.
Vorkommen: In Kleingewässern.

7 Auch in trockeneren, sandigen Lebensräumen bis in Dörfer hinein ist das Tier vorwiegend nachts beim Insektenfang zu finden. Der Ruf erinnert an Grillenzirpen.

8 Während der Laichzeit erleichtern Schwimmsaum und Seitenlinienorgan das Leben im Wasser. Die Eier werden einzeln an Pflanzen geklebt. Die Tiere sind stumm.

9 Die Tiere paaren sich an Land, das Männchen schlingt die Laichschnüre um die Hinterbeine und hält sie feucht. Erst zum Schlupf der Larven streift es sie im flachen Wasser ab.

1 Zauneidechse in Drohstellung

4 Zauneidechse häutet sich

2 Männchen der Zauneidechse

3 Weibchen der Zauneidechse

5 Junge Zauneidechse im Ei

6 Schlüpfende Zauneidechse

Aus dem Leben der Zauneidechse

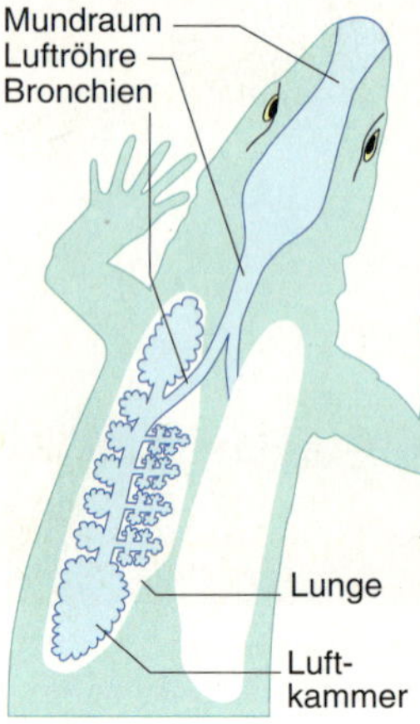

Lungen der Zauneidechse

Wenn es im Frühjahr wärmer wird, kommen die Eidechsen aus ihrem *Winterquartier*, einer frostgeschützten Höhle, gekrochen. Die Männchen der Zauneidechse sind zu dieser Zeit an den Seiten auffällig grün gefärbt. Während sie normalerweise einzeln leben und keine Artgenossen in ihrem *Revier* dulden, beginnt nun die *Werbung* um ein Weibchen.

Nach einer Reihe immer gleich ablaufender *Balzhandlungen* erfolgt die Begattung. Die Befruchtung findet im Körper des Weibchens statt. Es ist also eine *innere Befruchtung*. Nach der Begattung beißt das Weibchen das Männchen weg und beide leben wieder als *Einzelgänger* (S. 78).

Die Eier reifen im Bauch des Weibchens und bekommen eine derbe, pergamentartige Hülle. Mitte Juni gräbt das trächtige Tier mit den Krallen der Hinterbeine ein Loch in feuchte Erde und legt 5 bis 15 Eier hinein. Das Gelege wird anschließend zugescharrt und verlassen.

Im Schutz der *Eihäute* entwickeln sich die Jungen. Der große Dottervorrat liefert Nährstoffe, die Sonne und faulendes Laub die nötige Brutwärme für die Entwicklung der Tiere. Nach etwa 6 Wochen ritzen fertig entwickelte kleine Eidechsen mit einem *Eizahn* die Schale auf. Die 5 cm langen Tiere wühlen sich an die Erdoberfläche. Sie sind sofort selbstständig.

Kältestarre

Merkmale der Kriechtiere
- Hornschuppenhaut
- Lungenatmung
- meist Eier legend
- Fortpflanzung und Entwicklung an Land

Der Körper der Zauneidechse ist von einer *trockenen, schuppigen Hornhaut* bedeckt. Sie schützt das Tier gegen Austrocknung und Verletzung. Die Zellen der Hornhaut sind abgestorben, sie können nicht mehr wachsen oder sich erneuern. Deshalb wird sie von Zeit zu Zeit abgestreift. Vor dieser *Häutung* haben sich unter der alten Haut bereits neue Hornschuppen gebildet.

Die Hornschuppenhaut erlaubt keine Hautatmung. Die Eidechse ist allein auf *Lungenatmung* angewiesen. Das Innere der Lunge ist durch viele Einfaltungen stark vergrößert und kann die gesamte Sauerstoffversorgung des Körpers übernehmen. Die Ein- und Ausatmung erfolgen, ähnlich wie bei Säugetieren, durch Ausdehnen und Zusammenpressen des Brustkorbs, der Rippen aufweist.

Wenn eine Eidechse morgens aus ihrem Schlupfloch kommt, sucht sie zunächst einen Sonnenplatz auf. Sie legt sich flach auf einen Stein und lässt sich aufwärmen. Dann erst kann das *wechselwarme* Tier flink laufen und klettern. Dabei streift der Bauch fast auf dem Boden. Neben Verstecken und Sonnenplätzen findet man in ihrem Revier abwechslungsreichen Bewuchs, in dem auch ihre Beutetiere, kleine Spinnen, Schnecken, Insekten und deren Larven, leben.

Die Eidechse hat gute Augen, die ihr bei der Jagd helfen. Zusätzlich *züngelt* sie. Dabei nimmt sie Geruchsstoffe mit ihrer gespaltenen Zunge auf und drückt sie dann innen gegen den Gaumen, wo ihr Riechorgan sitzt. Die Nasenlöcher dienen nur zum Luftholen.

Die Feinde der Zauneidechse sind Igel, Wiesel, Iltis, Krähen und Elstern. Doch die Eidechse besitzt eine wirksame Fluchthilfe: Wenn sie am Schwanz gepackt wird, wirft sie einen Teil ab, der dann noch kräftig zuckt. Einige Zeit später wächst ein kürzerer Schwanz nach. Dieser kann allerdings nicht mehr abgeworfen werden.

Am Abend, wenn die Temperaturen absinken, kühlt der Körper der Zauneidechse ab. Bei Kälte wird sie steif und unbeweglich. Im Spätsommer fressen sich die Zauneidechsen Reservestoffe für die Überwinterung an. Sie verkriechen sich schließlich in einer Erdhöhle und fallen in *Kältestarre*. So verharren sie den Winter über regungslos. Dabei schlägt das Herz ganz langsam und auch die Atmung ist stark herabgesetzt. Wenn dann die Temperaturen im Frühling ansteigen, wird auch die Zauneidechse wieder aktiv.

Eidechsen gehören, wie alle auf den folgenden Seiten behandelten Tiere, zu den **Kriechtieren** oder *Reptilien*. In Körperbau und Lebensweise gibt es bei ihnen einige wichtige Unterschiede zu den Fischen und Lurchen, den anderen wechselwarmen Wirbeltieren.

Aufgaben

① Eidechsen leben zwischen Steinhaufen, an Böschungen, Hecken und Zäunen. Welche Vorteile bietet dieser Lebensraum der Eidechse?

② Vergleiche Eidechse und Molch in Körperbau und Lebensweise. Welche Unterschiede kannst du nennen?

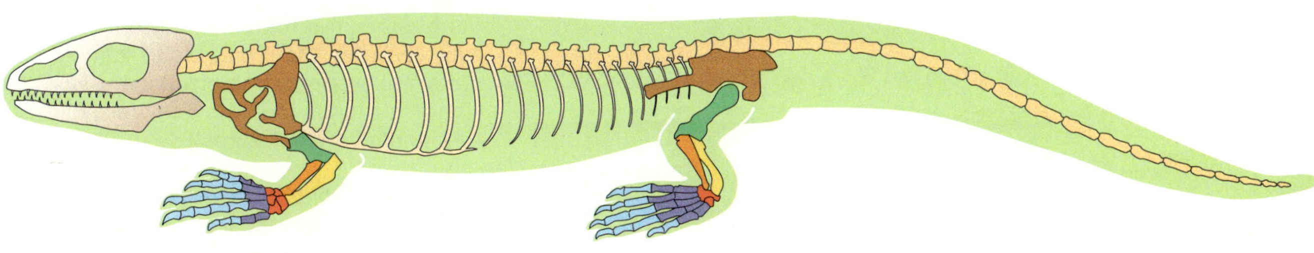

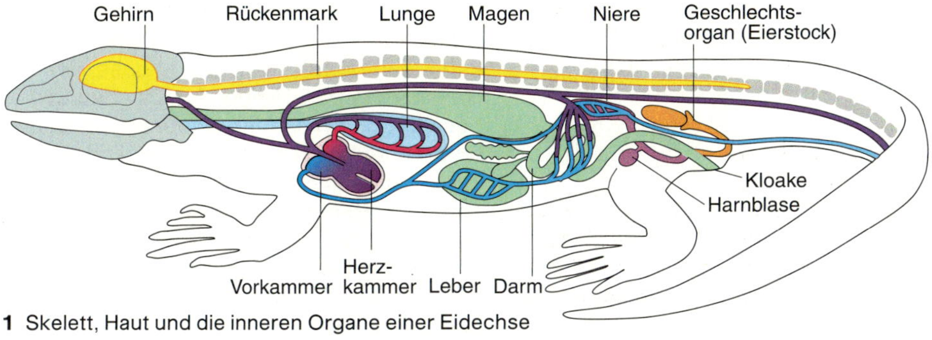

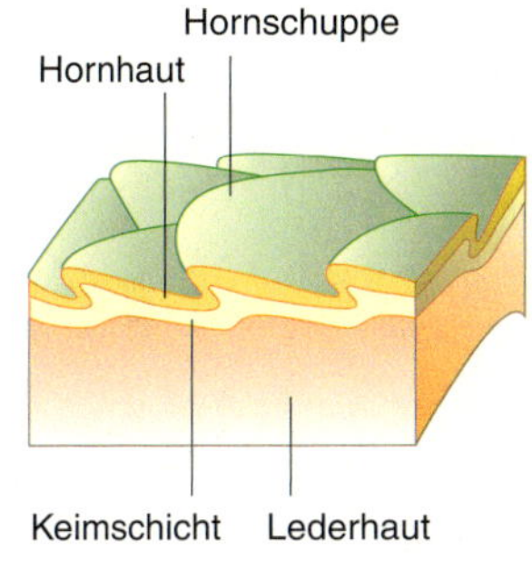

1 Skelett, Haut und die inneren Organe einer Eidechse

Schlangen — Jäger ohne Beine

Die Ringelnatter

Langsam und lautlos gleitet die 1,20 m lange Schlange durch das dichte Röhricht. Sie ist auf der Jagd. Immer wieder schnellt ihre zweizipfelige Zunge vor: Die Schlange *züngelt*. Wie bei den Eidechsen nehmen die Zungenspitzen *Duftstoffe* auf und bringen sie an das eigentliche *Riechorgan* im Gaumen. Ein ruhig sitzender Frosch wird von ihr nicht als Beute erkannt, weil sie nur sich bewegende Objekte wahrnehmen kann. Sie erkennt den Frosch also erst, wenn er mit einem Fluchtsprung im Wasser verschwindet. Sie verfolgt ihn und erweist sich dabei als geschickte Schwimmerin. Schließlich hat sie Erfolg. Mit schnellem Zustoß verbeißt sie sich in den Frosch. Aus ihrem *Fanggebiss* gibt es kein Entrinnen. Sie zieht das lebende Tier an Land und beginnt es zu verschlingen.

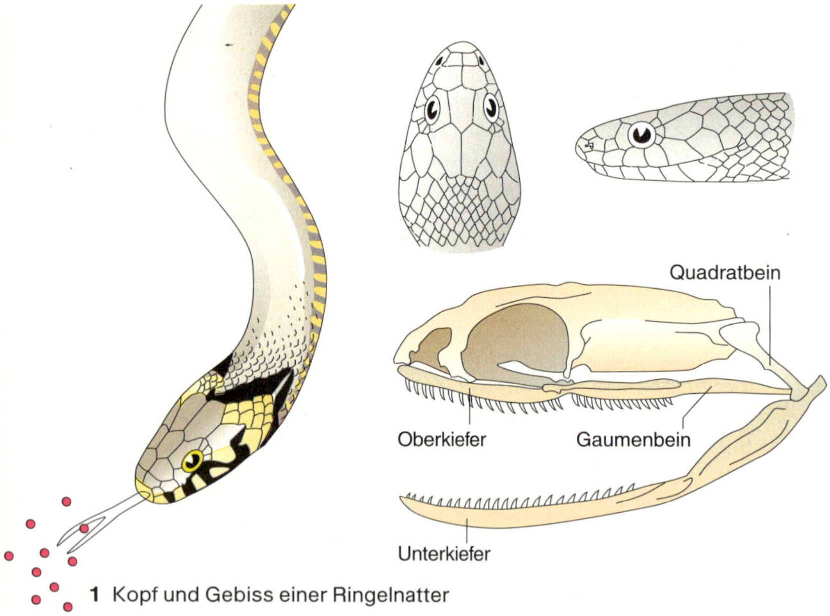

1 Kopf und Gebiss einer Ringelnatter

Die Natter kann, wie alle Schlangen, Tiere verschlingen, die dicker und größer als der Schlangenkopf sind. Das ist möglich, weil die beiden Unterkieferhälften über einen weiteren Knochen, das *Quadratbein* (Abb. 1), beweglich am Schädel befestigt und vorne nur durch ein elastisches Band miteinander verbunden sind. So können linker und rechter Unterkiefer abwechselnd nach vorne geschoben werden. Die spitzen, nach hinten gerichteten Zähne verhaken sich dabei in der Beute und ziehen sie in den Schlund. Speiseröhre und Magen sind sehr dehnbar und da die Rippen nicht mit einem Brustbein verwachsen sind, können sie weit auseinander gespreizt werden. Die Luftröhre mündet weit vorne im Maul und bleibt zum Atmen stets frei. Nach der Mahlzeit zieht sich die Natter zu einer mehrtägigen Verdauungsruhe in ein Versteck zurück.

2 Ringelnatter

Die *Schuppenhaut* der Ringelnatter zeigt, dass sie ein *Reptil* ist. Bei der Häutung wird die alte Haut zusammen mit den verwachsenen, durchsichtigen Augenlidern in einem Stück als *Natternhemd* abgestreift. An ihm kann man deutlich erkennen, dass sich die *Bauchschuppen*, die der Fortbewegung dienen, deutlich von den anderen Schuppen unterscheiden. Sie sind schmal, liegen quer zur Körperachse und können einzeln abgespreizt werden. Dieses Abstützen am Untergrund ermöglicht der Schlange die gleitende Bewegung. Die Schuppenbewegung kommt durch Muskeln zustande, welche die Rippen gegeneinander verschieben (Abb. 3).

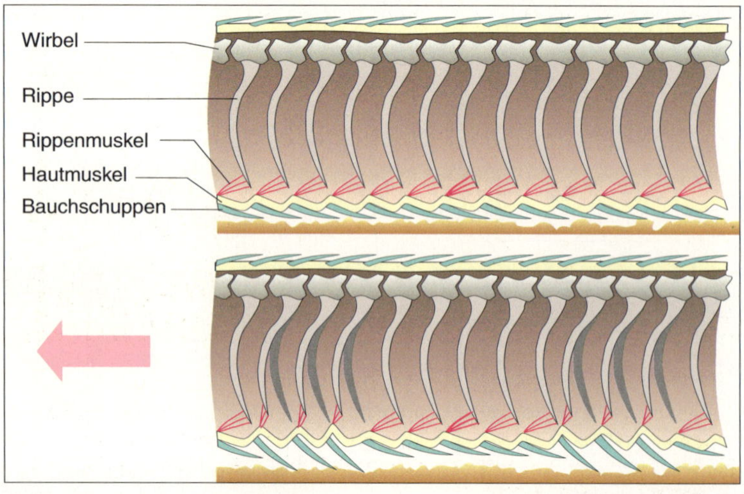

3 Fortbewegung bei der Ringelnatter

Die Kreuzotter

Reglos beobachtet die *Kreuzotter* eine Maus. Der Schlangenhals ist s-förmig gekrümmt. Plötzlich schnellt der Schlangenkopf blitzschnell vor. Das weit aufgerissene Maul schnappt zu und die Giftzähne bohren sich tief in das Opfer ein. Sofort zieht sich die Schlange zurück. Die Maus flieht, doch nach ein paar Sprüngen bleibt sie reglos liegen. Die Schlange verfolgt züngelnd ihre Spur, betastet die Beute und verschlingt sie.

Die etwa 70 cm lange Kreuzotter gehört zu den wenigen *Giftschlangen* in Europa. Sie tötet ihre Beute durch einen Biss, bei dem Gift in das Opfer eingespritzt wird. Ein Paar besonders langer Giftzähne liegt bei geschlossenem Maul eingeklappt am Gaumen. Beim Öffnen des Mauls richten sie sich automatisch auf. Sie sind von einem Kanal durchzogen, durch den das Gift von der Giftdrüse im Kopf in das Beutetier gespritzt wird (S. 190).

Eine Kreuzotter greift Menschen nur dann an, wenn sie gereizt wird. Einen Biss erkennt man an den zwei eng beieinander liegenden Einstichstellen der Giftzähne. Dann muss sofort ein Arzt aufgesucht werden, der ein Gegengift spritzt. Ein unbehandelter Biss kann Schäden an Herz und Kreislauf zur Folge haben.

Aufgabe

① Vergleiche Ringelnatter und Kreuzotter. Stelle Unterscheidungsmerkmale in einer Tabelle zusammen.

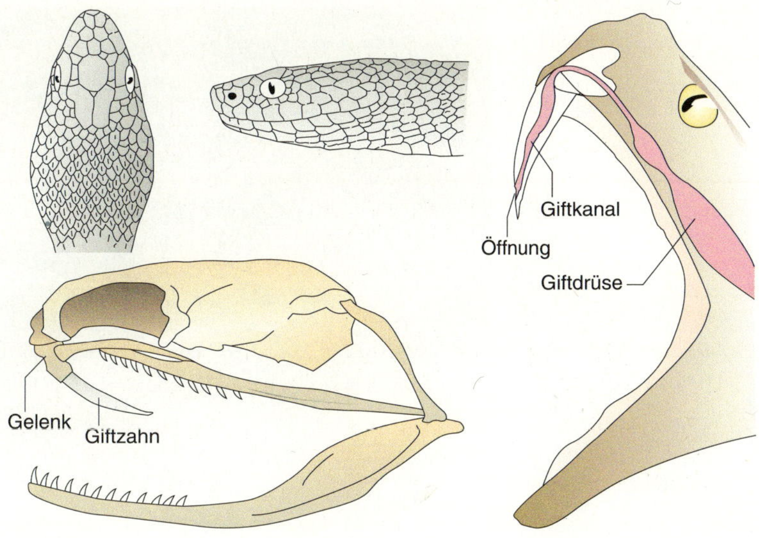

1 Kopf und Gebiss einer Kreuzotter

2 Kreuzotter

Zettelkasten

Schlangengifte

Die gefährlichsten Giftschlangen leben in den warmen Klimazonen außerhalb Europas. Dort sind manche Giftschlangen sehr gefürchtet, z. B. die Kobra, die *Lanzenotter* (Abb. oben links) und die *Schwarze Mamba* (Abb. unten links). Die Giftwirkung hängt einerseits von der Menge des in das Opfer eingespritzten Giftes ab, andererseits auch von der Art des Giftes. So produziert die Schwarze Mamba ein stark wirkendes Nervengift, das zur Muskellähmung und damit zum Atemstillstand führt. Das Gift der Lanzenotter dagegen enthält größere Mengen Verdauungsenzyme. Dieses wirkt gewebezerstörend, es löst zum Beispiel die Wände der Blutgefäße auf.

Vor allem in Asien werden Giftschlangen in Schlangenfarmen gehalten. Dort wird ihnen regelmäßig Gift entnommen („Melken"), um ein entsprechendes Gegengift *(Antiserum)* herstellen zu können. Mit diesem kann man bei rechtzeitiger Behandlung Menschen helfen, die von einer Giftschlange gebissen wurden.

1 Nilkrokodil

Europäische Sumpfschildkröte

Geierschildkröten leben im Süßwasser und ködern ihre Beute mit dem zweizipfligen Fortsatz auf der Zunge, der wie ein Wurm zuckt.

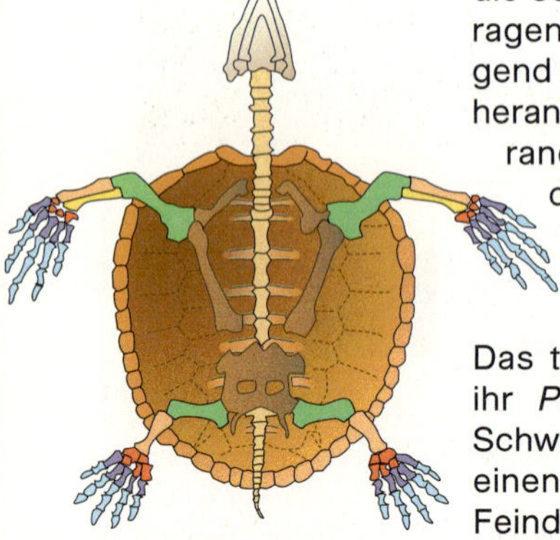

Skelett einer Schildkröte

Krokodile und Schildkröten

Krokodile, wie das *Nilkrokodil* mit bis zu 7 Metern Länge, sind die größten lebenden Reptilien. Unter der mit Hornplatten besetzten Haut liegen dicke Knochenplatten, die das Tier schützen. Die Heimat des Nilkrokodils ist Afrika, wo es in heißen Gebieten im Uferbereich von Flüssen und Seen lebt. An Land rutscht es auf dem Bauch, kann aber auch, ohne mit dem Bauch den Boden zu berühren, hochbeinig und schnell laufen. Sein Körperbau ist aber mehr an die Fortbewegung im Wasser angepasst. Die *Schwimmhäute* zwischen den Zehen und der seitlich abgeflachte *Ruderschwanz* sind Merkmale dafür. Wuchtige Schläge mit dem Schwanz treiben das Krokodil schnell durch das Wasser oder es gleitet mit leichten Schlängelbewegungen langsam dahin. Dabei liegen die Beine dicht am Körper an. Es kann auch bewegungslos an der Wasseroberfläche schweben, wobei nur Nasenöffnungen, Augen und die schlitzförmigen Ohren aus dem Wasser ragen. Dadurch sind Krokodile hervorragend getarnt und können nah an ihre Beute herankommen, die sie häufig am Gewässerrand überwältigen. Zu ihrer Beute zählen deswegen neben Fischen häufig Antilopen, die zum Trinken ans Gewässer kommen.

Das typische Merkmal der **Schildkröte** ist ihr *Panzer*, in den sie Kopf, Beine und Schwanz einziehen kann. Dieser Panzer, der einen wirksamen Schutz gegen natürliche Feinde bietet, ist kein lebloses Gehäuse. Er besteht an seiner Außenseite aus Hornschildern, die die darunter liegenden Knochenplatten bedecken. Der knöcherne Teil des Bauchpanzers ist teilweise aus verbreiterten Rippen hervorgegangen und über Knochenbrücken mit dem Rückenpanzer verbunden. Die Wirbelsäule ist mit dem Rückenpanzer verwachsen, dessen Knochenplatten aus Hautschichten entstehen.

Im Gegensatz zu den Krokodilen kommen Schildkröten auch in Europa vor, z. B. die *Europäische Sumpfschildkröte*, ein Allesfresser, und die Pflanzen fressende *Griechische Landschildkröte*. Beide Arten sind infolge der Zerstörung ihrer Lebensräume gefährdet und stehen auf der Roten Liste. Der Handel mit ihnen ist verboten.

2 Griechische Landschildkröte

Vielfalt der Reptilien

Während in Deutschland nur wenige Reptilienarten vorkommen, haben sie vor allem in den Tropen ideale Lebensbedingungen.

Echsen (ca. 3000 Arten)

Die *Zauneidechse* wurde in diesem Kapitel bereits vorgestellt. Zu ihren Verwandten gehören, neben den übrigen Eidechsen, u. a. die *Schleichen* und *Chamäleons*, aber auch die mächtigen *Komodo-Warane*.

„Huch, eine Schlange!" hört man häufig, wenn sich eine **Blindschleiche** über den Weg schlängelt. Sie gehört aber nicht zu den Schlangen, sondern zu den Echsen. Zwei bewegliche Augenlider sowie Reste eines Beckens und eines Schultergürtels im Skelett sind Hinweise darauf. Blindschleichen ernähren sich hauptsächlich von Würmern, Schnecken und Insekten und bringen lebende Jungen zur Welt.

Zu den seltsamsten Formen der Reptilien gehört das **Chamäleon**. Der hochrückige, seitlich zusammengedrückte Körper wird von dünnen Beinen mit zangenartigen Klammerfüßen getragen. Der runde Wickelschwanz kann zum Festhalten benutzt werden. Einmalig im Tierreich sind die unabhängig voneinander drehbaren Augen und die lange Schleuderzunge dieser Echsen. Die Fähigkeit zum Farbwechsel dient der Tarnung.

Schlangen (ca. 2000 Arten)

Die bei uns heimische **Glattnatter** wird sehr oft mit der Kreuzotter verwechselt, denn sie richtet sich bei Gefahr auch hoch auf, zischt und beißt zu. Die winzigen Zähnchen dieser 75 cm langen, lebendgebärenden Natter sind für uns jedoch vollkommen ungefährlich. Sie macht ihre Beute (Eidechsen, Blindschleichen und Mäuse) durch Umschlingen wehrlos.

Der **Felsenpython** gehört zu den Riesenschlangen. Er umschlingt seine Beute so fest, dass sie erstickt *(Würgeschlange)*. Ein ausgewachsener Felsenpython (Länge über 5 m) kann z. B. Antilopen von über 30 kg Gewicht verschlingen. In entsprechender Weise ernähren sich die übrigen Riesenschlangen, zu denen neben den Pythonschlangen auch die *Boaschlangen* gehören. Eine bekannte Vertreterin davon ist die *Anakonda*.

Krokodile (23 Arten)

Die Krokodile oder *Panzerechsen* sind über die wärmeren Regionen unserer Erde verbreitet. Einige Verwandte des *Nilkrokodils*, das zu den *Echten Krokodilen* zählt, leben in Südamerika, wie zum Beispiel das *Orinoko-Krokodil*. Ebenfalls Verwandte der Echten Krokodile kommen an den Küsten Australiens vor, wie das sehr groß werdende *Leistenkrokodil*. In Amerika gibt es eine weitere Krokodilgruppe, die *Alligatoren*. Der *Hechtalligator* und *Kaimane* gehören dazu.

Der bis zu 6,5 m lange **Gavial** kommt von Nord- und Ostindien bis nach Pakistan und Bangladesh vor. Er ist der einzige noch lebende Vertreter der nach ihm benannten Krokodilgruppe. Das charakteristische Merkmal ist seine im Vergleich zu allen anderen Krokodilen sehr schmale Schnauze. Gaviale leben entlang der Flüsse, wo sie sich zum größten Teil von Fischen ernähren. Der Gavial ist heute in seinem Bestand gefährdet. Durch Zucht- und Auswilderungsprogramme versucht man den Gavial zu retten. Den Menschen wird er nicht gefährlich.

Schildkröten (ca. 260 Arten)

Schildkröten haben ganz unterschiedliche Lebensräume erobert, so auch das Meer. Dafür ist die **Karettschildkröte** ein Beispiel. Ihr im Gegensatz zu

den Landschildkröten stark abgeflachter Panzer ist stromlinienförmig, sodass der Wasserwiderstand beim Schwimmen kleiner wird. Ihre stark abgeflachten, paddelförmigen Beine sind ebenfalls eine Anpassung an das Leben im Wasser. Sie kommen, wie auch die übrigen Meeresschildkröten, nur noch zur Eiablage an Land. An Sandstränden vergraben die Weibchen ihre Eier und überlassen der Sonnenwärme das Ausbrüten.

Struktur und Funktion

Der Bau von tierischen und pflanzlichen Organen hängt davon ab, welche Aufgaben sie für das Lebewesen erfüllen müssen: Die Grabbeine eines Maulwurfs sehen aus wie Schaufeln, sie ermöglichen ihm das Wühlen im Boden. Die Stacheln der Rose sind spitz und scharf, sie dienen der Abwehr von Fressfeinden.

Nicht immer sind die Zusammenhänge zwischen bestimmten Körpermerkmalen *(Strukturen)* und deren Bedeutung *(Funktion)* für das Lebewesen so leicht erkennbar. Und es zeigt sich erst bei genauer Betrachtung, dass Organe eine ganz bestimmte Struktur aufweisen müssen, damit sie für das Lebewesen eine Funktion wahrnehmen können.

Die Flügel großer Vögel und die Tragflächen von modernen Flugzeugen müssen ähnliche Belastungen aushalten, in ihrer Form besitzen sie deshalb Ähnlichkeiten. Die Früchte und Samen vieler Pflanzen haben Flugvorrichtungen, die einem Fallschirm ähneln, z. B. die *Flugfrüchte* des Löwenzahns. Wieder andere Samen können langsam zu Boden gleiten wie ein Segelflugzeug.

Alle Gelenke weisen einen ähnlichen Aufbau auf. Die Enden der Knochen sind mit Knorpel überzogen, der Gelenkspalt ist mit Gelenkschmiere gefüllt. Dadurch wird die Reibung zwischen den Knochen vermindert.

Die Abbildung zeigt zwei Beispiele, ein *Scharnier-* und ein *Kugelgelenk.* Die möglichen Bewegungsrichtungen sind ebenfalls eingezeichnet. Gelenke machen unseren Körper beweglich. Wir können den Unterarm beugen, mit den Fingern gezielt zugreifen, unsere Arme in alle Richtungen bewegen. Auch in der Technik werden vergleichbare Konstruktionen verwendet, wenn bestimmte Geräte beweglich sein müssen.

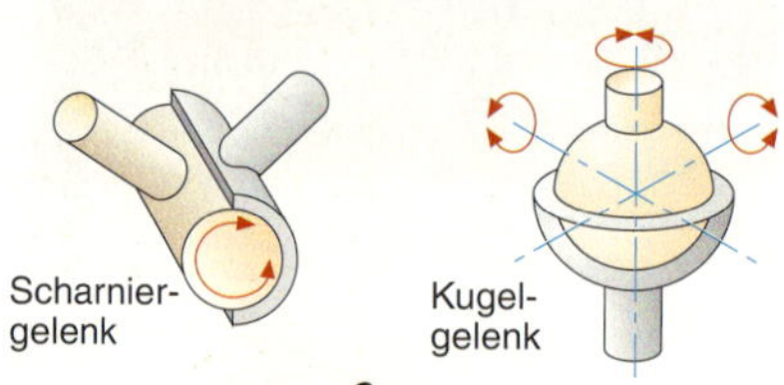

Fischadler müssen ihre Beute sicher festhalten können, wenn sie mit dieser wieder von der Wasseroberfläche starten. Faultiere verbringen den größten Teil ihres Lebens in Bäumen kopfüber hängend.

Kletten und Klettverschlüsse zeigen bei genauer Betrachtung große Ähnlichkeiten. Rankende Pflanzen sorgen selbst für ihre Befestigung.

Die Stubenfliege ist mit *Haftballen* an den Beinen versehen, die es ihr gestattet, kopfüber an der Decke zu laufen.

Schwimmeinrichtungen

Gelbrandkäfer und *Meeresschildkröten* besitzen als Wasserbewohner ruderblattähnliche Schwimmeinrichtungen. Die Hinterbeine des Gelbrandkäfers und die Vorderbeine einer Meeresschildkröte sind entsprechend abgeflacht und werden zur Fortbewegung eingesetzt.

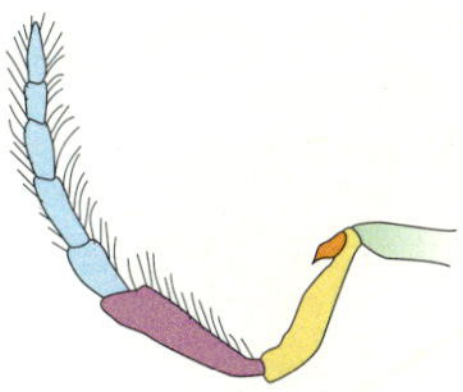

Bei den Blättern der *Riesenseerose*, deren Blätter mehr als 1 Meter Durchmesser haben können, sorgt ein kompliziert gebautes, mit Luft gefülltes Hohlraumsystem dafür, dass die Blätter sicher auf der Wasseroberfläche schwimmen.

Biologische Spritzen

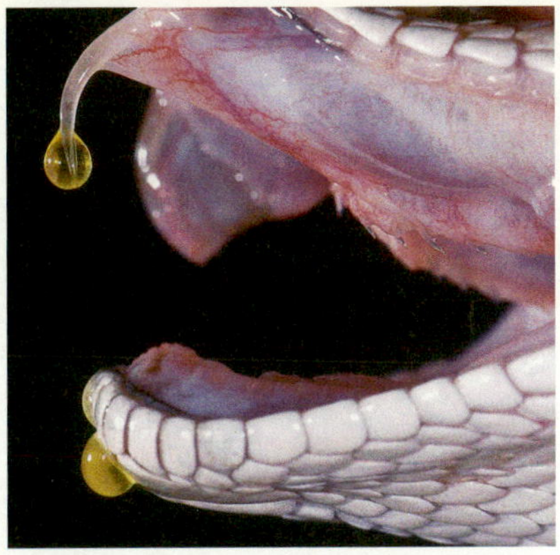

Biologische Spritzen findet man bei vielen anderen Lebewesen, z. B. wirken die *Giftzähne* vieler Schlangen ähnlich.

Das *Brennhaar* einer Brennnessel besitzt am Ende ein Köpfchen, das bei Berührung leicht abbricht. Das Haar ähnelt dann der Spritze eines Arztes und die Wirkung ist auch genauso: Das Haar dringt mit dem spitzen, abgeschrägten Ende in die Haut ein. Aus einem Vorratsbehälter am Fuße des Haares wird ätzende Ameisensäure in die Wunde gespritzt, was den häufig starken Schmerz hervorruft.

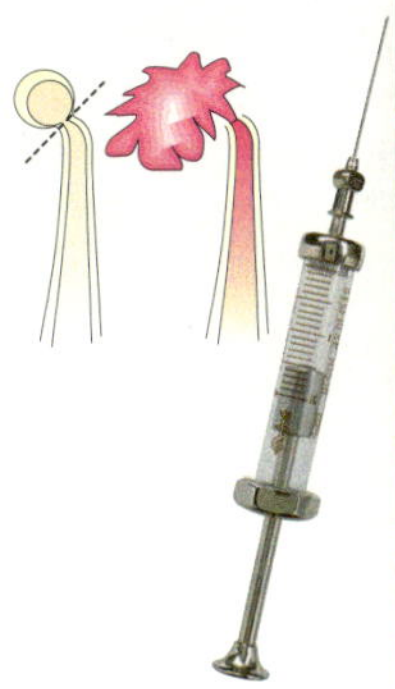

Antennen zur Außenwelt

Ähnlich einem Teleskop, mit dem der Mensch in den Weltraum hinein horcht, besitzen manche Tiere ganz ähnlich gebaute Einrichtungen. *Seidenspinnermännchen* empfangen mit ihren Antennen die Duftstoffsignale der Weibchen, die sie dadurch zielsicher finden. *Eulen* und Fledermäuse orten mithilfe von Schall ihre Beute. Der große Ohrtrichter fängt den Schall auf und leitet ihn gebündelt in Richtung Ohr weiter. Dadurch werden auch schwache Geräusche so verstärkt, dass sie wahrgenommen werden.

Aufgaben

① Beschreibe die Wirkung eines Klettverschlusses und erkläre, weshalb Kletten und ähnlich gebaute Früchte leicht im Fell von Tieren hängen bleiben. Welche Bedeutung könnte dieses für die Pflanzen haben?

② Kennst du Greifeinrichtungen bei Geräten bzw. Maschinen, die wie der Greiffuß des Fischadlers wirken?

③ Informiere dich über die Lebensweise und den Lebensraum von Faultieren und erkläre dann den Bau ihrer Fortbewegungsorgane.

④ Welche weiteren Gelenktypen gibt es im menschlichen Skelett. Erläutere deren Arbeitsweise.

⑤ Nenne verschiedene Beispiele für Gelenke aus der Technik.

⑥ Suche nach weiteren Beispielen für Schwimmeinrichtungen aus der Tier- und Pflanzenwelt und vergleiche sie hinsichtlich ihrer Wirkungsweise.

⑦ Welche Bedeutung haben die Brennhaare für die Brennnessel und die Giftzähne für die Schlange? Kennst du weitere Beispiele für biologische Spritzen?

⑧ Welche anderen Signale außer Schall und Duftstoffen können Lebewesen empfangen? Welche Art von Antennen zur Außenwelt haben sie dafür entwickelt?

Wir vergleichen Wirbeltiere

Trotz ihrer äußerlich starken Verschiedenartigkeit weisen Fische, Amphibien, Reptilien, Vögel und Säugetiere ein auffälliges gemeinsames Merkmal auf, die *Wirbelsäule*. Man fasst sie deshalb zum **Stamm der Wirbeltiere** zusammen. Die Wirbelsäule ist Teil des Stützsystems des Körpers und bietet dem empfindlichen Rückenmark Schutz. Viele, hintereinander liegende Wirbelkörper verleihen ihr die nötige Beweglichkeit. So besitzen alle Säuger 7 Halswirbel, 12 Brustwirbel und 5 Lendenwirbel, die Giraffe ebenso wie eine Maus. Aufgrund solcher gemeinsamen Merkmale sagt man auch, die Säuger bilden eine eigene *Wirbeltierklasse*. Auch die übrigen Wirbeltierklassen haben jeweils einen gemeinsamen *Bauplan*. Am deutlichsten werden die Unterschiede und Gemeinsamkeiten, wenn man bestimmte Merkmale bei Säugetiere, Vögeln, Fischen, Lurchen und Kriechtieren miteinander vergleicht.

Die **Fortbewegungsorgane** sind bei Fischen die *Flossen*. Bei Lurchen, Kriechtieren, Vögeln und Säugern sind es 4 *Gliedmaßen*, die meist 5 *Finger* bzw. *Zehen* an den Enden tragen. Fische mit ihren Flossen sind Wasserbewohner, die übrigen Wirbeltiere mit ihren 4 Gliedmaßen besiedeln meist das Land. Die Fortbewegungsorgane können jedoch auch abgewandelt sein. So werden zum Beispiel die beiden seitlichen Flossensäume bei einem Rochen von den beiden Brustflossen gebildet. Ähnliches gibt es auch bei den Gliedmaßen der übrigen Wirbeltierklassen. Die Vordergliedmaßen sind bei Vögeln zu Flügeln umgewandelt. Robben besitzen flossenförmige Arme und Beine, bei Walen fehlen die Hintergliedmaßen.

In der **Körperbedeckung** fallen die Unterschiede meist leicht auf. Alle Säugetiere besitzen ein aus Haaren bestehendes *Fell*. Auch bei den Walen sind noch einige Haare als Tasthaare erhalten geblieben. Vögel besitzen dagegen ein *Federkleid*. Sowohl Federkleid als auch Fell schützen hervorragend gegen Kälte und Hitze, da in ihnen Luft eingeschlossen werden kann. Das ist bei den übrigen Vertretern der Wirbeltiere nicht der Fall. Kriechtiere tragen eine trockene *Hornschuppenhaut*. Die Schildkröten besitzen unter ihrer verhornten Oberfläche einen Knochenpanzer, der zum größten Teil aus ihren Rippen gebildet wird. Das Kennzei-

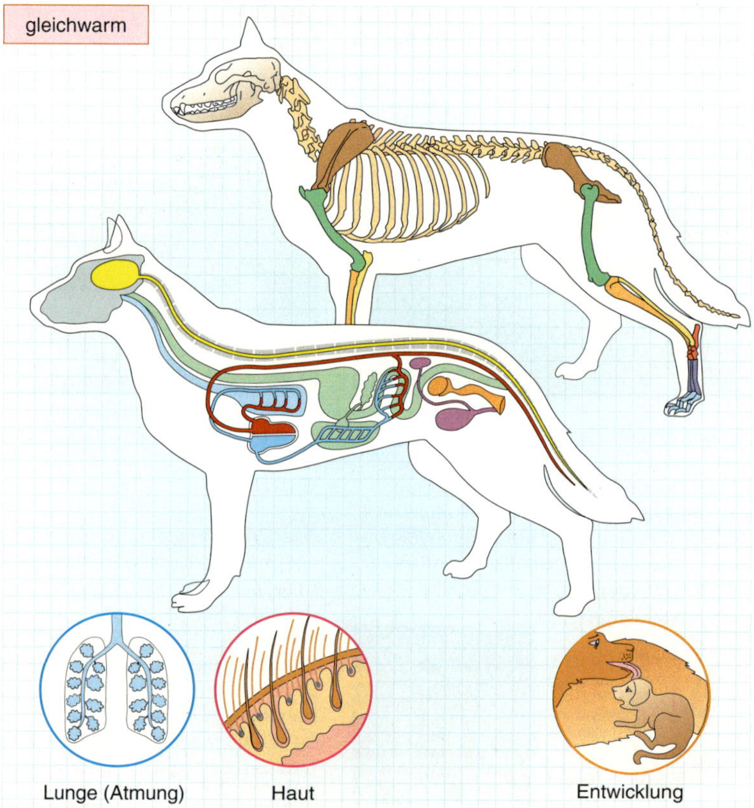

1 Bau und innere Organe der Säugetiere

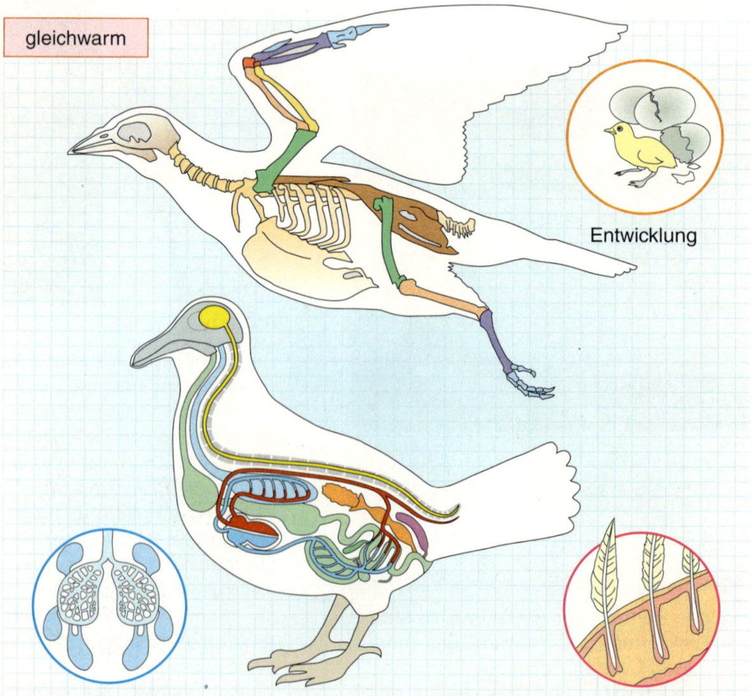

2 Bau und innere Organe der Vögel

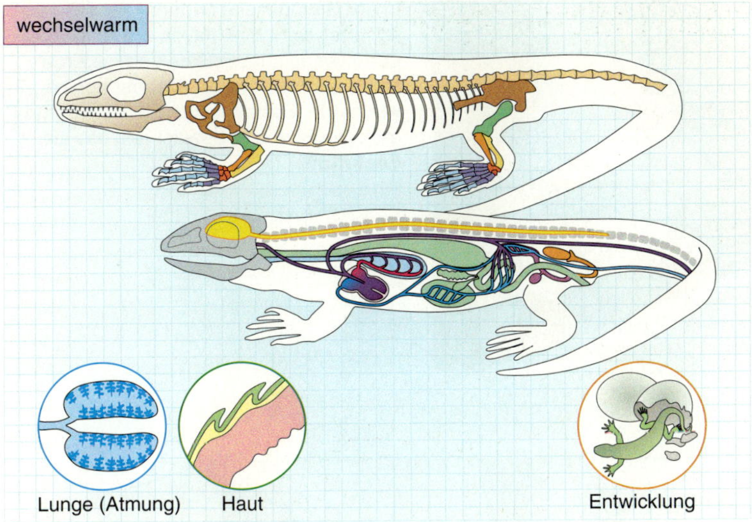

3 Bau und innere Organe der Reptilien

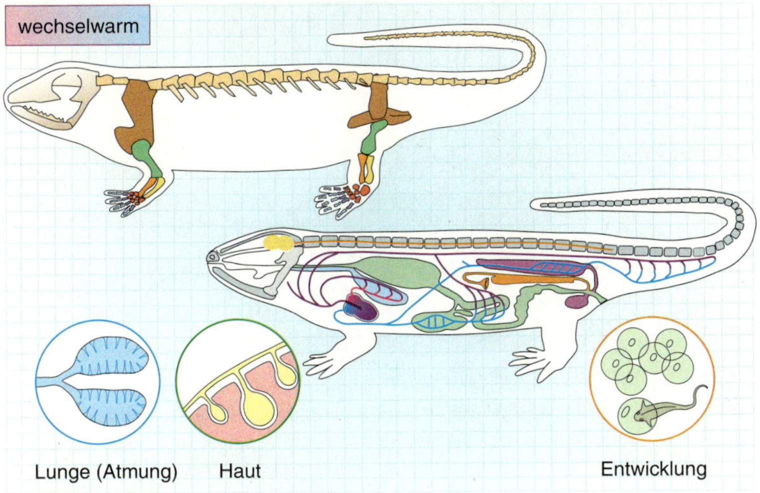

4 Bau und innere Organe der Lurche

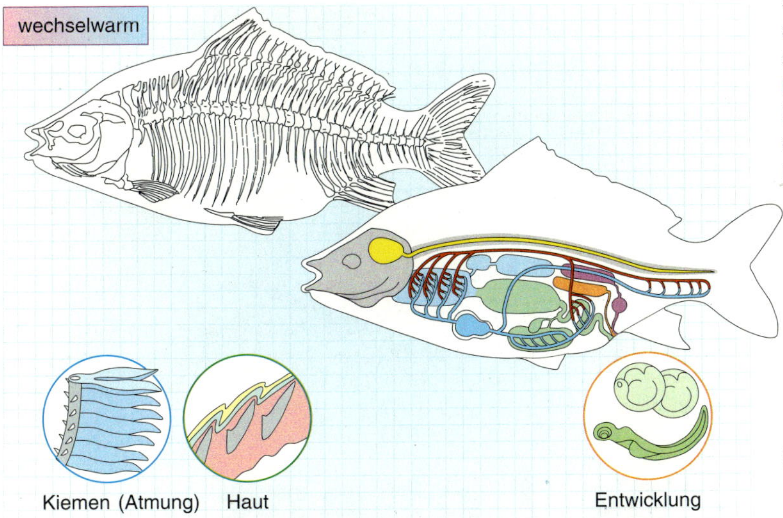

5 Bau und innere Organe der Fische

chen der Lurche ist die meist dünne *Haut*, in der sich zahlreiche *Drüsen* befinden. Sie verleihen der Haut Feuchtigkeit und bilden bei einigen Lurchen sehr starke Gifte, wie bei den Pfeilgiftfröschen aus dem südamerikanischen Regenwald. Bei den Fischen finden wir meist eine mit Schleim bedeckte Haut mit *Knochenschuppen*.

Säuger und Vögel sind zur **Regulation der Körpertemperatur** befähigt. Sie halten unabhängig von der Außentemperatur ihre Körpertemperatur bei zum Beispiel 37 °C konstant. Sie sind also *gleichwarm*. Fische, Lurche und Kriechtiere sind dagegen *wechselwarm*. Ihre Körpertemperatur entspricht weitgehend der Außentemperatur.

Bei den **Atmungsorganen** wird die Anpassung an die Atmung im Wasser oder in der Luft sichtbar. Die *Kiemen* der Fische können mit ihren stark durchbluteten Kiemenblättchen Sauerstoff nur aus dem Wasser aufnehmen. Die *Lungen* der übrigen Wirbeltiere können nur aus der Luft hinreichend Sauerstoff an das Blut weitergeben.

Bei der **Fortpflanzung und Entwicklung** werden die Unterschiede besonders deutlich. Bei Fischen und Lurchen werden die in der Regel sehr zahlreichen Eizellen und Spermien meist frei ins Wasser abgegeben. Aus dem befruchteten Ei entwickelt sich eine Larve, die bei den Lurchen im Gegensatz zu den Fischen gegen Ende ihrer Entwicklung eine Verwandlung *(Metamorphose)* zum eigentlichen Lurch durchmacht. Bei Fröschen entsteht aus der Kaulquappe der Frosch. Die von einer pergamentartigen Schale umgebenen Eier von Kriechtieren sind schon wesentlich besser gegen Austrocknung geschützt. Die Entwicklung findet in der Eischale statt. Erst dann durchbricht das junge Kriechttier die Schale. Ähnlich verläuft die Entwicklung bei Vögeln. Bei ihnen ist die dicke Kalkschale noch fester und schützt noch besser vor Austrocknung. Die Eier werden außerdem bebrütet, was bei den Kriechtieren meist nicht der Fall ist. Bei den Säugetieren entwickeln sich die Jungen im Mutterleib und sind dadurch gut geschützt. Sie werden nach der Geburt abgenabelt und gesäugt (S. 78).

Aufgabe

① Stelle in einer Tabelle übersichtlich die Merkmale der Wirbeltiere im Vergleich dar. Verwende dazu die im Text fett gedruckten Begriffe.

Geschichte des Lebens

In der Biologie und anderen Wissenschaften geht man davon aus, dass die Lebewesen auf der Erde und die Erde selbst nicht immer so ausgesehen haben wie heute. Es hat ein Wandel stattgefunden. Die Biologen bezeichnen das als **Evolution**.

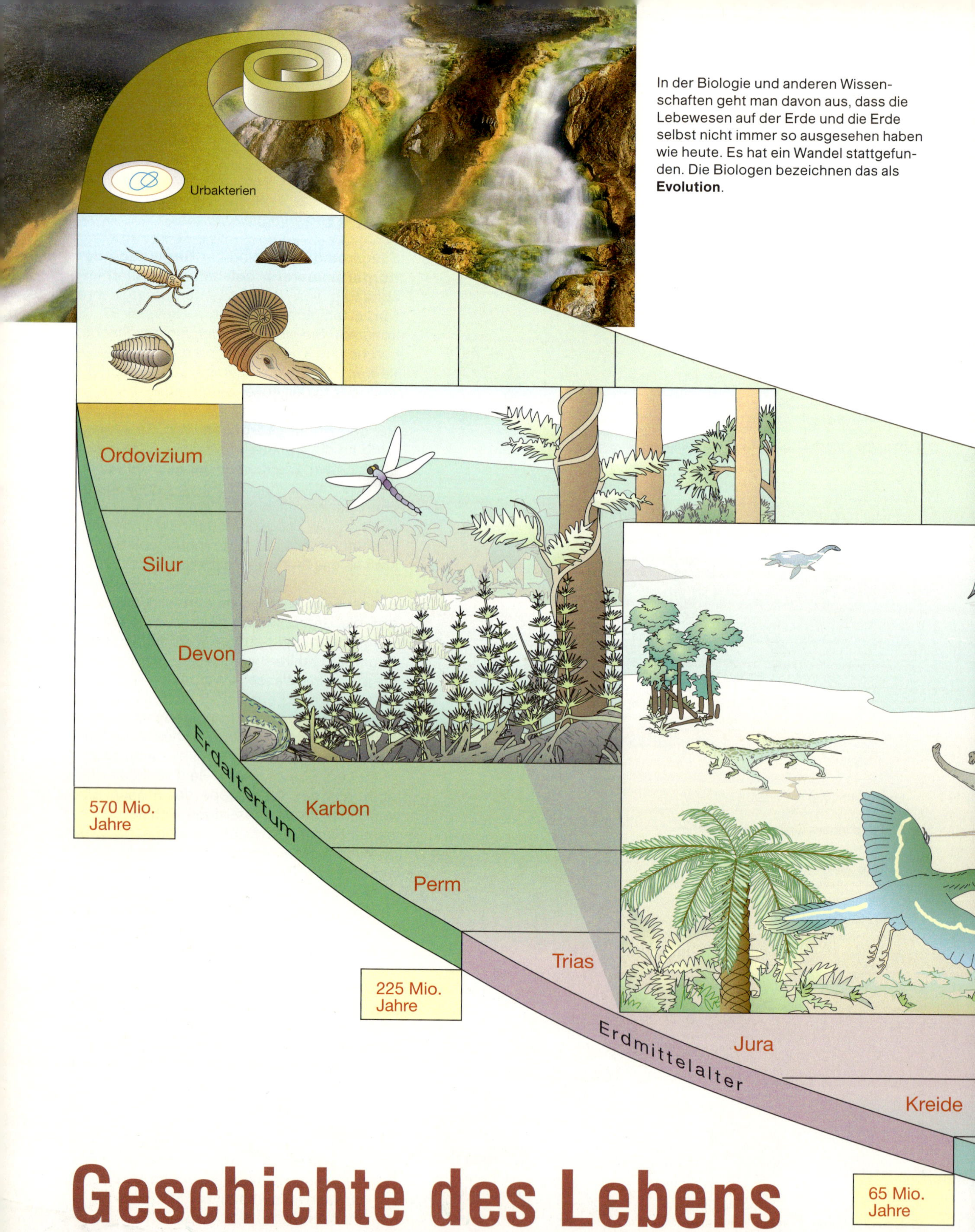

Die große Vielfalt

Die ersten einfachen Lebensformen, von denen man Spuren entdeckt hat, gibt es noch heute: die **Bakterien**. Ihre Zellen sind sehr klein und einfach gebaut. Ihnen fehlt stets der Zellkern. Dennoch sind sie die häufigsten Lebewesen der Erde. Da sie so klein sind und die unterschiedlichsten Ernährungsmöglichkeiten haben, kommen sie überall vor.

Meist deutlich größere Zellen kennzeichnen die **Einzeller**, die zwar auch noch so klein sind, dass man sie nur im Mikroskop erkennen kann, sie besitzen aber alle einen Zellkern. Auch sie können sich sehr verschieden ernähren.

Alle übrigen Organismen bestehen aus vielen Zellen mit Kern. Ein Merkmal zur sicheren Einteilung ist ihre Ernährungsweise. Das entscheidende Merkmal aller **Pflanzen** ist, dass sie grüne Organe besitzen und nur Luft, Wasser und Mineralsalze zum Leben benötigen. Allerdings brauchen sie hierfür auch Sonnenlicht.

Tiere sind nicht dadurch gekennzeichnet, dass sie Beine besitzen und sich damit fortbewegen können. Schlange, Regenwurm und Schnecke schaffen dies auch ohne Beine problemlos und Korallen oder Seerosen sind festgewachsen. Gemeinsam ist, dass alle Tiere andere Lebewesen fressen müssen, um zu überleben.

Schließlich gibt es noch die **Pilze**, die von vielen Menschen als nicht grüne Pflanzen betrachtet werden. Ihre Organe sind aber weder wie die der Pflanzen noch wie die von Tieren gebaut. Deshalb bilden sie eine eigene Organismengruppe, die sich ähnlich wie Tiere von Resten anderer Lebewesen ernähren.

Denkt man über die **Lebenswelt** nach, die einen umgibt, fallen einem zunächst Tiere ein: die Katze auf dem Sofa, der Schmetterling über der Blüte oder der zwitschernde Vogel. Beim tatsächlichen Blick aus dem Fenster sieht man aber Pflanzen: die Heckenbüsche mit den im Wind schaukelnden Blättern oder die prächtig gefärbten Blüten der Wiesen- oder Gartenpflanzen.

Wissenschaftler stellen genaue Kataloge auf, welche Organismen nun tatsächlich existieren. Dabei ergibt sich nochmals ein anderes Bild. Die größte **Lebewesengruppe** sind die Insekten, von denen Biologen etwa 760 000 Arten unterscheiden können. Entsprechend groß ist der Hirschkäfer gezeichnet, viel größer als die Rehe. Sie stehen für nur 3700 bekannte heute lebende Säugetierarten.

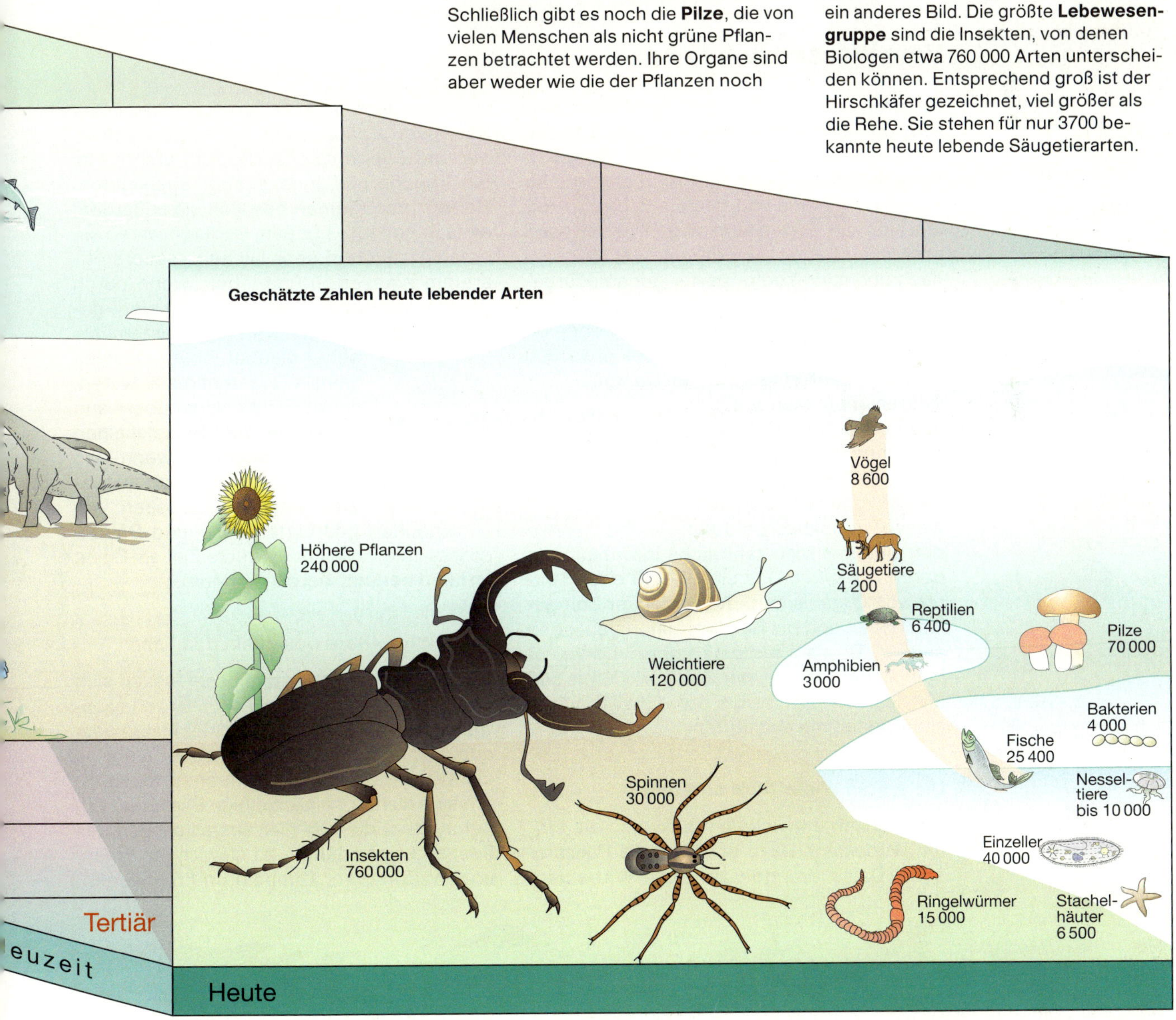

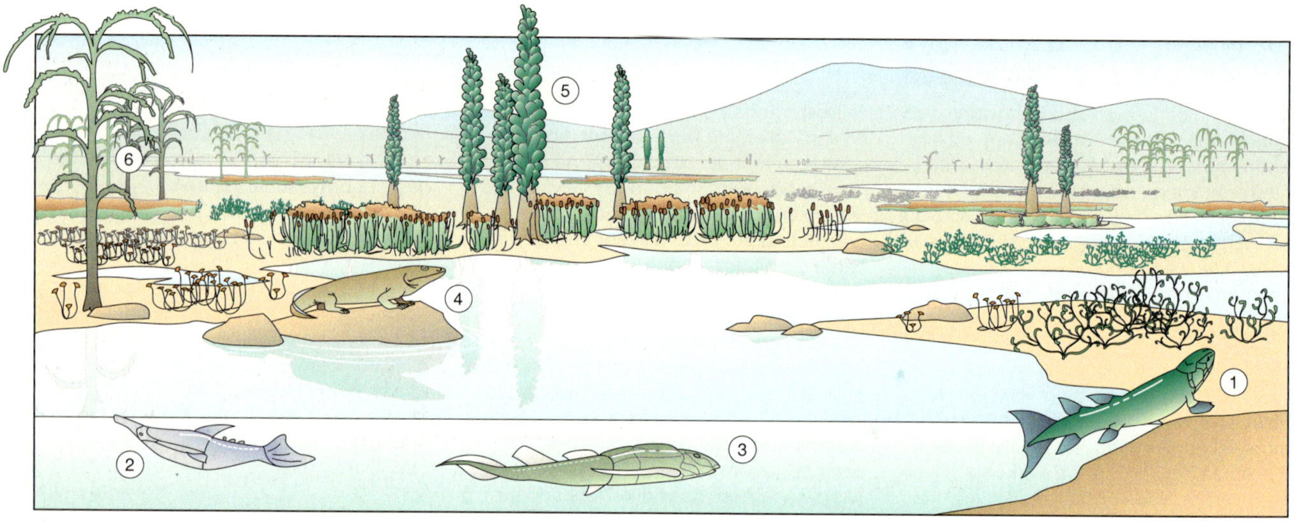

1 Küstenlandschaft vor 350 Mio. Jahren

Vom Wasser zum Land

① Quastenflosser
② Kieferloser Fisch
③ Panzerfisch
④ Fischschädellurch „Ichthyostega“
⑤ Duisbergia (Bärlapp- oder Farngewächs)
⑥ Archaeosigillaria (Baumtyp)

Die Erde entstand vor mehr als 4,5 Mrd. Jahren, aber erst nach 4 Mrd. Jahren wurde das Land aus dem Wasser heraus besiedelt. Während dieser Zeit kühlte sich die Erde ab und die Urozeane entstanden. In diesen sollen sich die ersten einzelligen Lebewesen entwickelt haben, aus denen sehr langsam nach und nach komplizierter gebaute Organismen, wie Pflanzen und Tiere, entstanden. Doch darüber weiß man nur sehr wenig, da es von den Lebewesen, die vor etwa 600 Millionen Jahren lebten, nur wenige Spuren gibt. Man weiß nur, dass es unter den ersten einfachen vielzelligen Pflanzen und Tieren *Algen* und *Quallen* gab. Von den Lebewesen, die danach entstanden sind, hat man zahlreiche Informationen durch *Fossilien*. Das sind Reste oder Spuren von Organismen, die vor langer Zeit gelebt haben und bis heute erhalten geblieben sind, z. B. als *Versteinerungen*. Daher ist man sicher, dass in der Zeit vor 600 bis 500 Mio. Jahren bereits bis auf die Wirbeltiere alle Tierstämme existierten.

Fossiler Quastenflosser

Die ersten Wirbeltiere entstehen

Erst danach entwickelten sich also die ersten *Wirbeltiere*. Dazu gehörten die *Panzerfische*. Diese drangen als erste Wirbeltiere aus dem Meer in das Süßwasser (Flüsse und Seen) vor. Später entstanden *Quastenflosser* und *Lungenfische*, die zum ersten Mal ein knöchernes Innenskelett ausbildeten. Neben ihren Kiemen besaßen sie außerdem einfach gebaute Lungen. Dadurch waren sie befähigt, auch in sehr flachem, sauerstoffarmem Wasser zu überleben, wenn durch Austrocknung der Wasserspiegel stark gesunken war. Die meisten Forscher glauben heute, dass es damals Quastenflosser waren, die als Fische sogar über Land gingen und zum Beispiel einen anderen Tümpel suchten, wenn das bisherige Wohngewässer ganz ausgetrocknet war. Denn sie besaßen von Knochen gestützte Brust- und Bauchflossen, die vielleicht für kurze Zeit als Beine an Land benutzt werden konnten.

Erste Wirbeltiere besiedeln das Land

Aus der Zeit der Quastenflosser lassen sich auch Fossilien der ersten Landpflanzen nachweisen. In den Gezeitenzonen der Meere oder dort, wo sich durch Bildung neuer Gebirge der Wasserspiegel langsam änderte, konnten sich wahrscheinlich einige Pflanzenarten behaupten, die von hier aus allmählich das Festland besiedelten. Im Gewirr von Flussarmen, Sümpfen, Tümpeln und Schwemm-

1 Waldmoor vor 300 Mio. Jahren

① Breitschädellurch
② Panzerlurch
③ Stammreptil
④ Urlibelle „Meganeura“
⑤ Schuppenbäume
⑥ Schachtelhalme
⑦ Siegelbäume
⑧ mit Lianenart

land mit reichem Pflanzenbewuchs gab es nun auch für Wirbeltiere, die häufig an Land lebten, genügend Nahrung. Die ersten Landwirbeltiere waren *Lurche.* Sie ernährten sich von Tausendfüßern, Schaben, Fliegen, Skorpionen, Spinnen und Libellen. In einem solchen Lebensraum fanden sie ideale Lebensbedingungen. Das beweisen Fossilfunde, die etwa 350 Mio. Jahre alt sind. Darunter ist auch der Fischschädellurch *Ichthyostega* zu finden. Bei diesem Tier zeugen seine Gestalt und einige Körpermerkmale davon, dass seine Vorfahren Fische waren.

In vielen Merkmalen gleicht der Fischschädellurch dem Quastenflosser. Wie der Quastenflosser hatte er Hautschuppen, Seitenlinienorgane am Kopf und einen Flossensaum am Schwanz. Allerdings war Ichthyostega ein *Vierfüßer*. Seine Beine waren über die Beckenknochen bzw. den Schultergürtel mit der Wirbelsäule verbunden. Im Erwachsenenzustand fehlten ihm die Kiemen, obwohl er wahrscheinlich die meiste Zeit im Wasser verbrachte. Ein solches Tier, welches Merkmale zweier Tierklassen besitzt, nennt man *Brückentier*.

Ichthyostega

Das Land wird dauerhaft besiedelbar

Die ersten Lurche waren sicher noch sehr stark an das Wasser gebunden, da sie kaum gegen Austrocknung geschützt waren. Das feuchtwarme Klima der damaligen Zeit begünstigte andererseits den Aufenthalt an Land. Dort breiteten sich weite Sumpflandlandschaften mit üppigem Bewuchs aus. In dieser Zeit entwickelten sich nach und nach die heute lebenden Lurche, aber bereits vor etwa 330 Mio. Jahren auch die ersten *Kriechtiere*.

Die ersten Kriechtiere legten ihre Eier nicht mehr wie die Lurche ins Wasser. Die Eier besaßen eine feste Schale, die sie vor Austrocknung besser schützte. Damit waren die Kriechtiere als eine neue, weitere Tierklasse entstanden, die zur Fortpflanzung nicht mehr das Wasser aufsuchen mussten wie die Lurche. Sie konnte deswegen große Teile des Festlandes, sogar die Wüsten, erobern. Das zeigen uns die heute noch lebenden Kriechtiere (Echsen, Schlangen, Schildkröten und Krokodile). Die bekanntesten Vertreter der Kriechtiere waren die *Saurier*, die bis zu ihrem Aussterben fast alle Lebensräume besiedelten. Aus Saurier-Vorfahren entwickelten sich bereits vor etwa 200 Mio. Jahren die ersten *Säugetiere* und *Vögel*. Deren heute lebende Nachfahren konnten sich nach dem Aussterben der Saurier in einer großen Vielfalt entwickeln und besiedeln heute ebenfalls fast alle Lebensräume der Erde.

Fossilien – Spuren aus der Vergangenheit des Lebens

In einem Steinbruch wird aus grauem Schiefergestein eine Platte herausgelöst. Ein Wissenschaftler bearbeitet das Fundstück fachmännisch weiter. Immer mehr wird erkennbar, dass in dieser Steinplatte etwas eingeschlossen ist. Die weitere Bearbeitung erfolgt dann im Labor. Mit feinen Meißeln werden die versteinerten Knochen eines riesigen Tieres aus dem Schiefer herausgeschält. Erst nach Wochen sorgfältiger Arbeit wird das ganze Skelett eines *Fischsauriers* sichtbar.

Meist sind die *Versteinerungen* kleiner und nicht so gut erhalten wie in unserem Beispiel. Sie geben Auskunft über die in der Vergangenheit lebenden Organismen. Solche Zeugnisse aus der Vergangenheit müssen aber nicht immer versteinerte Knochen ausgestorbener Tiere sein. Einschlüsse von Organismen in Bernstein, Mumien in Wüstengebieten oder tiefgefrorene Mammuts aus dem Dauerfrostboden Sibiriens gehören ebenso dazu. In der Gesamtheit nennt man solche Fundstücke **Fossilien**.

Wie entstehen nun Fossilien? Am Beispiel des versteinerten Fischsauriers soll dies erklärt werden. Nach seinem Tod wäre der Fischsaurier unter normalen Bedingungen, d. h. bei Anwesenheit von Sauerstoff und Mikroorganismen, wie das fast immer der Fall ist, verwest, sodass keine Reste übrig geblieben wären.

Wird aber der Fischsaurier bald nach seinem Tode von abgelagertem Sand oder Schlick überdeckt, kann er wegen Sauerstoffmangels nicht vollständig zersetzt werden. Im Laufe der folgenden Jahrmillionen verdichten sich die über ihm liegenden Ablagerungen zu Gestein *(Ablagerungs-* oder *Sedimentgestein)*. Hartteile des Fischsauriers, wie Knochen, können lange Zeit erhalten bleiben und werden später oft infolge chemischer Vorgänge durch abgeschiedenes Gestein ersetzt. Der Vorgang der Versteinerung ist dann abgeschlossen. Bei anderen Organismen können auch Panzer oder Gehäuse versteinern.

Aber weshalb findet man solche Versteinerungen auf dem Land und manchmal in größerer Tiefe? Die Ursache dafür ist, dass sich im Lauf von Jahrmillionen über dem Fossil langsam weitere Gesteinsablagerungen bilden können. Wenn sich ein solches Gebiet langsam hebt und schließlich über den Meeresspiegel herausragt, ist das abgelagerte Gestein den Klimaeinflüssen ausgesetzt und kann verwittern. Auf diese Weise werden immer wieder Fossilien mehr oder weniger freigelegt, die dann nur noch gefunden werden müssen.

Bei der Entdeckung der ersten Fossilien war den Forschern nicht klar, dass es sich dabei um Spuren von Lebewesen handelte. Manche Fossilien, wie Belemniten, Ammoniten oder Trilobiten, zeigen keine Ähnlichkeiten zu heutigen Lebewesen. Auch konnte man sich früher nicht vorstellen, dass sich die Tier- und Pflanzenwelt im Laufe der Zeit verändert haben könnte. Durch den Vergleich mit heute lebenden Tieren und Pflanzen weiß man sicher, dass Fossilien Überreste früherer Lebewesen sind.

1 Versteinertes Skelett eines Fischsauriers

Herstellung von Fossilien

Man kann keine echten Fossilien herstellen, denn sie können nur auf natürlichem Wege entstehen. Allerdings lassen sich die Vorgänge, die zur Entstehung von Fossilien geführt haben, modellhaft nachahmen. Wir arbeiten also mit Modellfossilien.

Besorge dir dazu Laubblätter und Muschelschalen, Schneckengehäuse oder Knochen von Hühnchen. Diese Objekte eignen sich gut als Modellfossilien.

Material:
Gips, Kies, Sand, Wasser, leere 1-Liter-Getränketüte (Tetrapack), großer Spatel, Mischgefäß (z. B. 500-ml-Jogurtbecher), 100-ml-Messzylinder, Vaseline, Hammer.

Durchführung:
Nimm drei Objekte, die du als Modellfossilien vorgesehen hast. Streiche davon zwei gut von allen Seiten mit Vaseline ein. Entferne den oberen Teil einer Getränketüte, sodass ein offenes Gefäß entsteht.

Stelle die Mischung 1 zusammen:
Fülle dazu in das Mischgefäß 50 ml Gips, 50 ml Kies und gib unter Rühren etwa 40 bis 60 ml Wasser zu. Durchmische die Zutaten gründlich, bis ein zähflüssiger Brei entsteht.

Gieße diese Mischung 1 in die Getränketüte und warte kurz, bis die Oberfläche leicht verfestigt ist. Lege jetzt ein Modellfossil mit Vaselineschicht und eines ohne Vaselineschicht darauf. Stelle nochmals die Mischung 1 zusammen und gieße sie darüber (die Mischung 1 muss zweimal hergestellt werden, da sie sehr schnell aushärtet).

Fertige nun die Mischung 2 an:
Gib dazu in das Mischgefäß 50 ml Gips, 50 ml roten Sand oder Erde und schütte unter Rühren etwa 50 bis 70 ml Wasser dazu. Gieße dann die Mischung 2 in die Getränketüte. Lege das dritte Objekt darauf, wenn die Oberfläche leicht verfestigt ist.

Fertige nochmals die Mischung 2 an und gieße sie darüber. Lasse nun den Gipsblock in der Tüte mehrere Tage gut durchtrocknen.

Aufgaben

① Entferne die Getränketüte vom Gipsblock und kratze anschließend mit einem Messer oder einem Spatel flach von oben bis unten seitwärts über eine Oberfläche des Gipsblocks. Betrachte die freigekratzte Seitenfläche. Beschreibe und notiere ihr Aussehen.
Welcher natürliche Vorgang im Zusammenhang mit der Bildung von Fossilien wurde durch das Einbringen der Mischungen in die Getränketüte nachgeahmt?

② Welchen natürlichen Verhältnissen entspricht die Verwendung verschiedener Mischungen?

③ Klopfe mit dem Hammer sanft, dann immer stärker auf den Gipsblock, bis er zerspringt. An welchen Stellen bricht er besonders leicht?

④ Suche nach deinen „Fossilien" und lege sie frei. Welche Funktion hat die Vaseline?

⑤ Beschreibe, weshalb man richtige Fossilien nicht so leicht freilegen kann wie unsere Modellfossilien.

⑥ Als Fossilien bezeichnet man nicht nur Reste von Lebewesen. Zu Fossilien zählen auch Spuren verstorbener Lebewesen.
Findest du solche Spuren in deinem Gipsblock?

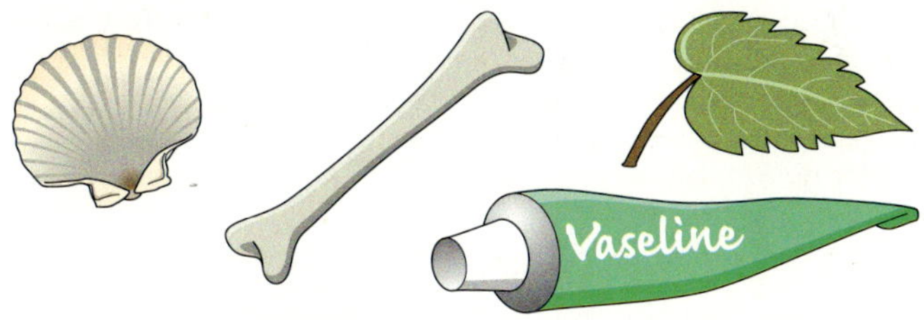

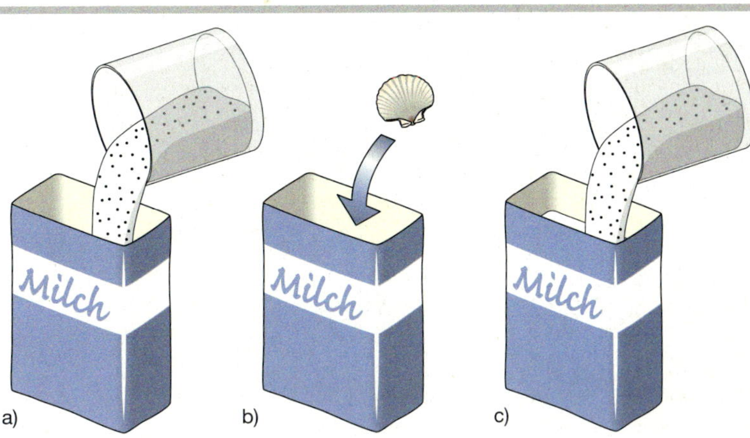

a) b) c)

Fossilien – Zeugnisse aus der Vergangenheit

Woher weiß man, dass es Saurier gab? Woher weiß man, wie sie aussahen? Die einzigen Hinweise auf ihre Existenz haben wir durch *Fossilien*. Meistens handelt es sich um versteinerte Skelettteile. Manchmal werden aber auch fast vollständige Skelette gefunden. Aber auch versteinerte Fußabdrücke und Nester sind erhalten geblieben.

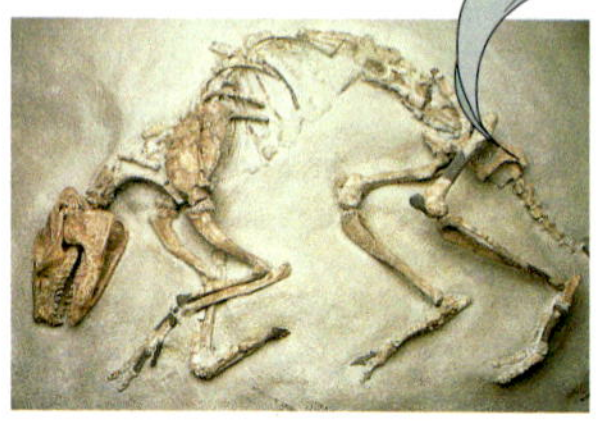

Meistens befinden sich die Knochen bei einem Fossilfund nicht mehr in der richtigen Lage zueinander. Trotzdem ist es häufig möglich, die Lage der Knochen zueinander und die richtige Körperhaltung zu rekonstruieren. Kannst du dir vorstellen, mithilfe welcher Merkmale dieses möglich sein könnte? Ein Vergleich mit der Körperhaltung und den Skeletten lebender Tiere, z. B. einer Eidechse und einem Hund, kann dir bei der Antwort helfen.

Saurier

Echsen aus der Urzeit

Obwohl die Saurier längst ausgestorben sind, kennt sie doch jeder. Viele sind fasziniert vom Anblick eines Saurierskeletts in einem Museum, vor allem, wenn es von einem der ganz großen Saurier stammt, die eine Körperlänge von über 20 Metern erreichten. Ganz unwillkürlich stellt sich die Frage, wie die Saurier gelebt haben mögen. Diese Frage hat die Phantasie der Menschen so stark beflügelt, dass die Saurier in einer Reihe von Filmen die Titelhelden waren.

Wann lebten Saurier und wo lebten sie? Antworten darauf findest du z. B. in einem Lexikon oder in einem Museum, in dem ausgestorbene Tiere zu sehen sind.

Oft gibt es zwischen den Sauriern und heute lebenden Tieren Ähnlichkeiten in der Lebensweise und der Fortbewegung. Suche nach Beispielen.

Vielfalt der Saurier

Saurier haben viele Millionen Jahre lang das Leben auf der Erde weitgehend beherrscht. Das Land wurde von einer Vielzahl von Dinosauriern besiedelt. Es gab kleine, vogelgroße, aber auch riesige Arten, die entweder Pflanzenfresser oder gefährliche Raubtiere waren. Sie bewegten sich als Vierbeiner, aber auch als Zweibeiner fort. Außerdem existierten viele wasserlebende Saurier, aber auch Flugsaurier.

Suche Abbildungen von Sauriern und notiere ihren Namen. Versuche sie zu ordnen und herauszufinden, wann und wo sie lebten.

Lebensraum und Lebensweise

Die Wissenschaftler nehmen an, dass im Zeitalter der Dinosaurier das Klima wärmer und ausgeglichener war als heute. Eine üppige Pflanzenwelt konnte dadurch gedeihen. Kannst du dir vorstellen, warum das die Grundlage für die großen Pflanzenfresser unter den Sauriern war, aber auch für die großen und schnellen Räuber, die von ihnen lebten?

Aus den Nestern, die man gefunden hat, hat man den Schluss gezogen, dass es zumindest bei einigen Saurierarten *Brutpflege* gab. Suche zum Vergleich nach heute lebenden Tieren, die Brutpflege betreiben.

Stelle zusammen, was du über die Lebensweise als Jäger und Gejagte erfahren kannst. Welche Möglichkeiten zur Verteidigung hatten die Gejagten?

Das Aussterben der Saurier

Dass die Saurier vor ungefähr 65 Mio. Jahren ausgestorben sind, weiß man ziemlich sicher. Über die Ursachen dafür gibt es keine gesicherten Erkenntnisse.

Viele Wissenschaftler glauben, dass eine weltweite Abkühlung zu einer Verschlechterung der Lebensbedingungen für die Saurier geführt hat. Der Einschlag eines großen Meteoriten oder heftige Vulkanausbrüche könnten zusätzlich die Lebensbedingungen für die Saurier so stark verschlechtert haben, dass sie schließlich ausstarben.

Skelett und Umriss von Iguanodon. Im Hintergrund Umriss von Brachiosaurus und Größenvergleich zum Menschen.

Heute ist man sich sicher, dass unsere Vögel aus Sauriervorfahren hervorgegangen sind. Ein wichtiger Beleg für diese Annahme ist der Urvogel Archaeopteryx, den man als Versteinerung gefunden hat.

Saurier – Vorfahren der Vögel

Der Archaeopteryx ist zwar kein direkter Vorfahre unserer heutigen Vögel, aber er besitzt Merkmale von zwei Tiergruppen: Von den zu den Reptilien gehörenden Sauriern und von den Vögeln. Vergleiche.

1 Früherer Vorfahr der Wale bei der Jagd (Rekonstruktion)

2 Frühere Vorfahren der Wale

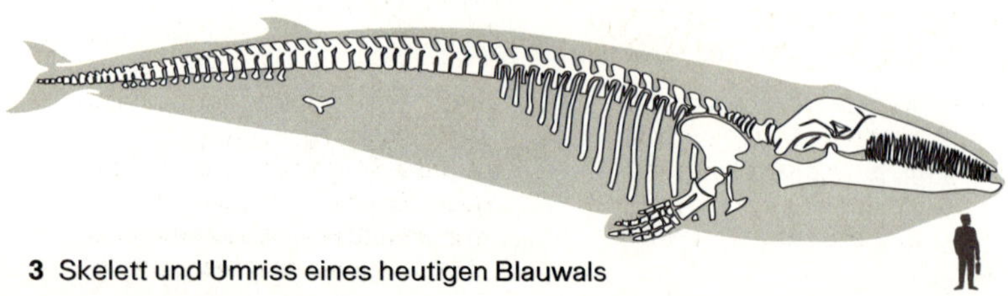

3 Skelett und Umriss eines heutigen Blauwals

Wale – vom Land ins Wasser

Säugetiere gibt es seit etwa 200 Mio. Jahren, Wale sind sehr viel später entstanden. Erst als die alle Lebensräume beherrschenden Saurier vor ca. 65 Mio. Jahren ausstarben, konnten die landlebenden Vorfahren der Wale den Lebensraum Meer nach und nach besiedeln. Im heutigen Pakistan, Indien und Ägypten fanden Forscher eine große Zahl von *Fossilien*, die uns zeigen, dass die Wal-Vorfahren tatsächlich Landtiere waren. Diese bildeten nach und nach besondere Merkmale aus, durch die sie vollständig an den Lebensraum Wasser angepasst waren. Da bei allen Lebewesen Merkmale zu finden sind, durch die sie an ihren Lebensraum angepasst sind, spricht man allgemein vom **Prinzip der Angepasstheit**.

Einer der ersten Wal-Vorfahren war *Pakicetus*, ein etwa wolfsgroßes, räuberisch lebendes Tier, das mit den Huftieren verwandt ist. Pakicetus jagte noch an Land. Möglicherweise lauerte er jedoch Tieren auf, die zum Trinken ans Wasser kamen. Die Lebensweise der Nachfahren *(Ambulocetus)* von Pakicetus war wahrscheinlich bereits krokodilähnlich. Aus dem Wasser heraus erbeuteten sie zum Trinken ans Wasser kommende Tiere. Die vergleichsweise kurzen Beine, die Schwimmhäute zwischen den Zehen und der muskulöse Schwanz deuten darauf hin. Diese krokodilähnlichen *Urwale* veränderten sich in nur wenigen Millonen Jahren so, dass die Hinterbeine immer kleiner und die Vordergliedmaßen flossenähnlich wurden. Gleichzeitig übernahm vor allem die Schwanzwirbelsäule mit den daran befestigten kräftigen Muskeln die Fortbewegung, indem sie auf und ab bewegt wurde.

Diese Entwicklung brachte Tiere hervor, die das Wasser nicht mehr verlassen konnten, wie zum Beispiel *Dorudon*, der wahrscheinlich am Schwanzende schon eine *Fluke* und auf dem Rücken eine *Finne* besaß. Das Haarkleid war zurückgebildet, unter der Haut gab es eine dicke Fettschicht. Aus Dorudon und seinen Verwandten gingen die heute lebenden *Zahnwale*, zu denen die Delfine gehören, und die *Bartenwale* hervor. Sie besitzen keine Hinterbeine mehr.

Aufgabe

① Erläutere die Veränderung der Körperform, der Fortbewegungsorgane und des Kälteschutzes der Wale und Delfine mithilfe der genannten Vorfahren.

Vom Land zum Wasser

Neben den Walen gibt es weitere Wirbeltiere, die zumindest einen großen Teil ihres Lebens im Wasser verbringen. Dazu zählen die *Robben* und *Pinguine*. Aber auch Kriechtiere, wie die *Krokodile* und *Meeresschildkröten*, gehören dazu. Sie alle haben besondere Merkmale ausgebildet, durch die sie an den Lebensraum Wasser angepasst sind.

Seebären

Seebären besiedeln in großen Kolonien die Küsten kalter Meere. Im Wasser sind sie geschickte Schwimmer. Als Antrieb benutzen sie die flossenförmigen Vordergliedmaßen (Armschwimmer). Ihr wasserdichtes Haarkleid besteht aus dicht stehenden *Unterhaaren* und dicken *Grannenhaaren*. Zwischen den Haaren bleibt so ein Luftpolster eingeschlossen. Sie besitzen außerdem eine Fettschicht unter der Haut, die aber nicht so dick ist wie beim Seehund. Seebären verbringen nur einen Teil ihres Lebens im Wasser.

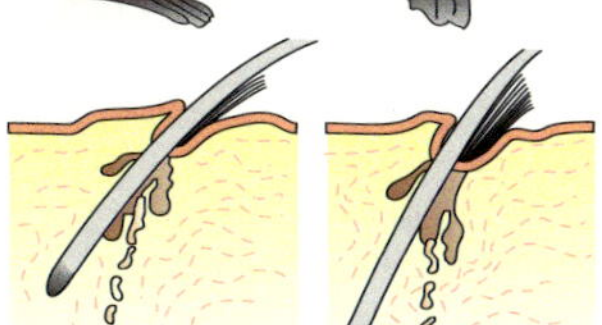

Pinguine

Pinguine sind sehr schnelle Schwimmer. Dabei bewegen sie ihre Vordergliedmaßen wie ein Vogel seine Flügel. Nur die Flügelflächen sind kleiner. Pinguine besitzen ein sehr dichtes Federkleid. Die einzelnen Federn sind klein, an der Innenseite dunenartig, außen jedoch fest. Sie liegen schuppenartig übereinander und sorgen für eine glatte Körperoberfläche. Ist es ihnen an Land zu warm, können Pinguine ihre Federn stärker abstellen.

Krokodile und Schildkröten

Krokodile jagen im oder aus dem Wasser heraus. Dabei gleiten sie unbemerkt an ihre Beute heran, bevor sie blitzschnell zustoßen. Im Wasser bewegen sie sich mühelos fort, im Gegensatz zur Fortbewegung an Land.

Landschildkröte

Meeresschildkröte

Meeresschildkröten verbringen den größten Teil ihres Lebens im Meer. Nur zur Eiablage kommen sie an Land, wo sie sich nur mühsam fortbewegen können. Im Wasser jedoch sind sie elegante Schwimmer.

Aufgaben

① Vergleiche die äußeren Merkmale des Seebären (Körperform, Kopf, Sinnesorgane, Körperbedeckung und Gliedmaßen) mit dem Seehund (S. 116). Fertige dazu eine Tabelle an.

② Erläutere mithilfe dieses Vergleichs, weshalb Wissenschaftler heute annehmen, dass Seehund und Seebär unterschiedliche Landvorfahren hatten. Wer von den beiden ist besser an das Wasserleben angepasst?

③ Zu welcher Tiergruppe gehören die Pinguine. Begründe!

④ Erläutere die Funktion der Federn beim Pinguin mithilfe des Fotos und der übrigen Abbildungen.

⑤ Beschreibe die Art der Fortbewegung und die Lage der Sinnesorgane bei einem an der Oberfläche treibenden Krokodil. Inwiefern kannst du dies als Angepasstheit deuten?

⑥ Vergleiche eine Landschildkröte mit einer Meeresschildkröte (Panzerform, Bau der Gliedmaßen, Rückziehbarkeit des Kopfes und der Gliedmaßen in den Panzer). Stelle deine Ergebnisse in einer Tabelle dar. Erläutere die Bedeutung der Merkmale der Meeresschildkröte.

Stamm-baum der Wirbeltiere

Die genaue Untersuchung von *Fossilien* (z. B. Versteinerungen) hat gezeigt, dass Wirbeltiere bereits seit etwa 500 Mio. Jahren auf der Erde existieren.
Damals gab es ausschließlich *Fische*. Zu den ältesten Fischen gehören kieferlose Fische und Panzerfische, die es heute nicht mehr gibt. Ungefähr 100 Mio. Jahre später entwickelten sich die ersten Knorpelfische, Quastenflosser und Lungenfische, von denen es heute noch lebende Formen gibt. Die Knochenfische entstanden erst später. Vor über 350 Mio. Jahren entwickelten sich aus Fischvorfahren die ersten Lurche, aus diesen vor ungefähr 330 Mio. Jahren die ersten Kriechtiere, zu denen auch die vor ungefähr 270 Mio. Jahren auftauchenden Saurier gehörten. Aus ihnen gingen die heute lebenden Kriechtiere hervor, aber auch vor etwa 220 Mio. Jahren die ersten Säuger und vor etwa 195 Mio. Jahren die ersten vogelartigen Tiere, die heute in einer großen Vielfalt die Erde besiedeln.

Eine solche zeitliche Abfolge wird in einem Stammbaum auf der senkrechten Achse dargestellt, die im Laufe der Zeit auftretenden Veränderungen auf der waagerechten Achse. Der Stammbaum zeigt, dass alle Wirbeltiere auf einen *gemeinsamen Ursprung* zurückgehen. Alle Wirbeltiere stammen von Fisch-Vorfahren ab. Genaueren Aufschluss über die Entstehung einer neuen Wirbeltierklasse liefern *Brückentiere*, zum Beispiel der Urlurch Ichthyostega. Er besaß sowohl Fischmerkmale als auch Merkmale eines Lurches.

Klasse Fische, ca. 25 400 Arten

Klasse Lurche, ca. 3 000 Arten

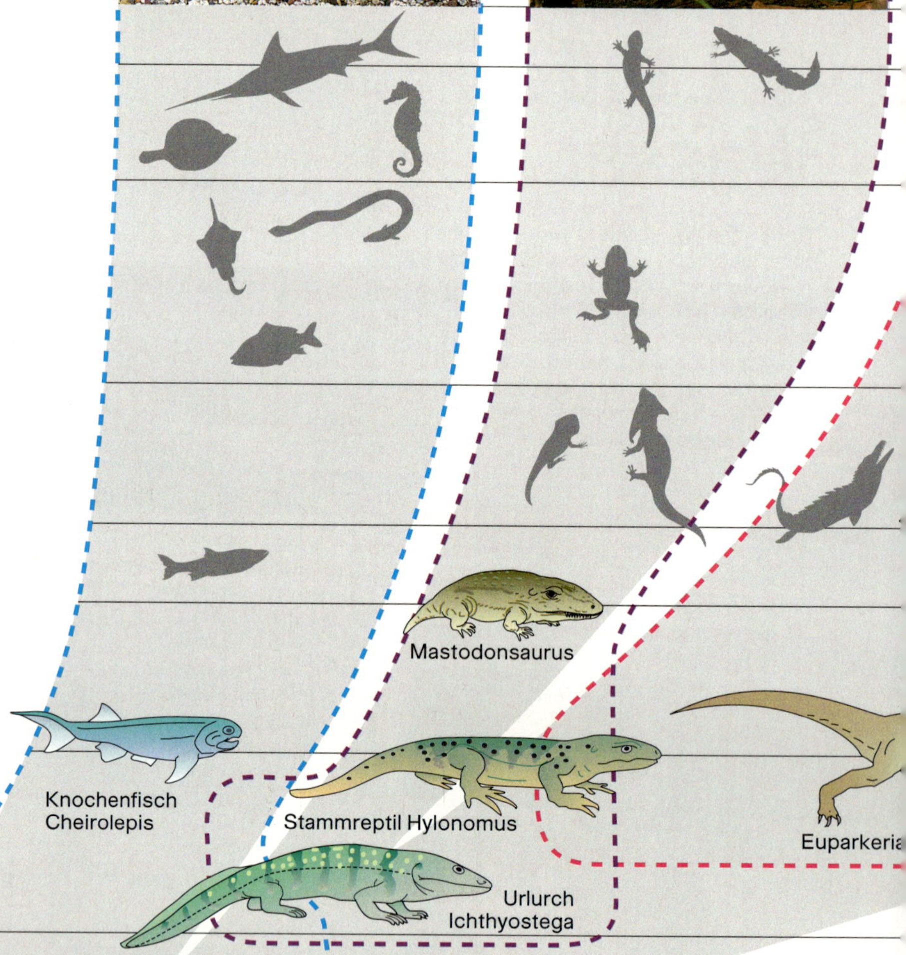

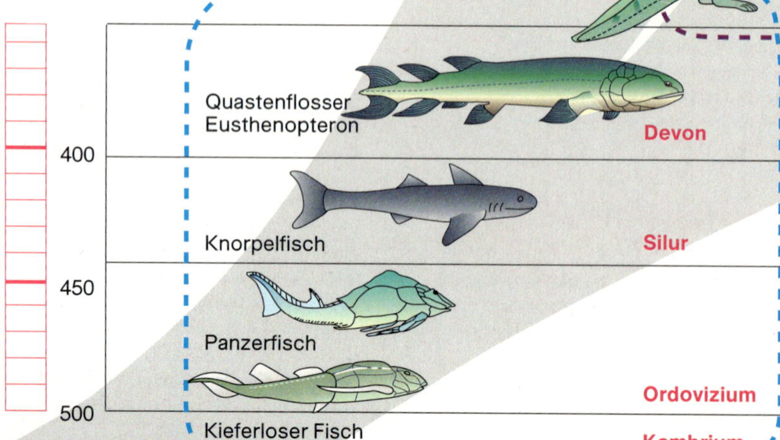

Entwicklungslinien

Die Entwicklung neuer Wirbeltierklassen war verbunden mit der Besiedlung neuer Lebensräume. Ausgehend vom Wasser haben sich über ufernahe Feuchtgebiete schließlich land- bzw. luftlebende Wirbeltiere entwickelt. Der Weg zurück ins Wasser war allerdings nicht unmöglich, wie das Beispiel der Pinguine, Robben und Wale zeigt. Die Eroberung neuer Lebensräume war gekoppelt mit der Entwicklung neuer Merkmale, durch die der Körper der Tiere an den jeweiligen Lebensraum angepasst ist.

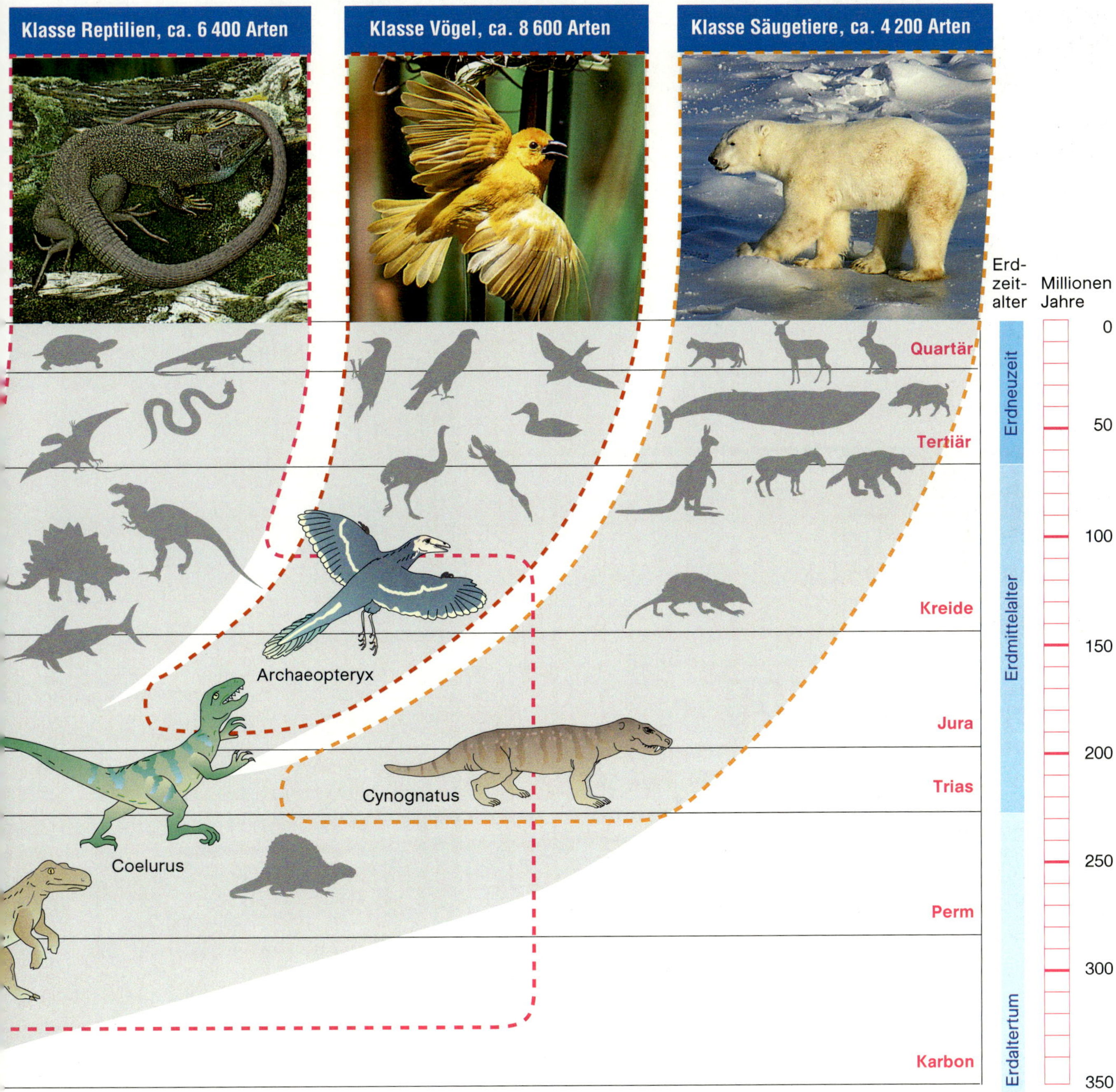

Fische sind vollständig an den Lebensraum Wasser gebunden. Ihre Fortbewegungsorgane (Flossen), Atmung (Kiemen), Fortpflanzung (äußere Befruchtung), Körperform und Körperbedeckung sind den entsprechenden Umweltbedingungen angepasst.

Die **Lurche** haben das Land erobert (4 Gliedmaßen, Lungen), sind aber bei der Fortpflanzung noch auf das Wasser angewiesen. In der Regel entwickelt sich das befruchtete Ei zu einer kiementragenden Larve, aus der erst nach der Verwandlung der zum Landleben befähigte Lurch entsteht.

Kriechtiere, Säuger und **Vögel** sind weitgehend vom Lebensraum Wasser unabhängig geworden. Ihre Fortpflanzung ist gekennzeichnet durch eine *innere Befruchtung*. Die Embryonen der Kriechtiere und Vögel entwickeln sich in festen Eischalen, die der Säuger im Mutterleib. Auch die Körper der Kriechtiere, Säuger und Vögel sind durch die Beschaffenheit der Haut und Körperbedeckung gut gegen Austrocknung geschützt. Wüstenbewohner, wie z. B. die Wüstenspringmaus, sind so gut gegen Austrocknung geschützt, dass sie kaum Wasser aufzunehmen brauchen.

Säuger und Vögel besitzen hoch entwickelte Lungen und Herz-Kreislauf-Systeme. Sie sind, im Gegensatz zu den übrigen, wechselwarmen Wirbeltieren, gleichwarm. Gegen Kälte schützt die Säuger das Fell und die Vögel das Federkleid. Die Gliedmaßen sind häufig spezialisiert und an die jeweilige Art der Bewegung angepasst. So besitzen zum Beispiel Robben flossenförmige Gliedmaßen. Diese und andere Anpassungen haben es ihnen ermöglicht, fast alle Lebensräume der Erde zu erobern, wie zum Beispiel die Pinguine die Antarktis und die Wale die Weiten der Meere.

Blütenpflanzen

Bau und Leistung

Blüte

Bestäubung

Befruchtung

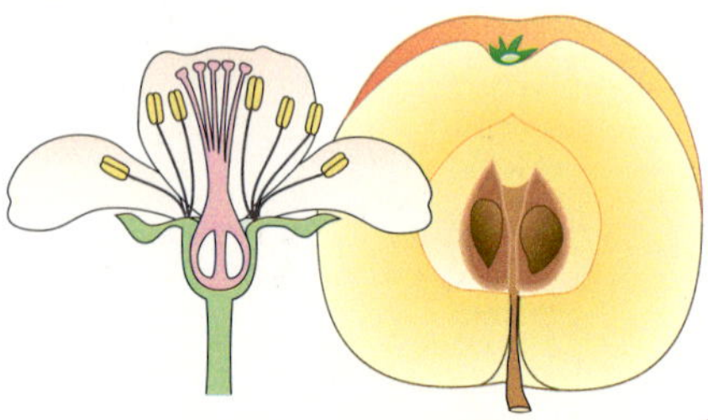

Frucht

„Pflanzen sind langweilig!“ Ähnliche Bemerkungen kann man häufig hören, wenn es darum geht, Pflanzenkunde in der Schule zu beginnen. Das mag zwar bei oberflächlicher Betrachtung so erscheinen, denn Pflanzen sind unbeweglich und werden von manchen Menschen deshalb noch nicht einmal für Lebewesen gehalten.

Doch der Schein trügt. Obwohl Pflanzen nur aus wenigen Grundorganen bestehen, zeigen sie doch eine große Vielfalt in der Ausgestaltung von Sprossachse, Blatt und Wurzel. Diese Organe ermöglichen es den Pflanzen, sich zu ernähren, zu wachsen und sich fortzupflanzen. Weißt du, wie das alles geschieht?

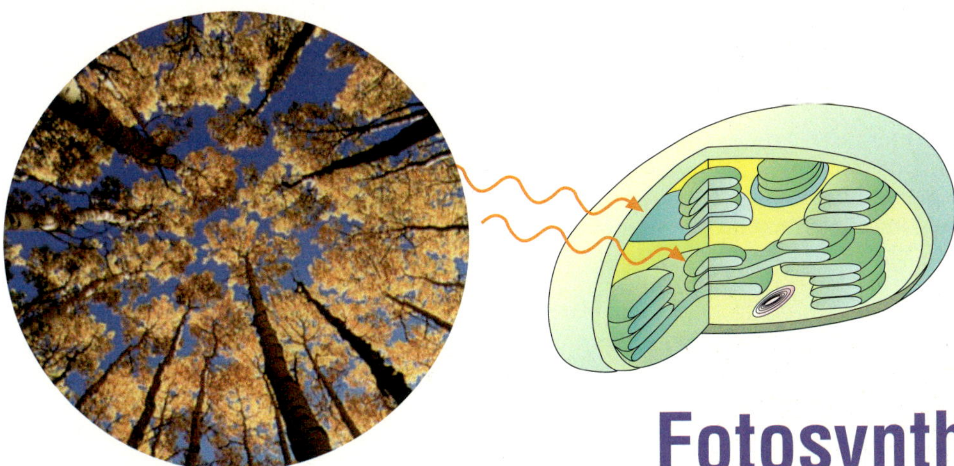

Blüte

Die Blüte besteht aus vier grünen, waagerecht abstehenden Kelchblättern, vier gelben Kronblättern, zwei kurzen und vier langen Staubblättern sowie dem Stempel. Aus der Blüte entwickelt sich die Frucht, eine Schote.

Sprossachse

Der grüne, krautige Stängel, auch Sprossachse genannt, kann etwa 50 cm lang werden. Er ist rundlich, borstig behaart und bei kräftigen Pflanzen stark verzweigt. Der Stängel trägt die Blüten und Blätter.

Blatt

Die länglichen Laubblätter sitzen unregelmäßig am Stängel. Sie sind tief eingebuchtet; der Blattrand ist gezähnt. Die Blattadern verlaufen wie die Fäden eines Netzes. Das Blatt heißt deshalb netzadrig. Die unteren Blätter besitzen nur einen kleinen Blattstiel.

Wurzel

Die Wurzel ist gelblich bis braun gefärbt, niemals grün. Von der dicken Hauptwurzel zweigen viele dünnere Nebenwurzeln ab.

1 Steckbrief des Ackersenfs

Der Ackersenf — Steckbrief einer Blütenpflanze

Im Unterricht der Grundschule hast du sicherlich schon einige *Blütenpflanzen* und ihren Aufbau kennen gelernt. Am Beispiel des Ackersenfs kannst du nun wiederholen, was du noch weißt.

Blühenden *Ackersenf* kannst du von Mai bis September auf Schuttplätzen, Äckern und an Wegrändern finden. An seinen gelben Blüten ist er leicht zu erkennen. Grabe eine gut entwickelte Pflanze aus und spüle das Erdreich ab. Stelle sie in ein wassergefülltes Glas und notiere alle Einzelheiten, die dir auffallen. So erhältst du den Steckbrief des Ackersenfs, wie er oben abgedruckt ist.

Die *Blüten* sind bei einer Pflanze meist besonders auffällig. Ohne Blüten würdest du den Ackersenf sicher nicht so leicht erkennen. Deshalb wollen wir zunächst den Aufbau der Blüte und ihrer Bestandteile untersuchen. Zum Zergliedern der Blüte benötigst du eine Präpariernadel und eine Pinzette, für das Erkennen von Einzelheiten eine Lupe.

Die Blüte:

Der Blütenstand:

Die Frucht:

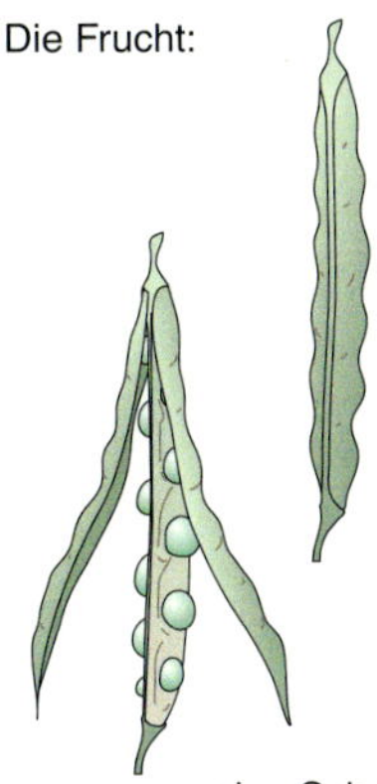

Aufbau einer Blüte

Als äußere Hülle erkennt man an den Blütenknospen vier grüne *Kelchblätter*. Sie umgeben schützend die übrigen Blütenbestandteile. Bei der geöffneten Blüte stehen die Kelchblätter waagerecht ab. Versetzt dazu folgen weiter nach innen vier gelbe *Kronblätter*, die auch als *Blütenblätter* bezeichnet werden. Man kann bei ihnen einen breiten oberen Teil und einen schmalen, nach unten abknickenden Teil unterscheiden.

Auf die Kronblätter folgen zwei kurze und viele lange *Staubblätter*. Jedes besteht aus dem *Staubfaden* und einem verdickten *Staubbeutel*. Im Mittelpunkt der Blüte befindet sich der keulenförmige *Stempel*. Der obere, schmale Teil des Stempels heißt *Griffel*. Der Stempel endet in der knopfförmigen *Narbe*. Er wird aus zwei miteinander verwachsenen *Fruchtblättern* gebildet. Das wird deutlich, wenn man den Stempel im unteren Drittel, dem *Fruchtknoten*, quer durchschneidet. Dann erkennt man im Inneren zwei getrennte Fächer.

Das Legebild (Abb. 2) und der Blütengrundriss (Abb. 3) zeigen deutlich die Anordnung und Anzahl der einzelnen Blütenbestandteile. Wegen der Form nennt man die Blüte des Ackersenfs eine *Kreuzblüte*. Entsprechend der Anzahl von Kelch- und Kronblättern bezeichnet man sie als *vierzählig*.

Am Ende eines jeden Triebes sitzen viele kurzgestielte Einzelblüten übereinander. Sie bilden gemeinsam einen *Blütenstand*, der wegen seiner Form *Traube* heißt. Jede Blüte bleibt etwa zwei Tage lang geöffnet. Dann entwickelt sie sich weiter zu einer länglichen Frucht. Wenn diese reif ist, springen die zwei Klappen der Frucht auf, sodass die runden, schwarzen Samen herausfallen können. Eine solche Frucht mit zwei Samenfächern heißt *Schote*.

Aufgaben

① Zergliedere eine Ackersenfblüte. Klebe die Teile entsprechend Abbildung 2 in dein Heft und beschrifte.

② Gib für einige Schoten die Anzahl der Samen an. Zähle die Blüten und Früchte an einer gut entwickelten Pflanze. Rechne aus, wie viele Samen diese Pflanze in einem Jahr erzeugen könnte.

③ Schneide eine Knospe quer durch und vergleiche mit dem Blütengrundriss.

④ Versuche herauszubekommen, woraus Senf hergestellt wird und berichte davon.

1 Einzelblüte des Ackersenfs

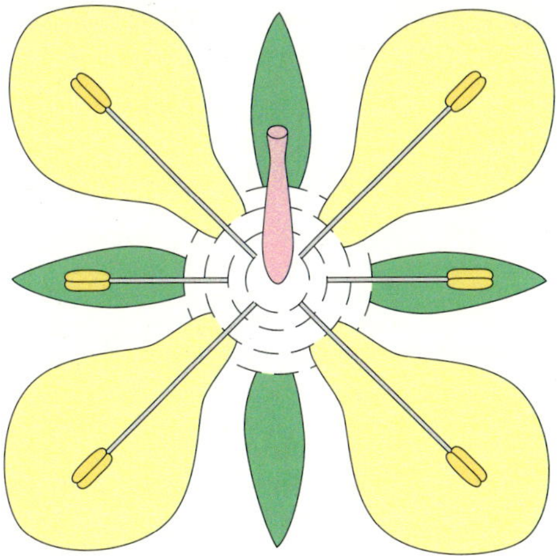

2 Legebild der Ackersenfblüte

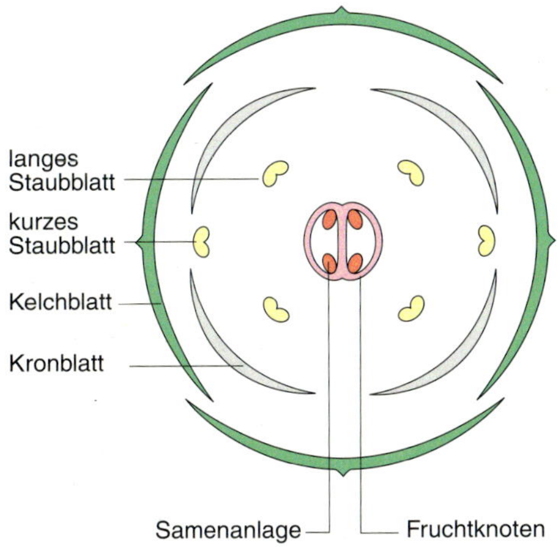

3 Blütengrundriss

Zettelkasten

Wildtulpen

Die Herkunft der Gartentulpe

Die *Gartentulpe* stammt von Wildformen ab, die in den Steppengebieten Vorderasiens beheimatet sind. Aber auch bei uns kommt in Obstgärten und Weinbergen eine weißgelb blühende *Wildtulpe* vor, die unter Naturschutz steht.

In Vorderasien wurde die Tulpe schon vor 4000 Jahren gezüchtet. Später wurde diese Tradition in den Gärten der türkischen Sultane weitergeführt. Ihren Namen verdankt diese Blume der turbanähnlichen Blüte (*Turban* = türk. *tülbend*). Nach Europa kamen die ersten „Turbanblumen" dann im 16. Jahrhundert. Besonders in den Niederlanden begeisterten sich die Menschen für diese Pflanzen und zahlten viel Geld für Zwiebeln einer neuen Sorte. Seither hat die Tulpe in Holland eine neue Heimat gefunden. Viele Menschen dort leben von der Zucht und vom Handel mit Tulpen und Tulpenzwiebeln.

Verschiedene Sorten von Gartentulpen

Die Gartentulpe — ein weiterer Pflanzensteckbrief

Von März bis Mai blühen in Gärten und Parkanlagen die Gartentulpen. Es gibt sie in vielen verschiedenen Sorten, die sich vor allem in Farbe und Form ihrer Blüten, aber auch in der Wuchshöhe unterscheiden. Wir wollen den Bau der Gartentulpe von der Wurzel bis zur Blüte hin beschreiben.

An den hellbraunen *Wurzeln* sind keine Haupt- und Nebenwurzeln zu unterscheiden. Alle Wurzeln sehen gleich aus; sie sind fadenförmig und unverzweigt. Sie entspringen an der Unterseite der Zwiebel.

Oben aus der Zwiebel wächst der runde *Stängel* heraus. Er ist unverzweigt und trägt außer den Blättern die große, auffällig gefärbte Blüte. Die *Laubblätter* sind wechselständig angeordnet. Die Blattadern verlaufen parallel zueinander; solche Blätter nennt man *paralleladrig*. Sie sitzen ohne Stiel direkt am Stängel und umfassen ihn. Bei Regen perlen Wassertropfen auf der wachsüberzogenen Blattoberfläche ab und fließen am Stängel abwärts. So gelangt das Wasser schnell in den Bereich der Wurzeln.

Die Blütenknospe der Gartentulpe ist zunächst grün gefärbt. Wenn die Pflanze zu blühen beginnt, werden alle sechs Kronblätter farbig. An ihren Rändern überdecken sich die Kronblätter. Drei von ihnen umhüllen die Blüte von außen; auf Lücke dazwischen stehen die drei inneren. Kelchblätter sind keine vorhanden. Ebenso wie die Kronblätter, sind auch die sechs Staubblätter in Kreisen zu je drei angeordnet. Die Tulpenblüte heißt wegen dieses Blütengrundrisses *dreizählig*.

Jedes Staubblatt besteht aus Staubfaden und Staubbeutel, in dem sich der *Pollen* (Blütenstaub) befindet. In der Mitte der Blüte steht der *Stempel*. Seine dreizipfelige Narbe sitzt auf einem länglichen Fruchtknoten. Ein deutlicher Griffel fehlt. Wenn man den Fruchtknoten quer durchschneidet, erkennt man, dass der Stempel aus drei Fruchtblättern verwachsen ist. In jedem der drei Fächer befinden sich viele *Samenanlagen*.

Wenn die Tulpe verblüht ist, verdickt sich der Stempel. Aus ihm entsteht die Frucht, eine *Kapsel*. Zur Zeit der Samenreife platzt sie dreiklappig auf und die vielen Samen fallen heraus. Aus ihnen können sich neue Tulpenpflanzen entwickeln.

Untersuchung einer Gartentulpe

Beschreibung der Tulpenpflanze

Besorge dir aus einer Gärtnerei eine vollständige Tulpenpflanze. Spüle anhaftendes Erdreich ab und bearbeite daran die folgenden Aufgaben.

① Beschreibe das Aussehen von Wurzel, Zwiebel, Stängel, Blatt und Blüte möglichst genau. Gib die Anzahl der Blütenbestandteile an.
② Zeichne, ohne die Blüte zu zerlegen, ein Staubblatt und den Stempel. Beschrifte die Teile.
③ Fertige, ähnlich wie beim Ackersenf, einen Steckbrief der Tulpenpflanze an.
④ Benetze die Oberseite eines Laubblattes der Tulpe mit einigen Tropfen Wasser. Beobachte und beschreibe das Verhalten der Wassertropfen. Was kannst du aus dem Ergebnis schließen?
⑤ Reibe mehrmals mit dem Finger über die Blattfläche und wiederhole den Versuch. Beschreibe und deute das Versuchsergebnis.

Der Grundriss der Tulpenblüte

Um den Blütengrundriss der Tulpe zu entwickeln, muss die Blüte zergliedert werden. Gehe dabei folgendermaßen vor.

Lege etwa in der Mitte eines DIN A4-Blattes einen Punkt fest. Schlage um diesen Mittelpunkt vier Kreise mit den Radien 1, 1,5, 2,5 und 3 cm. Halte nun die Blüte senkrecht über den Mittelpunkt und beginne von außen her, ein Kronblatt nach dem anderen abzuzupfen. Das erste

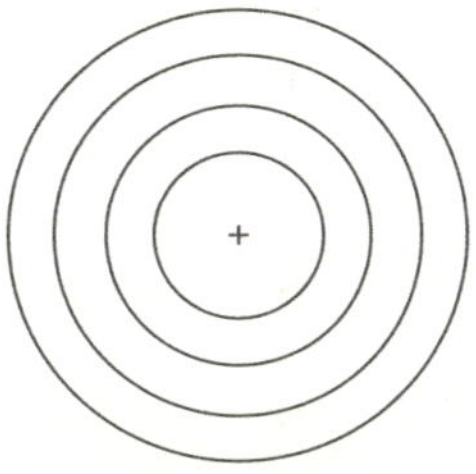

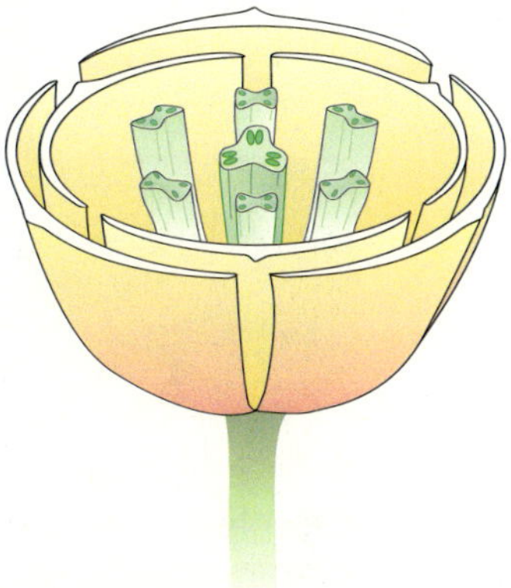

Blatt legst du auf den äußeren Kreis, genau in der Richtung, in der es in der Blüte gestanden hat. Bei dem nächsten verfährst du ebenso, bis alle äußeren Blätter gelegt sind. Dann beginnst du mit dem zweiten Kreis. Es folgen dann in gleicher Weise die Staubblätter. Schneide schließlich den oberen Teil des Stempels ab und lege ihn auf den Mittelpunkt. Achte dabei auf die Richtung der Narbenzipfel.

⑥ Klebe alle Teile mit Klebefolie fest. Du erhältst so das Legebild der Tulpenblüte.
⑦ Stehen die Blütenteile hintereinander oder auf Lücke? Beschreibe genau.
⑧ Schneide den Fruchtknoten mit einem scharfen Messer quer durch. Wie viele Fruchtblätter kannst du erkennen?
⑨ Die Narbenzipfel geben die Lage der Fruchtblätter an. Wie ist ihre Stellung innerhalb des Legebildes?
⑩ Den Blütengrundriss der Tulpe erhältst du, indem du noch einmal die vier Kreise nach dem angegebenen Muster in dein Heft zeichnest. Trage dann die Blüten-, Staub- und Fruchtblätter entsprechend ihrer Lage ein. Verwende folgende Symbole:

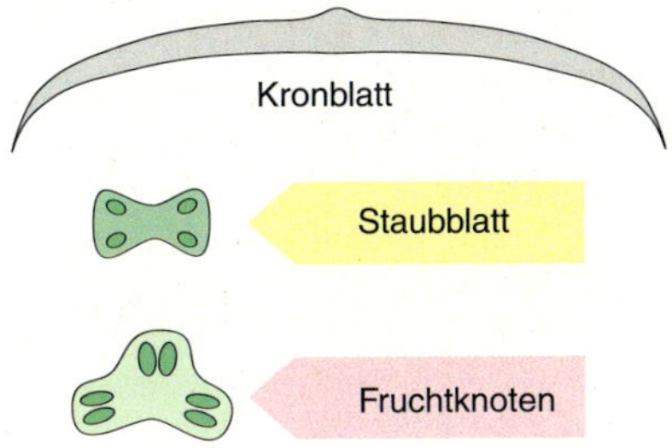

Untersuchung der Zwiebel

Trenne die Zwiebel von deiner Pflanze ab und führe folgende Untersuchungen durch.

⑪ Schneide die Zwiebel längs durch und zeichne, was du erkennst. Vergleiche deine Zeichnung mit der Abbildung und beschrifte entsprechend.

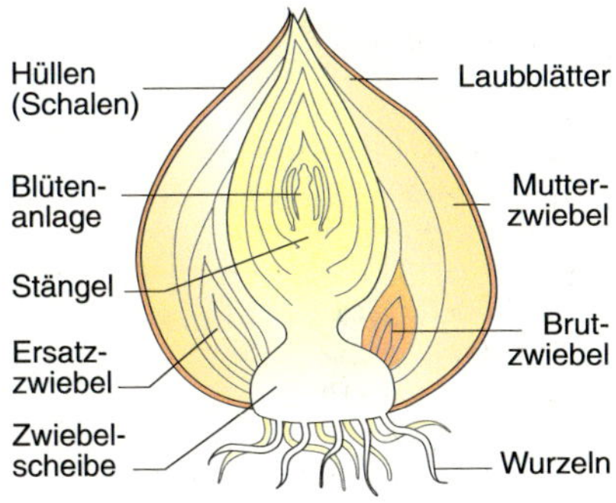

⑫ Bringe einen Tropfen Iodkaliumiodid auf den Längsschnitt. Beschreibe und deute das Ergebnis.
⑬ Die Karikatur gibt einen Hinweis darauf, dass die Zwiebel der Tulpe keine Wurzel ist. Gib an, aus welchen Pflanzenteilen demnach eine Zwiebel besteht.

Die Heckenrose ist ein Strauch

Die *Heckenrose* findet man häufig an sonnigen Wegrändern. Der Strauch wird etwa 2 m hoch und beginnt im Juni zu blühen. Eine Blüte besitzt fünf *Kelchblätter*, auf Lücke dazwischen stehen fünf rosafarbene, herzförmig eingekerbte *Kronblätter*. Die Blüte ist also *fünfzählig*.

In der Mitte der Blüte erkennt man eine große Zahl *Staubblätter*. Es können bis zu hundert Stück sein. Beim genauen Hinsehen entdeckt man ganz im Inneren viele hellgelbe Fäden. Das sind die *Griffel*, auf denen die Narbe sitzt. Die zugehörigen *Fruchtknoten* liegen versteckt in einem krugförmigen *Blütenboden* und sind von silbrigen Haaren umgeben.

Aus der Blüte entwickeln sich im Herbst die *Sammelfrüchte* der Heckenrose, die *Hagebutten*. In ihrem Innern befindet sich eine Vielzahl kleiner Einzelfrüchte. Das rote Fleisch der Hagebutte ist sehr vitaminreich. Man kann es zu Marmelade verarbeiten oder getrocknet als Tee verwenden.

Das *Blatt* der Heckenrose besitzt einen kurzen *Blattstiel*. An seinem unteren Ende, dem *Blattgrund*, befinden sich kleine *Nebenblätter*. Die *Blattspreite* besteht aus mehreren *Fiederblättchen*; in der Regel sind es sieben, seltener neun oder fünf. Da immer eine ungerade Anzahl Fiederblättchen vorliegt, nennt man das Blatt *unpaarig gefiedert*. Der Rand der Fiederblättchen ist gesägt.

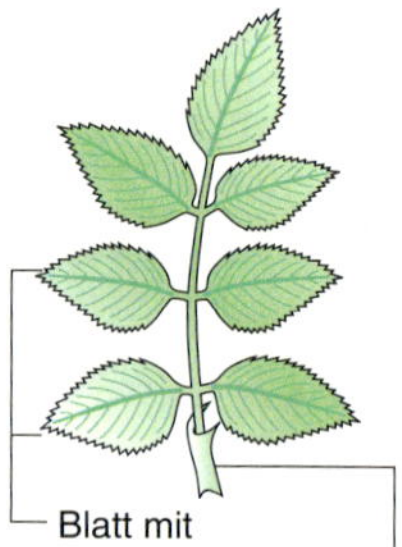

Aufgaben

① Besorge dir einen blühenden Zweig der Heckenrose. Zeichne eine Blüte und ein Blatt in dein Heft und beschrifte.

② Zergliedere eine Blüte der Heckenrose und stelle ein Legebild her. Zeichne danach den Blütengrundriss und beschrifte.

③ Gib an, welche Aufgabe die Stacheln der Heckenrose haben können.

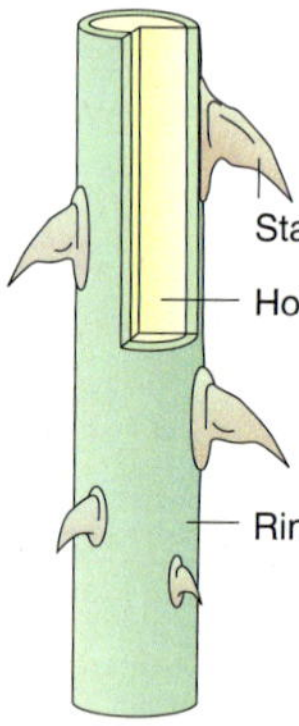

1 Blüten der Heckenrose

2 Hagebutten

Zettelkasten

3 Blühender Weißdorn

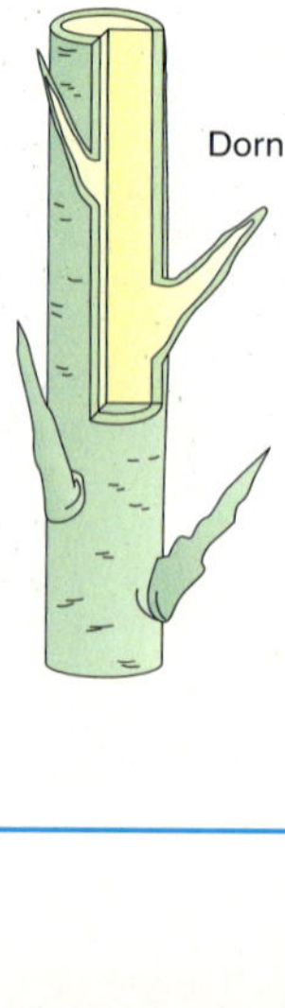

Dorn und Stachel

Auch wenn es in einer oft benutzten Redewendung heißt „Keine Rose ohne Dornen!", so ist dieser Satz falsch, denn eine Rose besitzt keinen einzigen echten Dorn. Die spitzen Auswüchse auf der Rinde der Heckenrose nennt der Biologe *Stacheln*. Sie lassen sich leicht ablösen und hinterlassen an der Rinde nur eine kleine Narbe. Das Märchen vom „Dornröschen" müsste also eigentlich „Stachelröschen" heißen.

Aufgabe

① Ein häufig in Hecken vorkommender Strauch ist der *Weißdorn*. Er besitzt Dornen. Beschreibe anhand der Abbildungen in der Mittelspalte und im Kasten den Unterschied zwischen einem Stachel und einem Dorn.

Baum, Strauch und Kraut — Wuchsformen im Vergleich

Pflanzen begegnen dir in vielen verschiedenen Formen: als Apfelbaum, als Rosenstrauch oder als Petersilienkraut. Bäume, Sträucher und Kräuter scheinen auf den ersten Blick kaum Gemeinsamkeiten zu besitzen. Aber der Anschein trügt. Die Grundorgane einer Blütenpflanze, nämlich Wurzel, Sprossachse und Blatt, sind immer gleich, nur ihr Aussehen kann je nach Aufgabe und Lebensraum unterschiedlich sein.

Bäume, Sträucher und Kräuter unterscheiden sich vor allem im Bau der Sprossachse. Je nach Pflanzenart heißt sie auch Stängel, Halm oder Stamm. Bei einem Kraut wird der Spross nicht holzig; er bleibt — wie der Name schon sagt — krautig. Sträucher und Bäume dagegen bilden festes Holz aus. Sie unterscheiden sich allerdings deutlich in ihrer Wuchsform.

Bäume besitzen einen aufrechten Stamm, der die Krone mit den kräftigen Ästen trägt. An den Zweigen entwickeln sich in jedem Jahr neue Triebe mit Blättern und Blüten. So vergrößert sich die Krone fortwährend und auch der Stamm nimmt ständig an Dicke zu. Manche Bäume werden sehr groß und alt. Der Mammutbaum kann 132 m hoch und bis zu 4000 Jahre alt werden. Der Stammdurchmesser beträgt dann etwa 8 m. Wenn du viermal um diesen Baum herumgelaufen bist, hast du einen Hundertmeterlauf hinter dir. Noch älter, nämlich mehr als 4500 Jahre alt, wird die Borstenkiefer.

Bei einem Strauch stellen die Spitzen der Zweige ihr Wachstum häufig ein. Die neuen Schösslinge treiben vor allem kurz über dem Boden seitlich an der älteren Pflanze aus. Deshalb besitzen Sträucher meistens viele Stämmchen. So wachsen sie mehr in die Breite und werden nicht so hoch wie Bäume.

Nicht immer muss eine krautige Pflanze klein und eine Holzpflanze groß sein. Es gibt Weidensträucher in den Alpen, die sich nur 1 bis 2 cm über den Erdboden erheben; die Bananenstaude dagegen, die wie ein Baum wirkt, aber unverholzt ist, wird bis zu 5 m hoch.

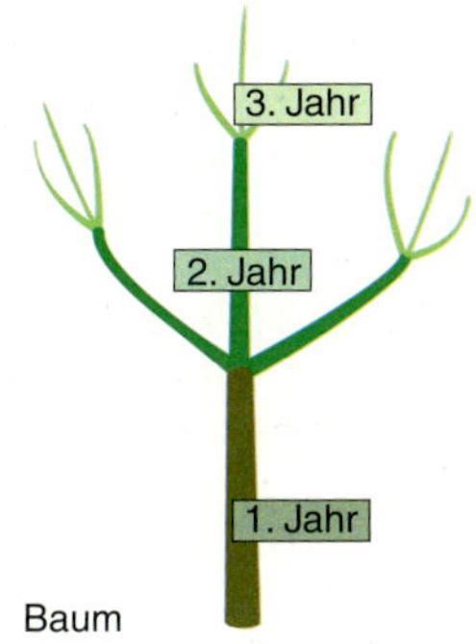

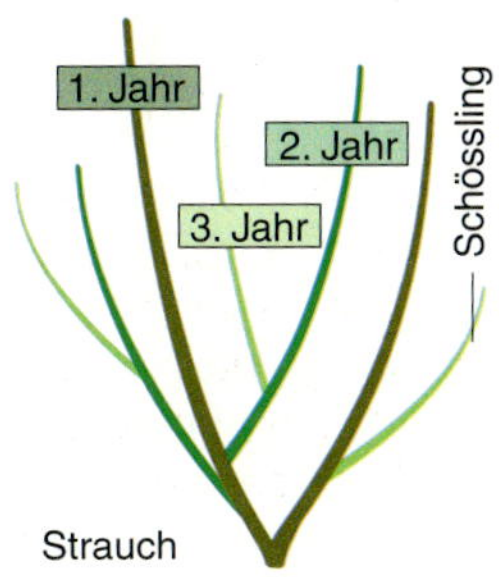

Aufgaben

① Ein Kirschbaum und ein Heckenrosenstrauch sind 20 cm über dem Boden abgesägt worden. Wird sich wieder ein Baum bzw. ein Strauch entwickeln? Begründe die Antwort.

② Jemand hat vor 20 Jahren einen Meter über dem Erdboden seinen Namen in die Rinde eines jungen Kirschbaums geritzt. Wo wird er die Buchstaben heute an dem Baumstamm wiederfinden?

③ Ein Roggenhalm hat am Boden einen Durchmesser von 0,5 cm und er ist 1 m hoch. Bei einem Fernsehturm sollen Dicke und Höhe im gleichen Verhältnis stehen. Wie hoch müsste er sein, wenn der untere Durchmesser 25 m beträgt?

④ Manche krautigen Pflanzen — aber nicht alle — werden als Stauden bezeichnet. Versuche herauszubekommen, wann man von einer Staude spricht.

1 Wuchsformen von Baum, Strauch und Kraut im Vergleich

2 Von der Blüte zur Frucht

Entwicklung der Kirsche

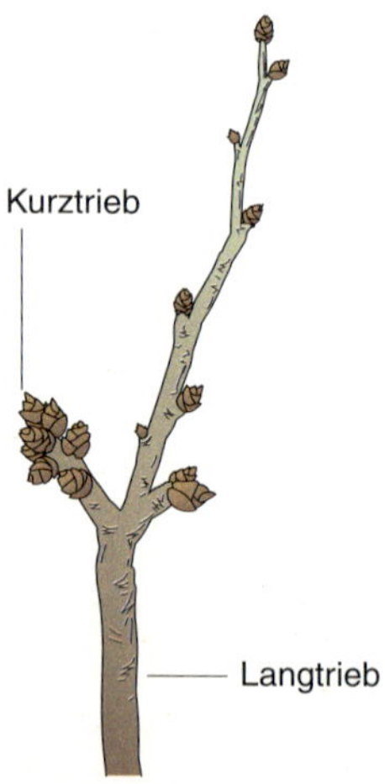

Herr Knaut ist *Wanderimker*. Er fährt mit seinen Bienenvölkern durchs Land. An blühenden Obstplantagen, Rapsfeldern oder Wiesen baut er seine Bienenstöcke auf. Die Bienen fliegen dann auf Nahrungssuche von Blüte zu Blüte. Er ist überall gern gesehen. Zum Beispiel erhält er von dem Besitzer einer Kirschplantage jährlich eine Prämie, damit er seine Bienenstöcke zwischen den blühenden Bäumen aufstellt. Der Kirschbauer weiß nämlich, dass der Ertrag seiner Bäume vom Blütenbesuch der Bienen abhängt. Eine Schulklasse besucht Herrn Knaut in der Kirschplantage und lässt sich den Zusammenhang erklären.

„Wir wollen uns zunächst einmal den Aufbau der Blüten ansehen," sagt der Imker und schneidet einen Zweig von einem Baum ab. Daran sitzen viele Blüten. Laubblätter sind noch nicht vorhanden. Herr Knaut verteilt einige Blüten zur näheren Betrachtung an die Schüler und erklärt dann weiter: „Die *Winterknospen* stehen in Büscheln an den *Kurztrieben*. Aus jeder dieser Knospen haben sich mehrere lang gestielte Blüten entwickelt. Der grüne Blütenboden ist becherförmig gewölbt. An seinem oberen Rand sitzen fünf grüne Kelchblätter und fünf weiße Kronblätter. Die Blüte ist also *fünfzählig*. Zwanzig bis dreißig unterschiedlich lange Staubblätter sind mit ihren Staubfäden ebenfalls am Rand des Blütenbodens angewachsen. Ihre Staubbeutel platzen im reifen Zustand und gelber Blütenstaub, *Pollen* genannt, quillt heraus.

In der Mitte der Blüte befindet sich der Stempel. Wenn ihr die Blüte mit dem Fingernagel aufschlitzt, liegt der Stempel frei. Dann erkennt ihr den langen Griffel und die knopfförmige, manchmal klebrige Narbe. Der kugelförmige Fruchtknoten ist vom Blütenboden umhüllt. Hier befindet sich eine zuckerhaltige Flüssigkeit, der *Nektar*, durch den die Bienen zum Blütenbesuch angelockt werden."

„Und jetzt komme ich auf die Frage nach der Entstehung von Früchten zurück," sagt Herr Knaut. „Wenn meine Bienen nämlich Nektar und Pollen sammeln, bleiben im Haarpelz ihres Körpers einige Pollenkörner hängen. Bei der nächsten Blüte streift die Biene zufällig an der klebrigen Narbe entlang und der Blütenstaub bleibt daran haften. Dieser Vorgang, bei dem Pollen auf die Narbe gelangt, heißt **Bestäubung**.

Bis hierhin ist alles noch einfach zu verstehen. Aber das, was nun weiter geschieht, kann man nur unter dem Mikroskop beobachten. Aus jedem *Pollenkorn* wächst ein *Pollenschlauch* heraus. Dieser dringt in das Narbengewebe ein und wächst weiter durch den Griffel bis ins Innere des Fruchtknotens. Hier liegt die *Samenanlage*, in der sich eine *Eizelle* befindet. Der erste Pollenschlauch, der in die Samenanlage eindringt, platzt auf. Dabei wird ein Zellkern frei, der sich mit dem Kern der Eizelle vereinigt. Dieser Vorgang heißt **Befruchtung**."

Herr Knaut hält inne, um sich zu vergewissern, ob die Schüler alles richtig verstanden haben. Dann fährt er fort: „Erst jetzt, nachdem die Befruchtung erfolgt ist, entwickelt sich eine *Kirsche*. Kronblätter welken und

1 In einer Kirschplantage

2 Honigbiene vor einer Kirschblüte

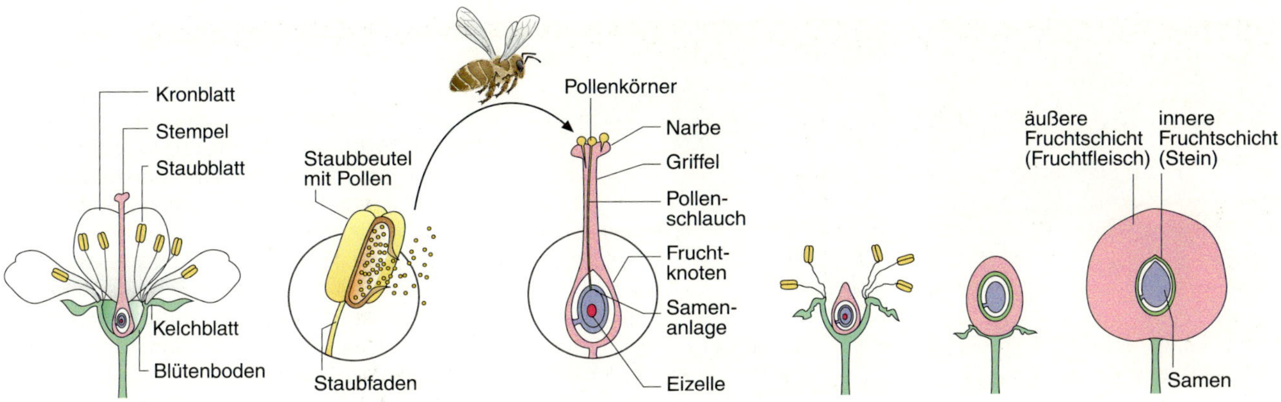

1 Von der Blüte zur Frucht: Bestäubung, Befruchtung und Fruchtentwicklung bei der Kirsche

2 Kirschblüten

3 Unreife Früchte

4 Reife Früchte

der grüne Fruchtknoten schwillt gewaltig an. Der becherförmige Teil des Blütenbodens wird gesprengt und fällt mitsamt den eingetrockneten Kelch- und Staubblättern ab. Die *Frucht* reift heran. Aus der Wand des Fruchtknotens entsteht sowohl das rote *Fruchtfleisch* als auch der harte *Kirschstein*. Aus der Samenanlage mit der befruchteten Eizelle wird der *Samen*, der sich im Inneren des Steines befindet. Wenn die reife Kirsche zu Boden fällt, kann der Samen im nächsten Frühjahr auskeimen und zu einem neuen Kirschbaum heranwachsen.

Ihr seht also, dass Bestäubung und Befruchtung der Fortpflanzung dienen. Das Staubblatt mit dem Pollen ist das männliche, der Stempel mit Samenanlage und Eizelle das weibliche Fortpflanzungsorgan. Da sich in der Kirschblüte männliche und weibliche Organe befinden, bezeichnet man die Blüte als *zweigeschlechtig* oder *zwittrig* (S. 78).

Ihr könntet nun einwenden, dass die Bienen für die Bestäubung einer Zwitterblüte gar nicht notwendig sind, weil sie sich doch selbst bestäuben könnte. Weit gefehlt! Ihr müsst nämlich wissen, dass in jeder einzelnen Kirschblüte zunächst die Narbe klebrig ist, d. h. die Eizelle ist dann reif: Die Staubbeutel sind zu dieser Zeit noch geschlossen; der Pollen reift später heran. Es muss deshalb eine *Fremdbestäubung* erfolgen. Den besten Ertrag erhält man, wenn die Blüten eines Kirschbaumes durch Pollen eines anderen bestäubt werden."

Herr Knaut merkt, dass seinen Zuhörern der Kopf von den vielen Begriffen brummt. Er lässt sich von den Schülern alles noch einmal wiederholen und schließt dann seinen Vortrag mit den Worten: „Nun vergesst ihr hoffentlich nicht mehr, wie meine Bienen dazu beitragen, dass ihr im Sommer Kirschen essen könnt."

Aufgaben

① Zeichne einen Längsschnitt durch die Kirschblüte in dein Heft. Beschrifte deine Zeichnung.

② Erkläre anhand von Abbildung 1 die Vorgänge bei Bestäubung, Befruchtung und Fruchtentwicklung.

1 Karthäusernelke

2 Goldnessel

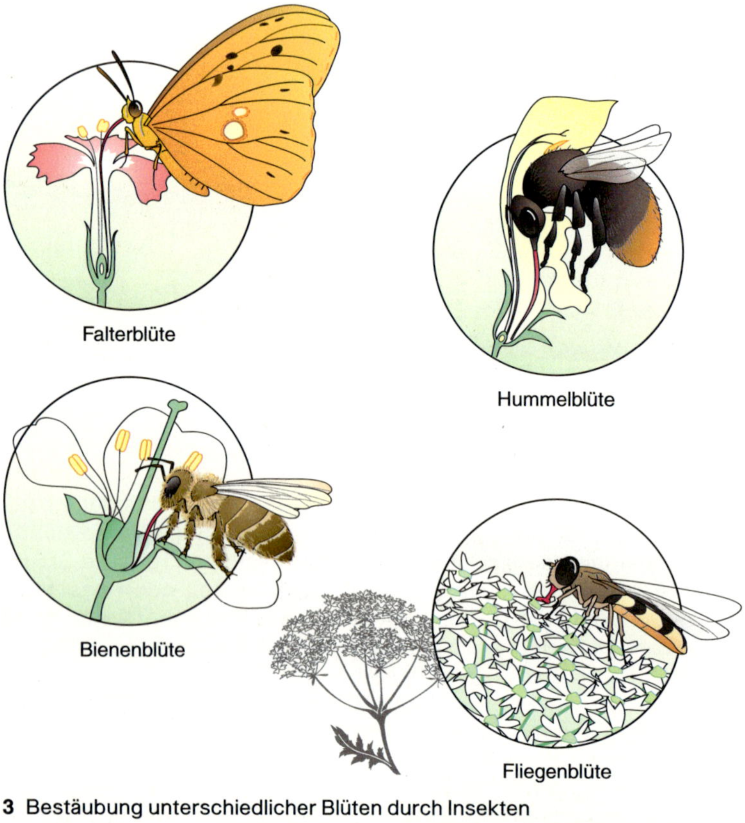

3 Bestäubung unterschiedlicher Blüten durch Insekten

4 Schlehdorn

5 Bärenklau

Formen der Bestäubung

Bei vielen Pflanzen verhält es sich ähnlich wie bei der Kirsche: nur *Fremdbestäubung* führt mit Sicherheit zu Befruchtung und Samenbildung. Deshalb müssen die unbeweglichen Pollenkörner von einer Pflanze zur anderen transportiert werden. Es nützt aber nichts, wenn Pollen einer Taubnessel auf der Narbe einer Karthäusernelke landet oder umgekehrt. Die Befruchtung ist nämlich nur innerhalb einer Pflanzenart möglich. Doch wie wird das erreicht?

Insekten helfen bei der Bestäubung

Es fällt auf, dass viele Insekten nur an ganz bestimmten Pflanzenarten anzutreffen sind; sie sind *blütenstet.* Einige Beispiele sollen verdeutlichen, wie Insekten und Blüten einander angepasst sind.

Die *Karthäusernelke* wird von verschiedenen *Tagfaltern* besucht. Die Blütenröhre der Karthäusernelke ist sehr lang gestreckt. Der enge Innenraum ist von Staubfäden und dem Stempel so dicht erfüllt, dass nur ein sehr langer und dünner Saugrüssel bis zum Blütengrund und damit zum Nektar vordringen kann. Solch einen langen Saugrüssel besitzen nur die Schmetterlinge.

Die *Goldnessel* bietet durch ihre Blütenform einen guten Landeplatz für eine *Hummel.* Während das Insekt mit seinem langen Saugrüssel in der Tiefe der Blütenröhre nach Nektar sucht, streift es mit seinem pelzigen Rücken an den Staubbeuteln entlang und wird mit Pollen eingepudert. Die nächste Blüte kann nun damit bestäubt werden.

Der *Schlehdorn* besitzt wie die Kirsche eine Blüte, die besonders *Bienen* anlockt. Auf den radförmig ausgebreiteten Kronblättern können diese Insekten landen. Der Blütenboden ist nur wenig eingesenkt. Dadurch erreichen Bienen mit ihrem kurzen Rüssel den dort gebildeten Nektar. Die vielen Staubblätter werden dabei zur Seite gebogen und Pollen bleibt am haarigen Körper der Insekten haften. Gleichzeitig kann die Narbe durch den bereits mitgebrachten Pollen bestäubt werden.

Der *Bärenklau* lockt durch den uns unangenehmen, aasähnlichen Geruch seiner Blüten vor allem *Fliegen* und *Käfer* an. Diese Insekten besitzen zwar nur kurze Mundwerkzeuge, aber der Nektar liegt hier auch leicht zugänglich wie auf einem flachen Teller.

Die *Salweide* blüht im Vorfrühling und wird hauptsächlich durch *Bienen* bestäubt. Ihre unscheinbaren Blüten sind zu einem Blütenstand, dem *Kätzchen*, vereinigt. Es gibt gelb blühende männliche und grüne weibliche Kätzchen. Die Blüten der Salweide sind also nicht zwittrig, sondern *getrenntgeschlechtlich*. Die männliche Einzelblüte besitzt auf einem schuppenförmigen Blättchen zwei Staubblätter, die weibliche einen Stempel. Kelch- und Kronblätter fehlen.

Bei der Salweide sitzen die beiden Geschlechter auf verschiedenen Sträuchern; eine Pflanze ist also entweder männlich oder weiblich. Die Salweide ist *zweihäusig*. Im Frühjahr kann man die Sträucher von weitem an ihren gelblichen bzw. grünlichen Kätzchen unterscheiden. Ihr Nektar und Pollen gehören zur ersten Bienennahrung im Jahr. Deshalb soll man blühende Weidenzweige nicht mutwillig abbrechen.

Bestäubung durch den Wind

Ende Februar lockern sich die bräunlichen Kätzchen des *Haselstrauches* und entlassen bei der kleinsten Windbewegung ganze Wolken von gelbem Blütenstaub. Wenn wir ein Kätzchen untersuchen, so finden wir in regelmäßiger Anordnung drei Schuppenblättchen und darunter acht Staubbeutel. Stempel sind im ganzen Blütenstand nicht vorhanden. Die weiblichen Blüten entdecken wir, getrennt von den männlichen, am gleichen Strauch. Sie sind nur an den roten klebrigen Narbenzipfeln zu erkennen, die aus der Spitze einiger Knospen herausragen. Die zugehörigen Fruchtknoten liegen im Inneren der Knospe.

Die *Bestäubung* erfolgt beim Haselstrauch nicht durch Insekten, sondern durch den *Wind*. Das ist möglich, weil Haselpollen sehr trocken und leicht sind und deshalb kilometerweit verweht werden können. Die *Windbestäubung* wird zusätzlich dadurch gesichert, dass die Hasel blüht, bevor sich ihre Laubblätter entwickeln und den Pollenflug behindern. Aus dem gleichen Grund sind die Narben besonders groß und klebrig. Außerdem bildet die Hasel gewaltige Mengen an Pollen: mehr als 2 Millionen Pollenkörner kommen auf eine einzige Eizelle.

Nicht nur durch Insekten oder Wind werden Pollen übertragen. In tropischen Gebieten können manche Pflanzen auch von Kolibris, Nektarvögeln oder Fledermäusen bestäubt werden.

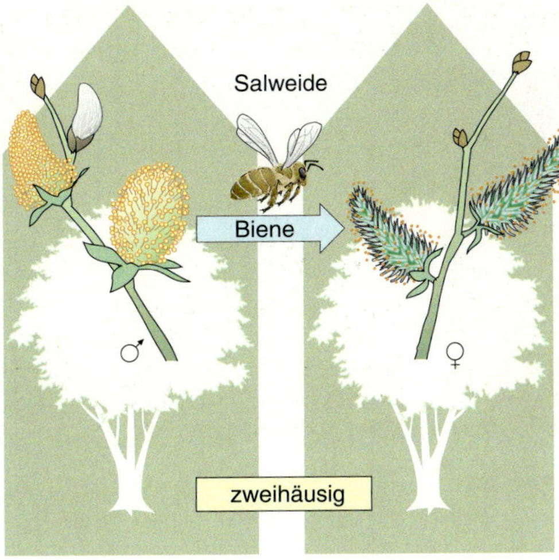

♂-Einzelblüte

♀-Einzelblüte

1 Insektenbestäubung bei der Salweide

Aufgaben

① Wiederhole anhand der Abbildung 216. 3, wie Blütenform und Insekt einander angepasst sind.
② Achte bei blühenden Pflanzen darauf, von welchen Insekten sie besucht werden. Schreibe die Pflanzennamen auf und ordne nach Falter-, Hummel-, Bienen- oder Fliegenblüten.
③ Den Haselstrauch bezeichnet man als einhäusig, seine Blüten als getrenntgeschlechtig. Erkläre beide Begriffe.
④ Besorge dir Pollen von verschiedenen Pflanzen. Mikroskopiere und zeichne einige Pollenkörner. Schreibe den Namen der Pflanze dazu.

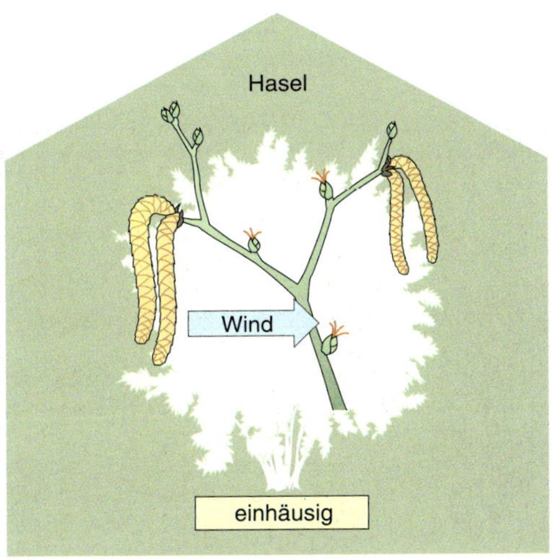

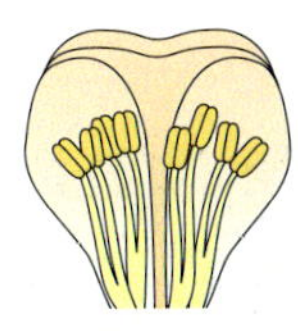
♂-Einzelblüte

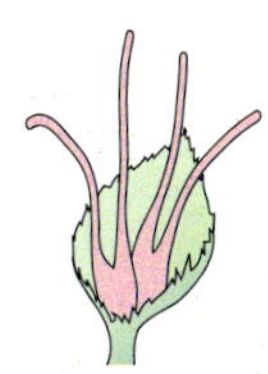
♀-Einzelblüte

2 Windbestäubung bei der Hasel

Beziehungen zwischen Blüte und Insekt

Insekten sind wichtige Helfer bei der Bestäubung der Pflanzen. Damit das gut funktioniert, besitzen sowohl die Insekten als auch umgekehrt die Pflanzen entsprechende Einrichtungen.

Die Pollenpumpe der Lupine

Von den fünf Kronblättern der **Lupine** sind zwei schiffchenförmig miteinander verwachsen. An ihrer Spitze befindet sich eine kleine Öffnung, an der die Staubbeutel ihren Pollen entleeren. Wenn eine Hummel beim Blütenbesuch darauf drückt, pressen die kolbenförmig verdickten Staubfäden den Blütenstaub gegen den Bauch des Tieres. Wenn der gesamte Pollen abgeholt ist, wächst der Griffel aus der Öffnung und kann mit fremden Pollen bestäubt werden.

Der Schlagbaum des Wiesensalbeis

Beim **Wiesensalbei** sind die Kronblätter, die in einem fünfzipfeligen Kelch sitzen, miteinander verwachsen. Sie erinnern in ihrer Form an zwei Lippen. Man spricht deshalb von einer *Lippenblüte.* Bei einer jungen Blüte ragt nur das Griffelende mit der zweizipfeligen Narbe unter der Oberlippe hervor. Auf der Unterlippe landen häufig Bienen oder Hummeln. Um an den Nektar zu gelangen, drängen sie ihren Kopf ins Innere der Blütenblattröhre. Wie von Zauberhand bewegt, schlagen plötzlich die beiden Staubblätter, die bisher unter der helmförmigen Oberlippe verborgen waren, wie ein Schlagbaum auf den Rücken des Insekts und pudern es mit Pollen ein.

Für den Beobachter unsichtbar, geschieht im Innern der Blüte Folgendes: Der Saugrüssel des Insekts kann nicht ungehindert zum Nektar gelangen. Er muss links und rechts eine Platte, die leicht beweglich am Staubfaden befestigt ist, nach hinten wegdrücken. Der Staubbeutel sitzt am oberen Ende eines langen Hebels und ist so mit der Platte verbunden. Die Bewegungen des Insekts übertragen sich auf den Hebel und setzen so den Schlagbaummechanismus in Bewegung.

Ältere Blüten stäuben nicht mehr. Bei ihnen ist der Griffel in die Länge gewachsen und ragt weit aus der Oberlippe heraus. Die beiden Narbenenden haben sich gespreizt. Erst in diesem Zustand kann die Narbe bestäubt werden. Auf diese Weise wird Selbstbestäubung vermieden.

Bewegliche Staubblätter beim Sauerdorn

Die gelben Blüten des **Sauerdorns**, auch *Berberitze genannt,* erscheinen im Mai. Die Kronblätter und die Staubblätter sind wie eine kleine Schüssel geöffnet. Am Blütenboden befindet sich Nektar, der vor allem Fliegen

anlockt. Berührt ein Insekt die Ansatzstelle der Staubblätter, dann klappen sie nach innen und bepudern das Tier. So wird der Pollen sicher zur nächsten Blüte mitgenommen.
Reizbare Staubblätter besitzt auch die bei uns leider selten gewordene Kornblume. Bei Berührung zieht sie die ganze Staubblattröhre zusammen. Die mit Pollen beladene Griffelspitze schiebt sich heraus und drückt den Blütenstaub gegen das auf ihr sitzende Insekt.

Die Pollenbürste der Glockenblume

Bei der **Rundblättrigen Glockenblume** reifen die Staubbeutel schon in der Knospe. Sie liegen dem Griffel dicht an und platzen auf. Wenn der behaarte Griffel in die Länge wächst, bürstet er die Pollen heraus. Jetzt können Insekten den Pollen abholen. Deshalb ist bei der vollständig entwickelten Blüte kaum noch Blütenstaub zu finden. Erst zu diesem Zeitpunkt spreizen sich die drei Teile der Narbe nach außen und können mit Pollen bestäubt werden, den Insekten von jungen Blüten mitbringen.

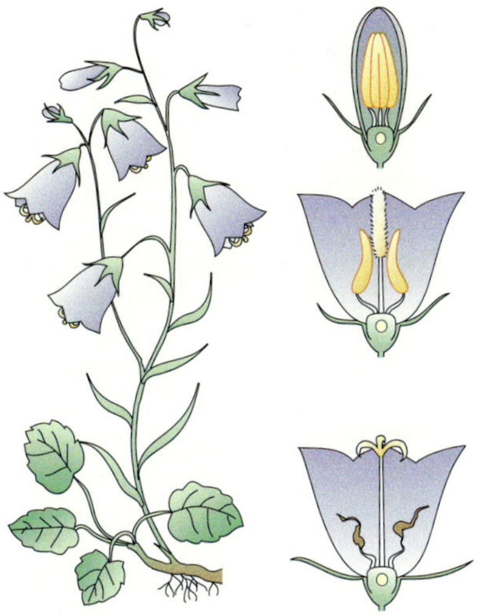

Die Schlüsselblume — Bestäubung in verschiedenen Etagen

Die gelben Blütenröhren der **Schlüsselblume** werden von Schmetterlingen und langrüsseligen Hummeln besucht. Wenn man einige Pflanzen untersucht, kann man eine Überraschung erleben. Es gibt nämlich zwei verschiedene Blüten.

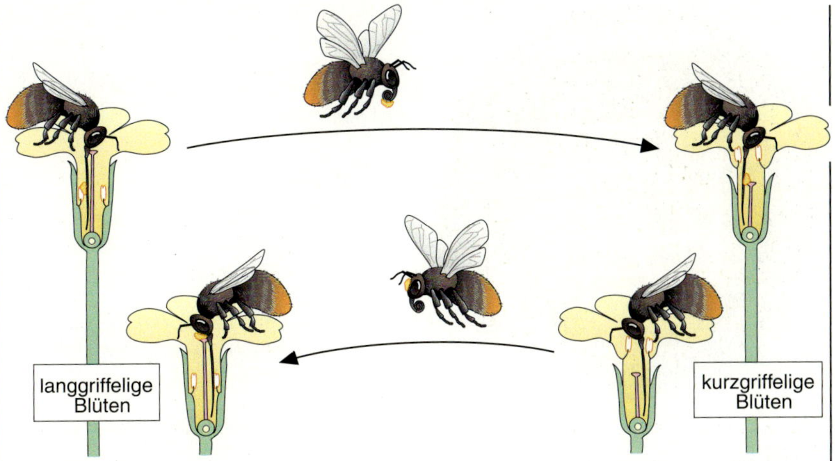

Ein Teil der Blüten besitzt einen kurzen Griffel und die fünf Staubblätter sind am oberen Rand der Blütenröhre angewachsen. Bei anderen Blüten ist der Griffel so lang, dass die Narbe aus der Blütenröhre herausragt. Die Staubblätter sitzen hier eine Etage tiefer. Landet eine Hummel auf einer kurzgriffligen Blüte, um am Grund der Blütenröhre nach Nektar zu suchen, so bleibt Pollen von den hoch sitzenden Staubbeuteln an ihrem Kopf haften. Fliegt sie weiter zu einer langgriffligen Blüte, so wird dieser Blütenstaub auf der herausragenden Narbe abgeladen. Dabei nimmt das Insekt wiederum Pollen mit, diesmal an seinem Saugrüssel. Dieser muss nämlich bei der Suche nach Nektar tief in die Blütenröhre hineingesenkt werden. Bei weiteren Blütenbesuchen streift das Insekt diesen Pollen auf der Narbe einer Blüte mit kurzem Griffel ab. So wird durch die verschiedenen Griffellängen Fremdbestäubung gesichert.

Die Gleitfalle des Aronstabs

Der Kolben des Aronstabs riecht wie Kot oder Aas und lockt dadurch Fliegen und Käfer an. Das Hüllblatt und der Kolben sind glattwandig. Insekten, die darauf zu landen versuchen, gleiten ab und rutschen in den Kessel. Hier befinden sich, getrennt übereinander, männliche und weibliche Blütenstände. Anfangs, wenn der Kolben besonders stinkt, sind nur die weiblichen Blüten reif. Hineinfallende Fliegen können mitgebrachten Pollen auf den weißlichen Narben abladen. Ein schleimiger Saft, der am Grund der Blüten abgeschieden wird, dient den Insekten als Nahrung. Das ist nötig, denn die glatten Wände und eine Vielzahl von Sperrborsten halten die Tiere einige Zeit gefangen.

Ein bis zwei Tage später trocknen die Narben und die Sperrborsten welken. Gleichzeitig öffnen sich die Staubbeutel und die Fliegen und Käfer werden mit Pollen eingestäubt. Jetzt wird auch die glatte Wand des Kessels für die eingesperrten Insekten wieder begehbar und sie können entweichen. In der Nähe lockt dann oft schon die nächste Gleitfalle zur Bestäubung.

Diese Beispiele zeigen, wie Blüte und Insekt wechselseitig aneinander angepasst sind, sei es durch die Blütenform oder durch den Duft, der nur bestimmte Insekten anlockt. Der Vorteil für die Pflanze liegt in der Sicherung ihrer Bestäubung, das Insekt erhält für den Pollentransport eine nahrhafte Belohnung. Je genauer die Partner dabei ihre Aufgabe erfüllen, desto besser ist dieses **Prinzip der Wechselwirkung** für beide.

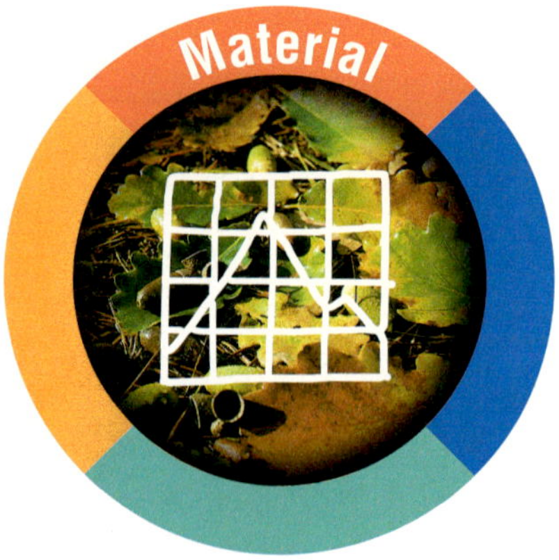

Früchte- und Samenverbreitung

Die Vogelinsel Memmert liegt vor der ostfriesischen Küste zwischen Juist und Borkum. Sie wird nur von einem Vogelwärter bewohnt. Im 19. Jahrhundert war diese Insel noch eine öde Sandbank. Mit Beginn des 20. Jahrhunderts ist es gelungen, durch das Anpflanzen von Strandhafer die Dünen zu befestigen. Seit 1888 beobachtete und zählte man die Pflanzenarten, die sich nach und nach ohne Eingriff des Menschen auf der Insel ansiedelten.

Jahr	Artenzahl
1888	6
1890	16
1891	32
1895	79
1900	100
1910	190
1920	284
1955	360

Aufgaben

① Welche Aussagen kann man anhand der Tabelle machen?

② Memmert liegt 13 km vom Festland entfernt. Nenne Möglichkeiten, wie die Pflanzenarten auf die Insel gelangt sein könnten.

Ahornfrüchte werden zunächst unversehrt aus einer Höhe von 5 Metern fallengelassen. Die Fallzeit und die waagerechte Entfernung vom Startpunkt bis zum Auftreffen auf dem Boden (Driftstrecke) werden gemessen. Danach werden die Flugeinrichtungen der Samen entfernt und das Experiment wird wiederholt. Beides wird einmal bei Windstille und einmal bei kräftigem Wind durchgeführt.

Aufgaben

③ Beschreibe anhand der nebenstehenden Tabelle das Ergebnis der Versuche und begründe die Unterschiede.

④ Plane selbst ähnliche Versuche.

Es gibt eine Vielzahl von Möglichkeiten, wie Früchte und Samen verbreitet werden. Die nebenstehende Abbildung zeigt einige Früchte, die du sicher schon einmal gesehen hast.

Aufgaben

⑤ Beschreibe das Aussehen der Früchte und äußere begründete Vermutungen über die Art ihrer Verbreitung.

⑥ Lies die Seite 221 durch und gib an, wie eine Frucht wegen ihrer Verbreitungsform mit dem Fachbegriff genannt wird.

⑦ Fertige dann eine Tabelle nach folgendem Muster an:

Name der Pflanze	Form der Verbreitung	Art der Frucht
Linde	Windverbreitung	Schraubenflieger
Eiche		
Pappel		

⑧ Samen hoher Bäume und Wiesenpflanzen werden häufig durch den Wind verbreitet, dagegen sind bei Sträuchern und niedrigen Bäumen eher Lockfrüchte anzutreffen. Gib an, welche Gründe das haben könnte.

Die unten stehende Abbildung gibt an, wie viele Samen einer Pflanzenart ein Gramm wiegen. Beachte, dass es sich bei den genannten Beispielen nicht um die Masse der ganzen Frucht handelt, sondern dass nur die Masse für einen einzelnen Samen angegeben ist.

Aufgaben

⑨ Erkennst du einen Zusammenhang zwischen der Masse eines Samens und der Verbreitungsart?

⑩ Berechne, welche Masse 1000 Samen der genannten Pflanzenarten haben. Man bezeichnet diesen Wert als das „Tausendkorn-Gewicht“.

⑪ Eine Bohnenhülse enthält etwa zehn Samen, die Frucht einer Orchidee dagegen fast eine Million. Worin können deiner Meinung nach Gründe für diesen Unterschied liegen?

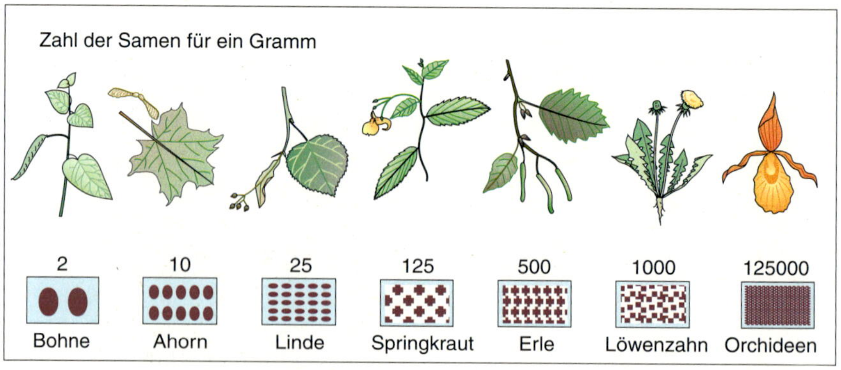

Pflanzenart Ahorn	Fallzeit (in s) ganze Frucht	Fallzeit (in s) Samen allein	Driftstrecke (in m) ganze Frucht	Driftstrecke (in m) Samen allein
bei Windstille	5,8	1,1	2,30	0,06
bei starkem Wind	11,1	1,9	15,30	1,05

Fallzeit und Driftstrecke von Samen bei unterschiedlichen Windverhältnissen

Verbreitung von Früchten und Samen

Wenn ihr im Schulgarten arbeitet, ärgert ihr euch sicher manchmal, dass in den Beeten Pflanzen keimen, die niemand gesät hat. Wo kommen ihre Samen her? Einige habt ihr selbst mitgebracht, ohne es zu wissen. Der Vogelknöterich zum Beispiel besitzt *Haftfrüchte*. Sie sind bei Nässe klebrig und können an den Schuhen hängen bleiben und dadurch verschleppt werden. Es gibt allerdings noch viele andere Möglichkeiten, wie Früchte und Samen verbreitet werden können.

Verbreitung durch Tiere: Manche Pflanzen besitzen auffällig gefärbte Früchte. Diese *Lockfrüchte* werden vor allem von Vögeln gefressen. Die unverdaulichen Samen werden später mit dem Kot wieder ausgeschieden und können – weit entfernt von der Mutterpflanze und gut gedüngt durch den Vogelkot – keimen. Schneeball, Holunder und Eberesche besitzen solche Lockfrüchte. Bucheckern, Eicheln, Kastanien und Haselnüsse sind *Trockenfrüchte*. Sie dienen zum Beispiel Eichhörnchen und Siebenschläfer als Nahrung. Beim Sammeln verlieren sie einige davon und verbreiten so die Samen. Auch Ameisen sind an der Verbreitung von Pflanzen beteiligt. Schöllkraut, Veilchen und Taubnessel besitzen *Ameisenfrüchte*. Ein kleines, fetthaltiges Anhängsel lockt die Tiere bei der Nahrungssuche an. Dabei werden die Samen verschleppt. Die *Klettfrüchte* des Labkrauts und der Klette besitzen hakenförmige Fortsätze, die sich im Fell von Säugetieren oder im Gefieder von Vögeln verfangen. So reisen die Früchte als „blinde Passagiere" mit.

Flugsamen von Zanonia (Originalgröße)

1 Eine Singdrossel frisst die Lockfrüchte vom Schneeballstrauch

Verbreitung durch den Wind: Viele Samen oder Früchte haben gute Flugeigenschaften. Die Samen des Klatschmohns sind *Körnchenflieger*. In der reifen Frucht liegen sie wie in einem Salzstreuer. Bei trockenem Wetter bläst der Wind die Samen aus der schwankenden Kapsel heraus. Besonders leicht sind die Samen einiger Orchideen, die deshalb als *Staubflieger* bezeichnet werden. Die Früchte von Ulme und Birke sind kleinen fliegenden Untertassen vergleichbar. Wegen ihrer Form heißen sie *Scheibenflieger*. Bei den *Schraubenfliegern* von Ahorn, Hainbuche, Linde oder Kiefer bewegen sich die Früchte wie Propeller durch die Luft und legen so größere Strecken zurück. Die Samen der mit unserem Kürbis verwandten tropischen Pflanze Zanonia besitzen große, flügelförmige Tragflächen, die sie zu *Gleitfliegern* machen. Auch haarähnliche Fortsätze ermöglichen vielen Früchten ein langes Schweben in der Luft. Die Früchte der Waldrebe sind *Federschweifflieger*. Weide und Pappel besitzen *Schopfflieger*. Bei ihnen sind die Früchte wie von einem Haarschopf umgeben. Die „Pusteblume" des Löwenzahns ist jedem bekannt. Diese *Schirmflieger* sind die Fallschirmspringer unter den Früchten.

Selbstverbreitung von Früchten: Aus den gelben Blüten des Springkrautes entwickeln sich *Schleuderfrüchte*. Wenn man eine reife Kapsel berührt, rollen sich die fünf Fruchtblätter so schnell ein, dass die Samen drei bis fünf Meter weit weggeschleudert werden. Bei Ginster und Hornklee platzen die Hülsen manchmal mit einem vernehmlichen Knall auf. Die Fruchtblätter rollen sich spiralig auf und schleudern die Samen aus.

Verbreitung durch Wasser: Wasser- bzw. Uferpflanzen wie Seerose und Erle besitzen *Schwimmsamen*. Luftgefüllte Hohlräume verhindern das Untergehen und sie können durch die Wasserströmung sehr weit verbreitet werden. Die Kokospalme ist dank ihrer *Schwimmfrüchte* auf den entlegensten Inseln der Südsee anzutreffen.

Aufgaben

① Sammle Früchte und Samen und ordne sie nach der Art ihrer Verbreitung.

② In Nordamerika wurde der Breitwegerich von europäischen Siedlern eingeschleppt. Erkläre, warum die Indianer die fremde Pflanze „Fußstapfen des Weißen Mannes" nannten.

Früchte

Wenn die Samen heranreifen, verändert sich das Aussehen der Blüte. Aus dem Fruchtknoten entwickelt sich die Frucht. Bei einer Schließfrucht (*Nuss, Beere, Steinfrucht*) bleiben die Samen in der reifen Frucht eingeschlossen. Eine Streufrucht *(Kapsel, Hülse)* öffnet sich und die Samen werden ausgestreut. Daneben gibt es noch einige andere Fruchtformen.

Nuss

Die **Haselnuss** ist ein typisches Beispiel für eine Nuss. Bei ihr entwickelt sich die Fruchtknotenwand zu einer trockenen, manchmal sehr harten Schale. Im Inneren befindet sich in der Regel nur ein einziger Samen.

Esskastanie *(Marone)*, *Buchecker* und *Eichel* sind ebenso Nussfrüchte wie *Sonnenblumenkerne*. Nüsse sind nicht immer groß und essbar. Auch die Früchte vom *Hahnenfuß* und die Flugfrüchte vom *Löwenzahn* sind Nüsschen.

Beere

Früchte, bei denen die Wand des Fruchtknotens insgesamt fleischig bleibt, heißen *Beeren*. Im Inneren befinden sich häufig viele Samen. Dir sind sicher einige einheimische Beerensträucher bekannt. Zu ihnen gehören beispielsweise *Heidel-* und *Preiselbeere*. Im Garten werden *Stachel-* und **Johannisbeeren** gezogen. Sie liefern schmackhaftes Beerenobst.

Beeren sind nicht immer so klein wie die oben genannten Arten. *Gurke*, *Kürbis* und *Melone* sind besonders große Beerenfrüchte. Hättest du gewusst, dass auch *Tomaten* und *Paprika* Beeren sind, genauso wie die grünen Früchte der *Kartoffel*? Auch *Zitrone*, *Orange* und *Pampelmuse* sind Beerenfrüchte, allerdings ist das äußere Fruchtfleisch lederartig. Beeren enthalten in der Regel viele Samen. Ausnahmen sind die *Weinbeere*, in der sich nur wenige Samen befinden, und die *Dattel*. Sie ist eine Beere mit einem einzigen Samen.

Nicht alle Beeren sind essbar. Der **Bittersüße Nachtschatten** besitzt ungenießbare, leicht giftige Beeren. Deshalb solltest du niemals unbekannte Wildfrüchte essen, auch wenn sie noch so appetitlich aussehen.

Steinfrucht

Die Früchte des **Schlehdorns**, die erst spät im Jahr reifen und säuerlich schmecken, sind ein Beispiel für *Steinfrüchte*. Bei ihnen wird der Fruchtknoten in seinem äußeren Teil fleischig; sein Inneres entwickelt sich zu einer steinharten Schicht, die den Samen einschließt. Steinfrüchte besitzen sowohl Eigenschaften von Beeren als auch von Nüssen.

Pfirsich, *Kirsche*, *Pflaume* und *Aprikose* sind unter dem Begriff *Steinobst* bekannt. Bei ihnen wird nur der äußere, fleischige Teil der Frucht gegessen. Es gibt auch Steinfrüchte, bei denen der Samen sehr groß wird, während das Fruchtfleisch faserig und ungenießbar ist. Solche Steinfrüchte kennst du von *Walnuss* und *Kokosnuss*, die also in Wirklichkeit gar keine echten Nüsse sind. Wenn die Steinkerne sehr klein sind und im Fruchtfleisch kaum auffallen, kann man Steinfrüchte auch mit Beeren verwechseln. Ein Beispiel dafür sind die Steinfrüchte des **Schwarzen Holunders**, die man als Holunderbeeren bezeichnet.

Kapsel

Kapseln sind Streufrüchte von sehr unterschiedlicher Form. Bei der **Rosskastanie** öffnet sich die Kapsel spaltförmig und die Samen fallen heraus. Man spricht in diesem Fall von einer *Spaltkapsel*. Ähnlich ist es bei *Veilchen*, *Tulpe* und *Schwertlilie*.
Bei einer anderen Kapselform, der *Deckelkapsel*, öffnet sich die Frucht, indem sich der obere Teil wie ein Deckel abhebt. Die Samen liegen dann wie in einem offenen Topf und werden durch Windbewegungen ausgestreut. *Schlüsselblume* und *Bilsenkraut* sind Pflanzen mit Deckelkapseln.
Wenn sich in der Kapsel einzelne Löcher bilden, spricht man von einer *Porenkapsel*. Solche Früchte besitzen *Löwenmäulchen* und *Glockenblume*.

Besonders groß und auffällig ist diese Frucht beim **Klatschmohn**, einer häufigen Wegrandpflanze mit roten Blüten.

Balg

Als *Balg* bezeichnet man eine Streufrucht, die im Gegensatz zur Kapsel nur aus einem einzigen Fruchtblatt entstanden ist. Der Balg platzt mit einem schlitzförmigen Spalt an nur einer Seite auf. Dies unterscheidet ihn von der *Schote* und der *Hülse*. Diese Streufrüchte platzen an zwei Seiten auf.

Schote

Vom *Ackersenf* weißt du, dass sich eine *Schote* aus einem zweifächrigen Fruchtknoten entwickelt. Auch die Früchte von *Wiesenschaumkraut* und *Brunnenkresse* sind Schoten. Das **Hirtentäschelkraut** besitzt ein *Schötchen* als Frucht. Schote und Schötchen sind zweiklappige Kapseln.

Hülse

Sie ähnelt im Aussehen einer Schote, ist aber aus einem einfächrigen Fruchtknoten entstanden. Die Samen sitzen an der unteren Naht und nicht an der Scheidewand. *Ginster, Klee, Wicke* und *Lupine* besitzen Hülsen. Viele Hülsenfrüchte sind essbar. **Erbse**, *Bohne* und *Linse* sind dir bekannt. Auch die *Erdnuss* ist eine Hülsenfrucht.

Spalt- und Bruchfrucht

Manche mehrsamigen Früchte zerfallen bei der Reife in einsamige Teile. Bei der *Wegmalve* entstehen viele Teilfrüchte, so als würden Käseecken abgeschnitten. Die Frucht der *Taubnessel* zerfällt in vier Teile, die des *Kümmels* in zwei. Beim **Ahorn** sind die beiden Spaltfrüchte durch ihre großen Flügel besonders auffällig.

Sammelfrucht

Himbeere, *Brombeere* und *Erdbeere* sind *Sammelfrüchte* und keine echten Beeren. Die Einzelfrüchte der Himbeere und der Brombeere sind kleine Steinfrüchte. Bei der Erdbeere sind es Nüsschen, die sich auf der fleischigen Blütenachse befinden. Auch die *Hagebutte* ist eine Sammelfrucht mit vielen Nüsschen im Inneren.

Scheinfrucht

Da das Fleisch der *Erdbeere* nicht aus dem Fruchtknoten entstanden ist, kann man sie auch als *Scheinfrucht* bezeichnen. Ebenfalls Scheinfrüchte besitzt die **Eberesche**. Hier ist das Fruchtfleisch aus dem Blütenboden entstanden. Zwei andere bekannte Scheinfrüchte sind **Apfel** und *Birne*.

3 Bau und Aufgaben der Pflanzenorgane

Die Gartenbohne — aus dem Leben einer Blütenpflanze

Blüte und Frucht

Die Blüten der *Gartenbohne* besitzen unterschiedlich geformte Blütenblätter. Aus der Entfernung erinnern sie an einen kleinen Schmetterling. Blüten mit diesem Aussehen heißen *Schmetterlingsblüten*. Wie ist eine solche Blüte aufgebaut?

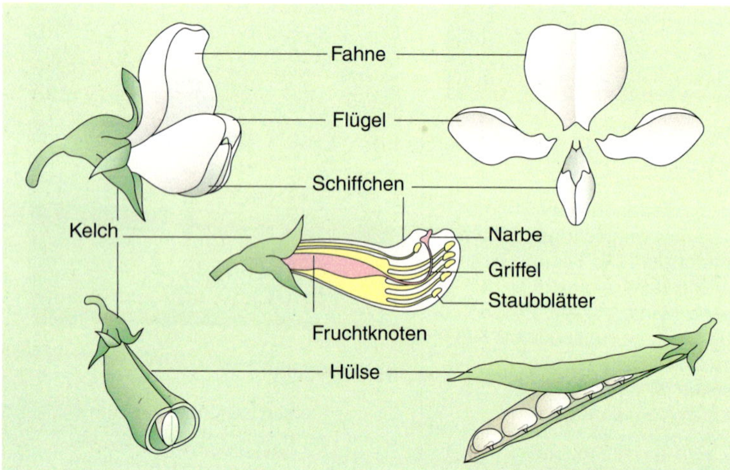

1 Aufbau von Schmetterlingsblüte und Hülse

Der fünfzipfelige, grüne *Kelch* ist glockenförmig. Nach oben ragt aus ihm ein besonders großes Blütenblatt, die *Fahne*, heraus. Die beiden seitlichen Blütenblätter, die den Schmetterlingsflügeln gleichen, heißen *Flügel*. Zwischen ihnen versteckt liegt ein kahnförmiges Gebilde, das *Schiffchen*. Es besteht aus zwei miteinander verklebten Blütenblättern. Insgesamt besitzt die Blüte der Gartenbohne also fünf Blütenblätter. Sie ist *fünfzählig*.

Verborgen im Inneren des Schiffchens liegen zehn Staubblätter. Neun davon sind im unteren Abschnitt miteinander verwachsen. Sie bilden eine Rinne, die vom zehnten, freien Staubblatt abgedeckt wird. In dieser Rinne befindet sich der lang gestreckte Fruchtknoten. Er besteht aus einem einzigen Fruchtblatt. Der Griffel ist hakenförmig aufwärts gebogen. Die Narbe liegt also in unmittelbarer Nähe der Staubbeutel. Deshalb können reife Pollenkörner leicht auf die Narbe gelangen; es kommt regelmäßig zur *Selbstbestäubung*. Im Gegensatz zu vielen anderen Pflanzen ist bei der Gartenbohne keine Fremdbestäubung zur Samenbildung erforderlich.

Nach der Befruchtung entwickelt sich eine einfächrige Frucht, die *Hülse*. In ihrem Inneren reifen mehrere *Bohnensamen*. Aus jedem von ihnen kann eine neue Bohnenpflanze heranwachsen.

Zum Aufbau der Samen

Der Bohnensamen ist von einer *Samenschale* umgeben, an der deutlich der *Nabel* zu erkennen ist. An dieser Stelle war die Bohne in der Hülse angewachsen. Bei einem Samen, der über Nacht in Wasser gelegen hat, lässt sich die Samenschale leicht entfernen. Der geschälte Samen besteht aus zwei dicken, weißlichen Hälften. Dies sind die nährstoffhaltigen *Keimblätter*. Dazwischen liegt der *Keimstängel* mit den ersten Laubblättern und der *Keimknospe*. Die *Keimwurzel* ist ebenfalls deutlich zu erkennen. Das bedeutet: Der Samen einer Pflanze ist ein mit Vorratsstoffen ausgestatteter *Keimling* im Ruhezustand. Er ist ein vollständiges Pflänzchen, das nur noch heranwachsen muss.

Keimung und Wachstum

Solange die Samen der Gartenbohne nicht mit Feuchtigkeit in Berührung kommen, verändern sie ihr Aussehen nicht. Sie scheinen vollkommen leblos; sie befinden sich in *Samenruhe*. So überstehen sie ohne Schaden ungünstige Bedingungen, zum Beispiel lange Trockenheiten oder Frost.

Damit der Samen sich zu einer jungen Pflanze entwickeln kann, müssen einige Voraussetzungen erfüllt sein:
- Ohne Wasser kann kein Samen keimen.
- Die Temperatur beeinflusst die Keimung: Wärme fördert die Geschwindigkeit; Samen, die kühl gehalten werden, keimen weniger rasch.
- Wie alle Lebewesen benötigen keimende Samen auch den Sauerstoff der Luft. Licht und Erde sind dagegen für die Entwicklung der Keimpflanze zunächst nicht nötig. Erst die wachsende Pflanze ist darauf angewiesen.

Unerlässliche Keimungsbedingungen sind also *Wasser*, *Wärme* und der *Sauerstoff* aus der Luft.

In feuchter Erde nehmen die Samen der Gartenbohne Wasser auf, quellen und werden größer. Der dadurch entstehende Druck lockert das umgebende Erdreich und der Keimling kann beim Wachsen den Boden leichter durchdringen. Als erstes durchbricht die Keimwurzel die Samenschale. Sie wächst nach unten in die Erde und bildet dabei *Seitenwurzeln* aus. Erst jetzt wird der hakenförmig gebogene Stängel sichtbar. Er wächst nach oben und zieht die beiden Keimblätter aus der aufgeplatzten Samenschale heraus. Der weißliche Stängel richtet sich über der Erde auf und wird, ebenso wie die beiden Keimblätter, im Licht bald grün. Die ersten Laubblätter entfalten sich und der Spross wächst mit der Stängelknospe in die Länge. Gleichzeitig schrumpfen die Keimblätter, trocknen ein und fallen schließlich ab.

Der wachsende Stängel verfestigt sich und hält die Pflanze aufrecht. Das ist zum Beispiel bei den niedrig wachsenden *Buschbohnen* der Fall. *Stangenbohnen* dagegen benötigen eine Stütze, wenn sie größer werden. Sie führen beim Wachsen kreisende Suchbewegungen aus. Haben sie einen Halt gefunden, so winden sie sich um die Stütze herum. Dies geschieht immer in der gleichen Richtung. Die Bohne ist ein *Linkswinder*, d. h. sie dreht sich gegen den Uhrzeigersinn, wenn man von oben auf die Pflanze blickt.

Zettelkasten

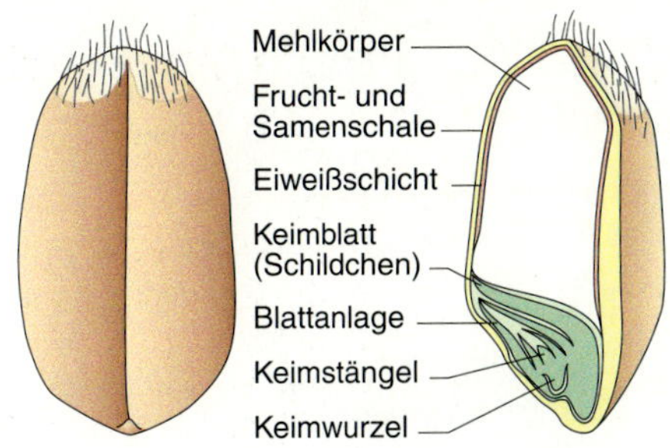

Weizenkorn (Aufsicht und Längsschnitt)

Das Weizenkorn

Der stärkehaltige *Mehlkörper* bildet die Hauptmasse des Weizenkorns. Er ist von einer gelblichen *Frucht-* und *Samenschale* umgeben, darunter liegt eine *Eiweißschicht*. Der Keimling befindet sich an einem Ende des Korns außerhalb des Mehlkörpers und besitzt nur ein Keimblatt, das *Schildchen*. Dieses versorgt den heranwachsenden Keimling mit Vorratsstoffen aus dem Nährgewebe des Mehlkörpers. Nach der Keimung ist das Korn geschrumpft; der Mehlkörper enthält keine Stärke mehr, was man mithilfe des Mikroskops erkennen kann. Samen mit nur einem Keimblatt lassen sich im Gegensatz zu Bohnensamen nicht in zwei Hälften zerlegen.

Aufgaben

① Ziehe einen Bohnenkeimling heran (vgl. Praktikum). Zeichne die Keimblätter und eines der Folgeblätter. Beschreibe deren Form und nenne Unterschiede.

② Beschreibe die Stellung der Laubblätter einer Bohnenpflanze bei voller Beleuchtung und nach längerer Dunkelheit.

③ Man kann eine Hülse auf den ersten Blick leicht mit einer Schote (z. B. der Frucht des *Ackersenfs*) verwechseln. Vergleiche beide Fruchtformen und gib an, woran du eine Hülse bzw. eine Schote erkennst.

④ Untersuche einige Samen *(Erbse, Apfelkern, Haselnuss)* und Getreidekörner *(Roggen, Mais, Gerste)*. Begründe, ob sie im Aufbau eher einem Bohnensamen oder einem Weizenkorn gleichen.

⑤ Lege einige dieser Samen und Getreidekörner ein paar Tage in feuchte Watte. Vergleiche dann die sich entwickelnden Keimlinge täglich unter der Lupe und versuche, sie zu zeichnen. Welche Unterschiede kannst du erkennen?

Quellung, Keimung, Wachstum

Quellung

Pflanzensamen kannst du aufbewahren, wenn du darauf achtest, dass sie trocken lagern. Durch Wasseraufnahme verändern sich Samen, sie *quellen*.

Aufgaben

① Wiege 100 Gramm trockene Erbsen oder Bohnen ab und schütte sie in ein Becherglas mit reichlich Wasser. Trockne die Samen nach 24 Stunden gut mit Küchenpapier ab. Stelle erneut das Gewicht fest und vergleiche.

② Miss die Länge eines trockenen Bohnensamens. Lege ihn über Nacht in Wasser und miss erneut. Was stellst du fest?

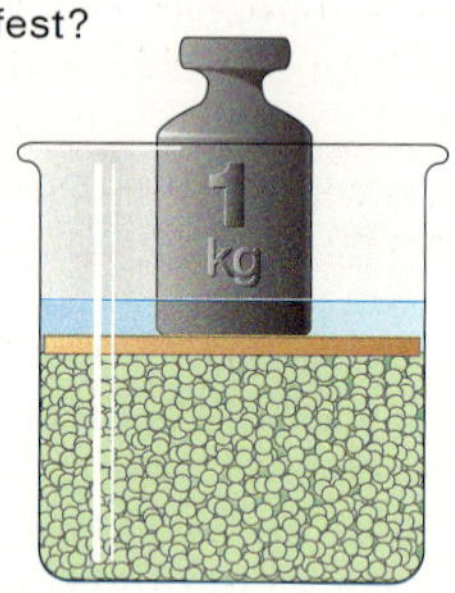

③ Lege in einem Glasgefäß auf trockene Erbsen eine Platte mit einem Gewicht. Markiere die Lage der Platte. Übergieße alles mit Wasser und kontrolliere am nächsten Tag.

④ Rühre in zwei Jogurtbechern jeweils halbvoll Gips an. Stecke bei einem Becher sechs Bohnensamen in den Gips und gieße den Inhalt des zweiten Bechers darüber. Lege den Gipsblock, nachdem er ausgehärtet ist, für zwei Tage in eine wassergefüllte Petrischale. Was bedeutet das Ergebnis für die Samen im Boden?

Keimung

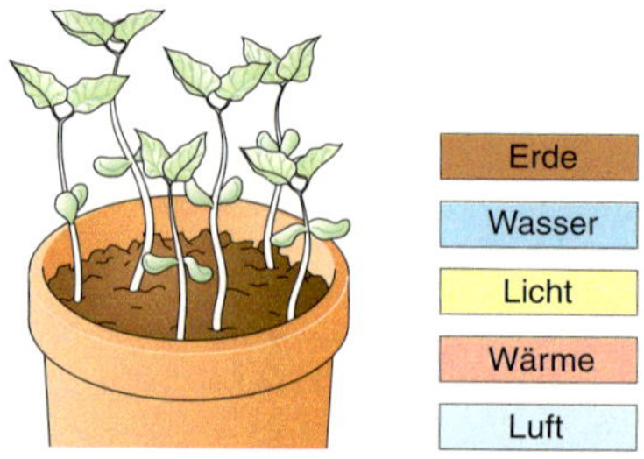

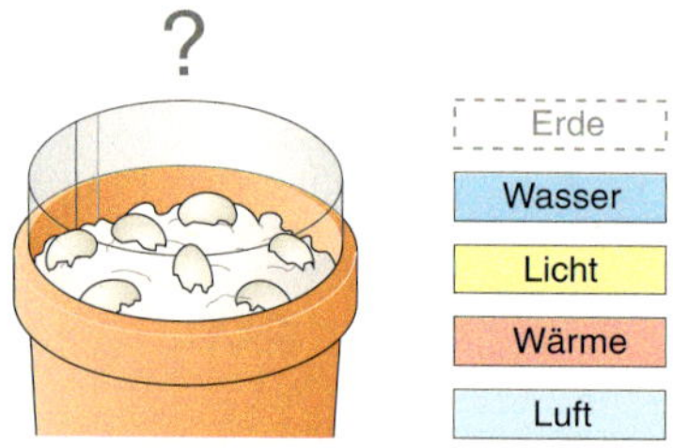

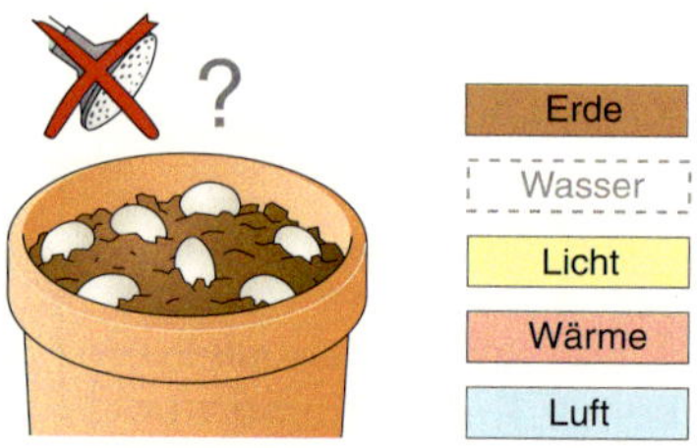

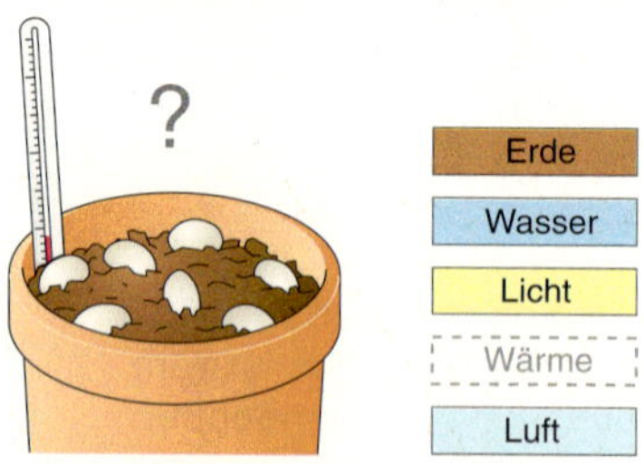

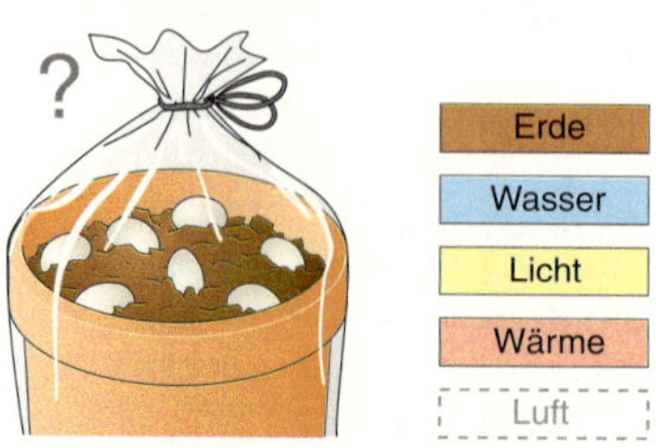

Wenn du im Garten Bohnenpflanzen ziehen möchtest, so legst du im Frühjahr Bohnensamen ins feuchte Erdreich. Manchmal keimen Samen aber nicht. Woran kann das liegen?

Wahrscheinlich ist irgendeine Bedingung, die zum Keimen des Samenkorns nötig ist, nicht erfüllt. Man kann die Keimungsbedingungen durch Experimente herausbekommen. Wenn du zum Beispiel wissen möchtest, ob Erde notwendig ist, dann musst du die Erde in einem Keimungsversuch durch etwas anderes ersetzen. Wenn die Samen dennoch keimen, dann ist Erde überflüssig.

Aufgaben

⑤ Damit du richtige Ergebnisse erhältst, musst du überprüfen, ob die verwendeten Samen überhaupt keimfähig sind. Dazu legst du zehn Samen in feuchte Erde und schaffst natürliche Bedingungen. Die Keimung ist gelungen, wenn die ersten grünen Blättchen zu sehen sind. Ein solches Experiment heißt *Kontrollversuch*.

⑥ In den nebenstehenden Abbildungen werden einige Keimungsbedingungen genannt. Ausserdem erhältst du Hinweise, wie die Versuche aussehen könnten. Beschreibe genau, was bei jedem einzelnen Experiment gemacht werden muss.

⑦ Führe die Versuche selbst durch und vergleiche deine Ergebnisse mit denen deiner Mitschüler. Wo fallen deine Versuche anders aus?

⑧ Benutze für die Versuche Samen der Feuerbohne und der Gartenbohne. Beschreibe das Aussehen der jeweiligen Keimpflanzen und vergleiche die Keimblätter.

⑨ Lege 10 ungequollene und 10 gequollene Samen für eine Woche in den Kühlschrank. Untersuche danach die Keimfähigkeit. Was bedeutet das Ergebnis für die natürlichen Verhältnisse?

⑩ Schäle einen gequollenen Bohnensamen. Brich ihn in zwei Teile auseinander. Betrachte das Innere mit der Lupe und zeichne.

⑪ Kratze die Oberfläche eines Bohnensamens ab. Bringe einen Tropfen Iod-Kaliumiodid-Lösung darauf. Deute das Ergebnis.

⑫ Bringe in einem sandgefüllten Quarkbecher 10 Bohnensamen zum Keimen. Entnimm im Abstand von jeweils zwei Tagen einen Samen und zeichne die Keimlinge in natürlicher Größe. Achte genau auf Veränderungen im Aussehen von Wurzel und Spross (Lupe).

Wachstum

Wenn sich deine Keimpflanzen gut entwickelt haben, sind sie gewachsen: die Wurzeln ins Erdreich, der Spross nach oben. Auch das Wachstum lässt sich genauer untersuchen. Dazu wird täglich die Länge des Sprosses gemessen und protokolliert. Nach den gemessenen Werten kannst du eine *Wachstumskurve* zeichnen.

Dazu gehst du folgendermaßen vor:
Auf einer waagerechten Linie trägst du in gleichen Abständen die Zahl der Tage auf, die du für deine Beobachtungen benötigt hast. Den Anfangstag bezeichnet man in der Regel mit „Null". Die Messung nach einem Tag liegt dann richtig bei „Eins". Auf der dazu senkrechten Achse wird die Länge in Zentimetern aufgetragen. Wenn du nun über jedem Tag senkrecht die gemessene Länge aufträgst und diese Punkte verbindest, dann erhältst du die *Wachstumskurve* deiner Pflanze.

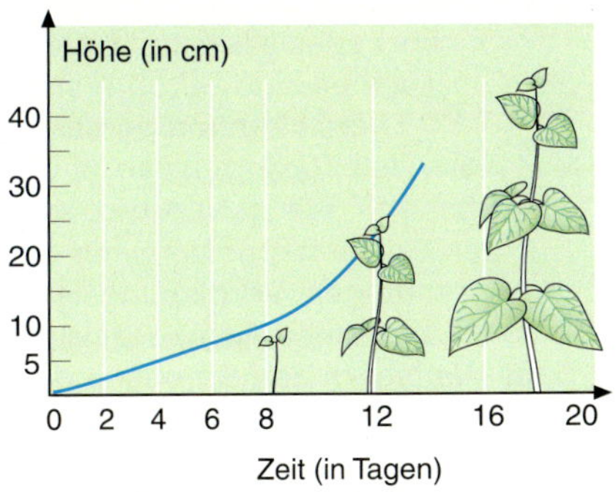

Aufgaben

⑬ Besorge dir im Winter bzw. im zeitigen Frühjahr in einer Gärtnerei eine Zwiebel des Rittersterns *(Amaryllis)*. Pflanze sie in einen Blumentopf und beobachte die Entwicklung, bis ein Blütentrieb sichtbar wird.
Miss von nun an täglich seine Länge und trage die Werte in eine Tabelle ein. Nach drei Wochen kannst du eine Wachstumskurve zeichnen.

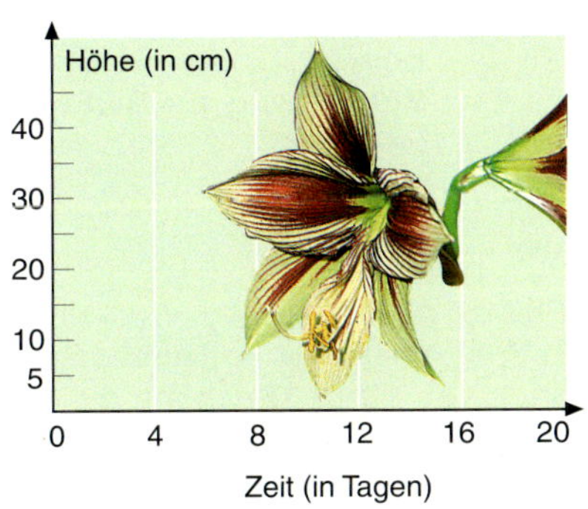

⑭ Die folgende Tabelle zeigt eine solche Messung. Zeichne und vergleiche deine Ergebnisse mit den vorgegebenen Werten. Gibt es dabei Unterschiede?

Tage	2	4	6	8	10
Länge (cm)	0,3	1,2	2,1	6,5	11,1

Tage	12	14	16	18	20
Länge (cm)	17	25	37	45	46

⑮ Bohnen werden in feuchtem Sand zum Keimen gebracht, bis Spross bzw. Wurzel 2 cm lang sind. Mit wasserfester Tusche werden im Abstand von 1 mm Markierungsstriche angebracht. Nach vier Tagen wird kontrolliert. Die Ergebnisse sind in den unten stehenden Abbildungen dargestellt. Beschreibe deine Ergebnisse und vergleiche sie mit denen deiner Mitschüler.

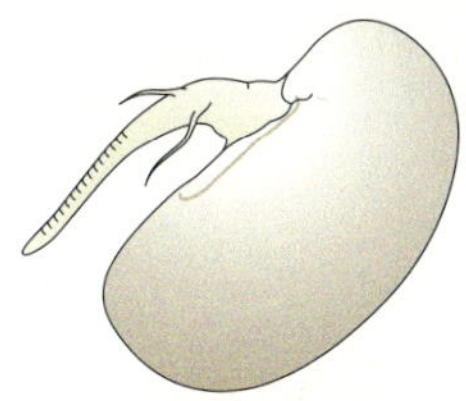

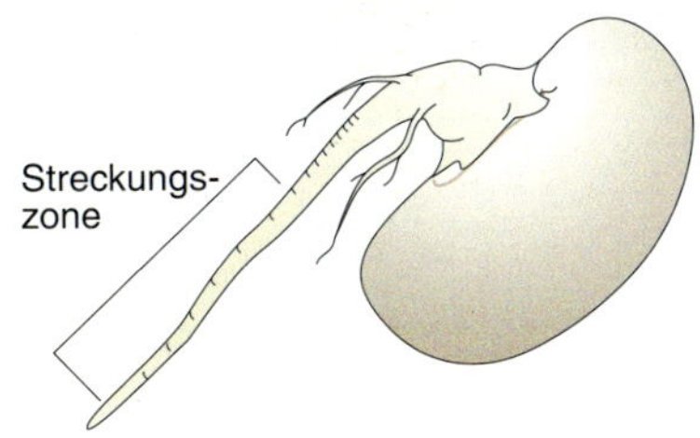

⑯ Führe die Versuche selbst mit Erbsen-, Kresse- oder Sonnenblumensprossen durch. Ebenso mit den Keimwurzeln bei Erbse, Eiche oder Rosskastanie.

Bis jetzt haben wir untersucht, wie schnell und an welchen Stellen ein Keimling wächst. In den folgenden Versuchen geht es um die Frage, in welche Richtung der Spross bzw. die Wurzel wachsen und wovon die Wuchsrichtung abhängt.

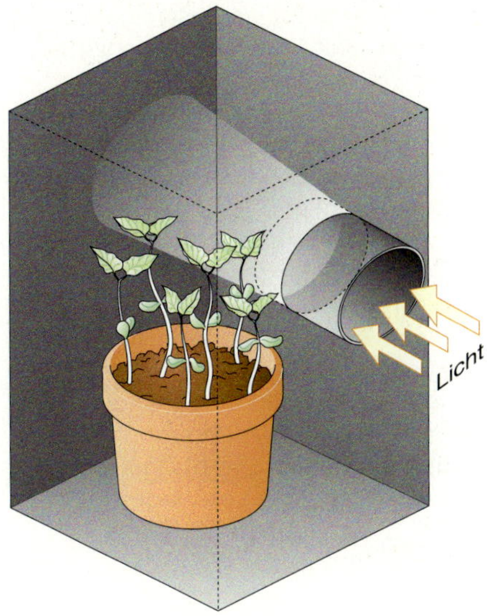

⑰ Ziehe in vier Blumentöpfen einige Bohnenkeimlinge heran. Führe damit folgende Versuche durch:
a) Über einen Topf wird eine schwarz ausgekleidete Schachtel gestülpt.
b) Der zweite wird mit einem Dunkelkasten wie bei a) versehen. Diesmal wird durch eine Hülse eine Öffnung geschaffen. Das einfallende Licht muss die Spitze der Keimlinge treffen.

c) Lege den dritten Blumentopf waagerecht hin.

d) Der vierte Topf dient als Kontrolle.

Beschreibe nach 14 Tagen das Aussehen der Keimlinge in den vier Töpfen. Achte bei c) auch auf die Keimwurzel! Vergleiche mit den Kontrollpflanzen und gib Gründe für das unterschiedliche Aussehen an.

Bau und Funktion der Wurzel

Bei dem Aufbau der Pflanzen unterscheidet man die unterirdische *Wurzel* und den *Spross* oberhalb der Erde. Der Spross gliedert sich in *Sprossachse, Blätter* und *Blüte*. Jeder Teil hat eine andere Funktion. Nur im aufeinander abgestimmten Zusammenspiel der Funktionen aller Teile ist die Pflanze lebensfähig.

Eine Funktion der Wurzel ist die feste Verankerung der Pflanze im Boden. Die Wurzeln müssen im Erdreich entweder sehr tief nach unten wachsen *(Pfahlwurzel)* oder sich flach nach allen Seiten verzweigen *(Flachwurzel)*. Typische Pflanzen mit einer Pfahlwurzel sind die Tannen, die Gräser und die Fichten sind Flachwurzler. Alle Verzweigungen zusammen bilden das *Wurzelsystem*. Es kann im Einzelfall eine Gesamtlänge von mehreren Kilometern erreichen und bis in eine Tiefe von 30 m vordringen. Bei Bäumen entspricht die Ausdehnung der Wurzel ungefähr dem Kronenumfang.

Die Wurzelspitzen dringen beim Wachsen zwischen den Bodenteilchen ins Erdreich vor. Dabei schützen sie die Zellen der *Wurzelhaube* vor Verletzungen (Abb. 229.1). Auf diese folgt die *Zellteilungszone*, in der sich die Zellen sehr oft teilen. Sie gehören zum Bildungsgewebe der Wurzel. Durch das Bildungsgewebe werden die abgeschilferten Zellen der Wurzelhaube ersetzt. Nach oben wachsen die Zellen in der *Streckungszone* in die Länge und schieben so die Wurzel durch den Boden. Erst in der dahinter liegenden *Wurzelhaarzone* findet man den typischen Gewebeaufbau einer Wurzel. Der äußere Gewebebereich ist die *Wurzelrinde*, der innere der *Zentralzylinder* (Abb. 229.1a und b). Die Rinde besteht aus Wurzelhaut, Abschlussgewebe und Rindenzellen. Im Zentralzylinder befindet sich das *Leitgewebe*.

Die äußeren Zellen der Wurzel bilden an ihrer Außenseite einen dichten Filz feiner Härchen, die *Wurzelhaare*, die sich zwischen die Bodenteilchen schieben (Abb. unten und 229.1b). Die Wurzelhaare leben nur wenige Tage, die älteren am oberen Ende sterben ab und werden in Richtung der Wurzelspitze ständig neu gebildet.

Die Aufnahme von Wasser und Mineralstoffen aus dem Boden ist neben der Verankerung im Boden die zweite Aufgabe der Wurzeln. Mineralstoffe sind im Wasser gelöste Salze, welche für das Wachstum und die Gesundheit der Pflanze benötigt werden.

Das Bodenwasser wird durch die sehr dünnen Zellwände der Wurzelhaare aufgenommen und gelangt durch die Zellen der Wurzelrinde bis zur innersten Rindenschicht und von dort in den Zentralzylinder zum Leitgewebe. Dieses besteht aus den Wasserleitungsbahnen *(Gefäßteil)* und dem *Siebteil* mit den Siebröhren, das sind die Leitungsbahnen für Nährstoffe, z. B. Zucker (Abb. 229.1c). Die für den Wassertransport spezialisierten Gefäßzellen sind durch Wandverdickungen versteift. Bei den *Tüpfelgefäßen* ist die gesamte Wand verdickt, bei den *Schraubengefäßen* nur die schraubigen Verdickungsleisten. Über diese Gefäße gelangt das Wasser in den Spross und in die Blätter.

Die Ursache für den Wassertransport ist die Wasserverdunstung in den Blättern und der Wurzeldruck. Die Blätter geben ständig Wasser ab. Dadurch entsteht ein Verdunstungssog, durch den das Wasser mit den darin gelösten Mineralsalzen über die Sprossachse bis zu den Blättern transportiert und dort abgegeben wird. Dienen die Wurzeln als Nährstoffspeicher, wird Zucker über die Siebröhren in die Wurzel transportiert. Eine so verdickte Wurzel wird als *Rübe* bezeichnet.

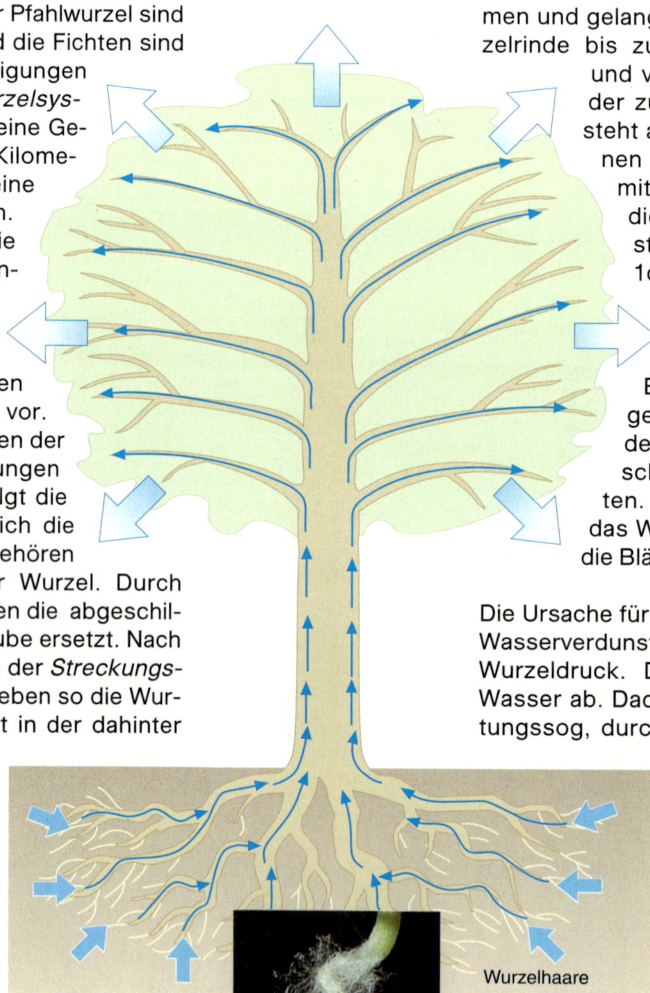

1 Baumkrone und Wurzelsystem

Aufgabe

① Eine Pflanze besitzt 10 Mrd. Wurzelhaare. Ein Wurzelhaar hat im Durchschnitt die Länge von 1 mm. Berechne die Gesamtlänge der Wurzelhaare in km. Welche Bedeutung hat dies für die Pflanze?

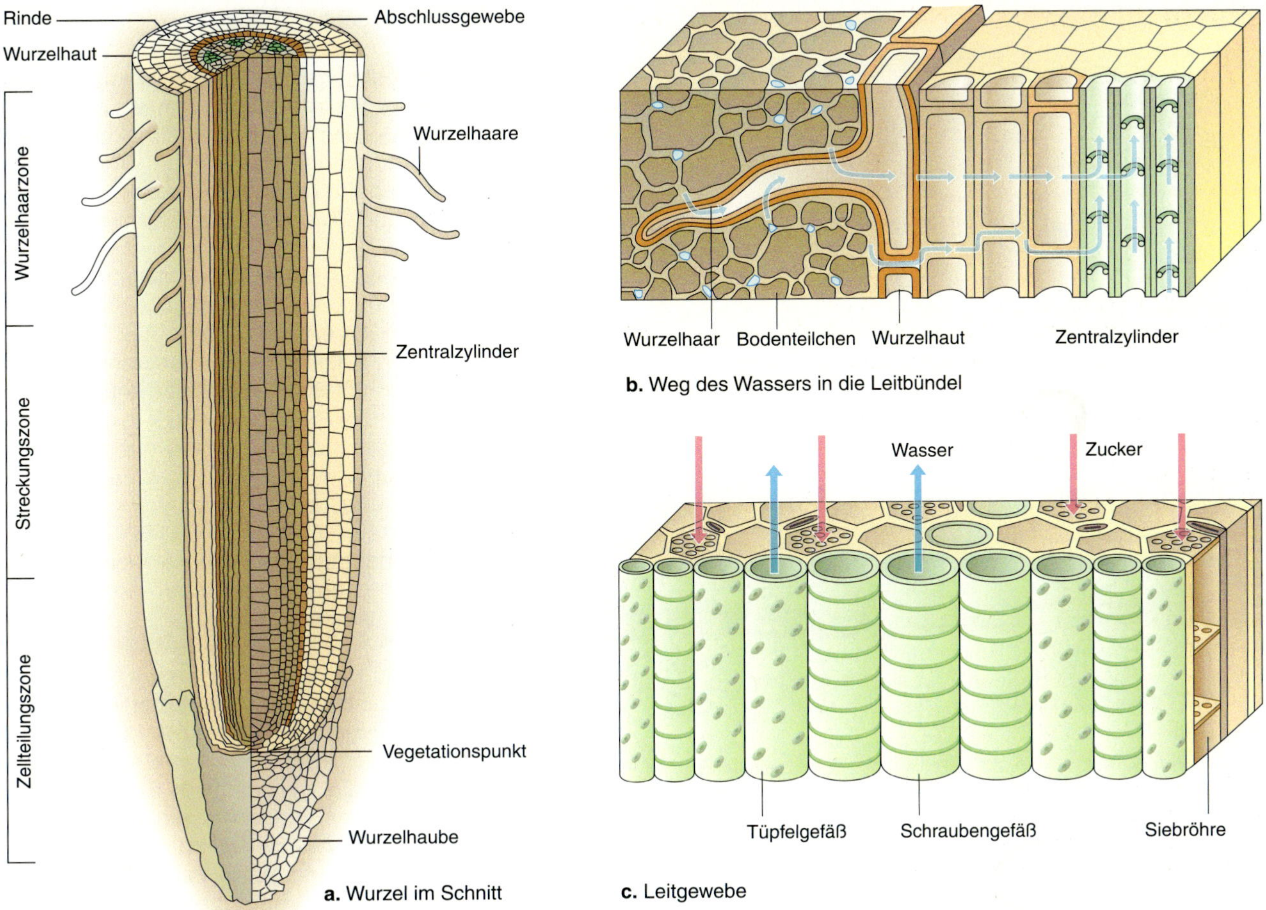

a. Wurzel im Schnitt

b. Weg des Wassers in die Leitbündel

c. Leitgewebe

1 Schema einer Wurzelspitze mit verschiedenen Geweben

Zettelkasten

Stoffe verteilen sich

Gibt man eine Prise Salz in ein Glas und schüttet vorsichtig Wasser darüber, können wir das Salz nach einiger Zeit nicht mehr sehen, das Wasser schmeckt jedoch salzig. Das Salz hat sich in dem Wasser in alle Richtungen gleichmäßig verteilt. Diesen Vorgang nennt man *Diffusion* (s. Abb.).

Das Plasma der Zellen enthält ebenfalls gelöste Salze. Legt man Zellen in Wasser ohne Salz, müsste wegen der unterschiedlichen Konzentrationen das Salz aus der Zelle heraus- und das Wasser in die Zelle hineindiffundieren. Das Salz diffundiert jedoch nicht aus der Zelle in das Wasser, da die Zellmembran wie eine Barriere wirkt. Nur die kleineren Wasserteilchen können durch die Zellmembran diffundieren, die größeren Salzteilchen bleiben zurück (s. Abb.). Diesen Vorgang nennt man *Osmose*.

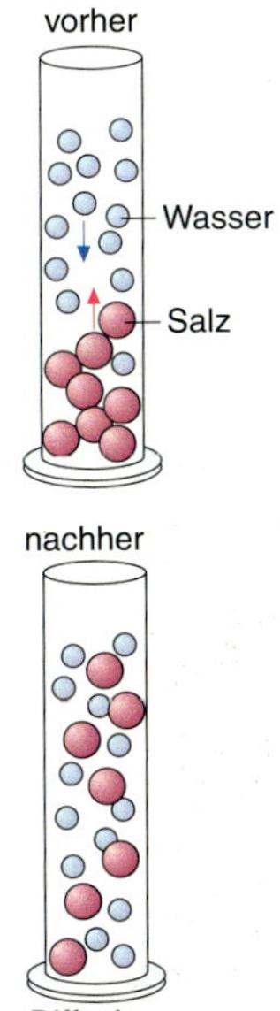

Diffusion

In den Wurzelzellen ist die Konzentration von Salzen höher als im Boden. Das Wasser diffundiert daher in die Zellen, die Wurzelzellen nehmen Wasser auf. In salzreichen Böden sind die Verhältnisse umgekehrt, die meisten Pflanzen können dort kein Wasser aufnehmen und gehen ein. Nur an diese Verhältnisse angepasste Pflanzen überleben.

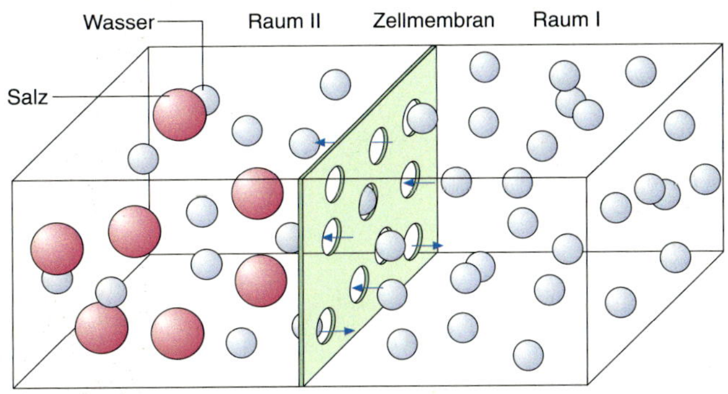

Osmose

Die Sprossachse

Die Sprossachse stellt die Verbindung zwischen der Wurzel und den Blättern sowie den Blüten her. Je nach ihrer Beschaffenheit bezeichnet man sie als *Halm* bei Gräsern, als *Stängel* bei krautigen Pflanzen oder als *Stamm* und *Zweige* bei Bäumen.

Maispflanzen können über 2 Meter hoch werden. Sie müssen stabil, aber elastisch gebaut sein. Streicht der Wind über die Pflanzen hinweg, kann man beobachten, wie sie sich im Wind bewegen ohne zu knicken.

Am Stängelquerschnitt kann man zwei Gewebearten unterscheiden: das *Festigungsgewebe* und das *Grundgewebe* mit darin eingebetteten *Leitbündeln*. Dies sind rundliche Stränge, die zum Beispiel beim Mais zu einem Kreis angeordnet über den Stängelquerschnitt verteilt sind.

Die Leitbündel enthalten verschiedenartige Leitungsbahnen. Dem Stängelmittelpunkt zugewandt liegen die großen *Wasserleitungsbahnen*, die Tüpfelgefäße und die Schraubengefäße. Sie bestehen aus lang gestreckten, zu Röhren verwachsenen Zellen, in denen sich kein Zellplasma mehr befindet. Ihre Längswände sind durch Verdickungen versteift. Man bezeichnet diesen Teil des Leitbündels, in dem Wasser und Mineralstoffe von der Wurzel zu den Blättern transportiert werden, als *Gefäßteil*.

Der nach außen gerichtete Teil des Leitbündels enthält die *Siebröhren*, die über porige Siebplatten miteinander verbunden sind. Während sich der Gefäßteil aus abgestorbenen, verholzten Zellen zusammensetzt, besteht der *Siebteil* aus lebenden Zellen. Hier werden die von der Pflanze hergestellten Stoffe, z. B. Traubenzucker, zu den Früchten und Speicherorganen, wie Kartoffeln, Zuckerrübe oder Maiskolben, transportiert.

Aufgaben

① Stelle einen frisch geschnittenen Stängel einer hell blühenden Pflanze *(Alpenveilchen, Fleißiges Lieschen)* in Wasser, das du zuvor mit Tinte angefärbt hast. Welche Beobachtung kannst du schon nach wenigen Minuten machen?

② Schneide den Stängel deiner Versuchspflanze mit einer Rasierklinge quer durch (Vorsicht! Siehe auch Seite 233). Betrachte die Schnittfläche mit der Lupe. Fertige eine Skizze an.

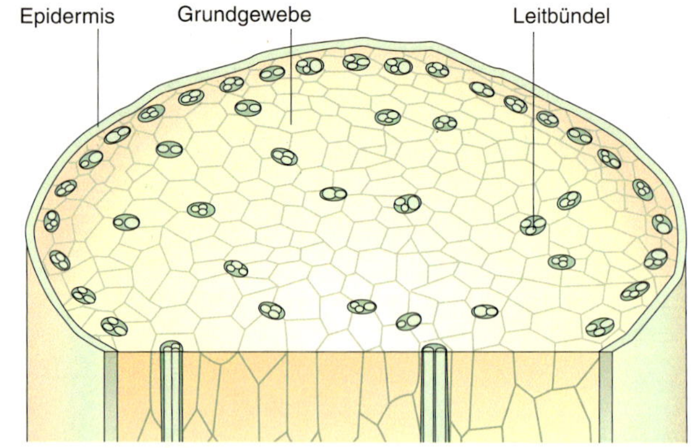

1 Aufbau eines Maisstängels

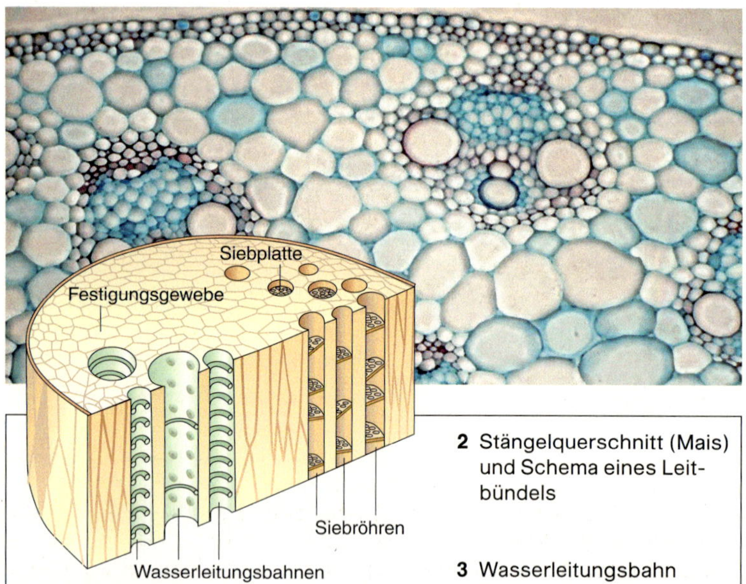

2 Stängelquerschnitt (Mais) und Schema eines Leitbündels

3 Wasserleitungsbahn
4 Stofftransport in der Pflanze

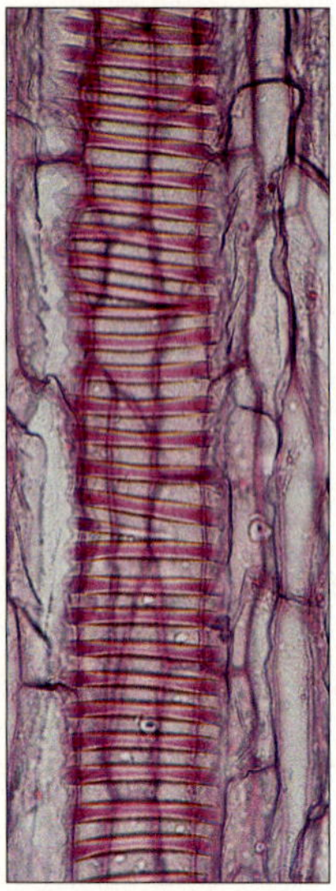

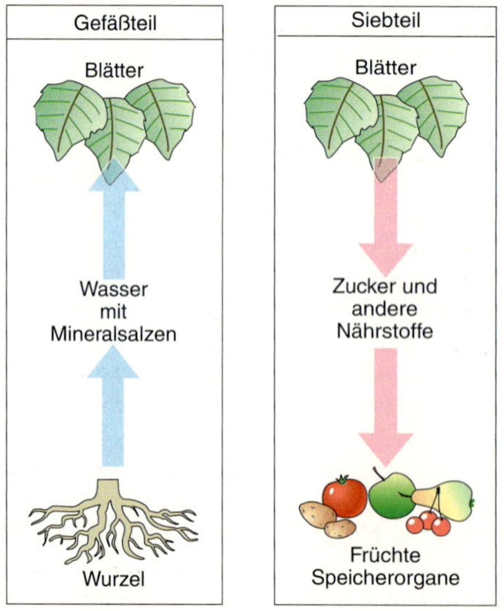

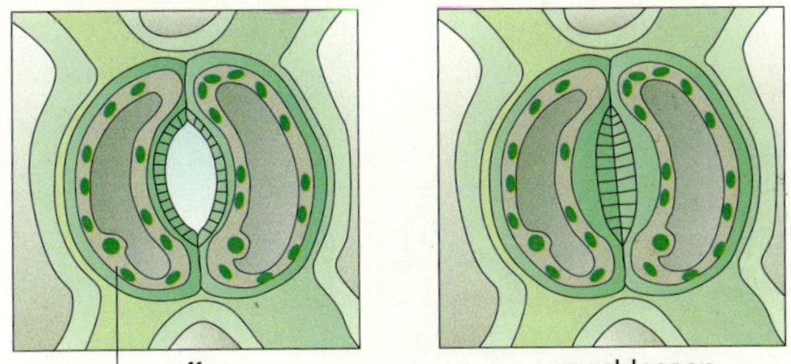

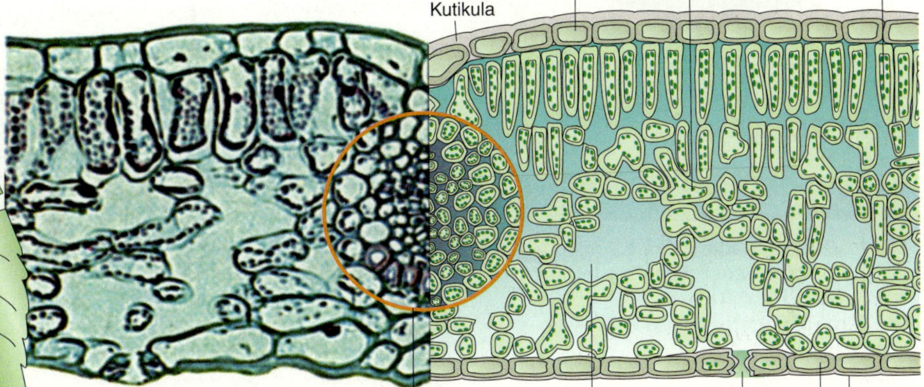

Der Schichtenbau des Blattes

Bei 100- bis 200facher Vergrößerung lässt sich an einem Blattquerschnitt der Christrose der innere Aufbau eines *Blattes* gut beobachten. Dabei fällt auf, dass dieses Laubblatt aus mehreren *Gewebeschichten* aufgebaut ist. Jede Schicht besteht jeweils aus untereinander gleich aussehenden Zellen mit gleicher Aufgabe.

Die Blattoberseite wird von der *oberen Epidermis* gebildet, einem lichtdurchlässigen, einschichtigen Abschlussgewebe. Ihre Zellen liegen lückenlos aneinander, haben verdickte Außenwände, sind frei von *Chloroplasten* (s. S. 235) und auf der Außenseite mit einer wachsähnlichen, wasserundurchlässigen Schicht, der *Kutikula*, überzogen. Epidermis und Kutikula schützen das Blatt vor Verletzung und Austrocknung.

Die unter der oberen Epidermis liegenden Zellen sind lang gestreckt und chloroplastenreich. In den Zellen mit Chloroplasten wird Zucker gebildet. Man nennt dieses Gewebe *Palisadengewebe*.

Zwischen dem Palisadengewebe und der unteren Epidermis liegt das *Schwammgewebe*. Die Zellen dieser Schicht sind unregelmäßig angeordnet und enthalten weniger Chloroplasten. Seinen Namen hat das Gewebe wegen der zahlreichen Hohlräume erhalten, die es wie einen Schwamm aussehen lassen. Diese Hohlräume werden als *Interzellularräume* bezeichnet und dienen zur Durchlüftung des Blattes.

Die Blattunterseite wird wieder durch eine Epidermis begrenzt. Im Gegensatz zur Blattoberseite besitzt sie zahlreiche *Spaltöffnungen*. Jede Spaltöffnung besteht aus zwei chloroplastenreichen *Schließzellen*. Durch die Spaltöffnungen verdunstet das Wasser aus den Blättern, hierdurch entsteht der Verdunstungssog. Bei sehr warmer und trockener Luft schließen sich die Spaltöffnungen (s. Abb.). Direkt oberhalb jeder Spaltöffnung befindet sich ein besonders großer Hohlraum, die sogenannte *Atemhöhle*.

Ein Netz von Adern durchzieht das Blatt. Sie geben einerseits Halt und Festigkeit, andererseits dienen sie als Zuleitungsbahnen für das Wasser mit den Mineralstoffen und Ableitungsbahnen für den gebildeten Traubenzucker.

Bau und Aufgabe der Pflanzenorgane

Gelöste Mineralsalze

Material: Objektträger, Gänseblümchenpflanzen, zwei Bechergläser 250 ml, Karton, Schere, Filzstift
Reagenz: destilliertes Wasser, Flüssigdünger

① Bringe einen Tropfen destilliertes Wasser, Leitungswasser und Flüssigdünger auf eine saubere Glasplatte. Lasse das Wasser verdunsten und beschreibe deine Beobachtungen.

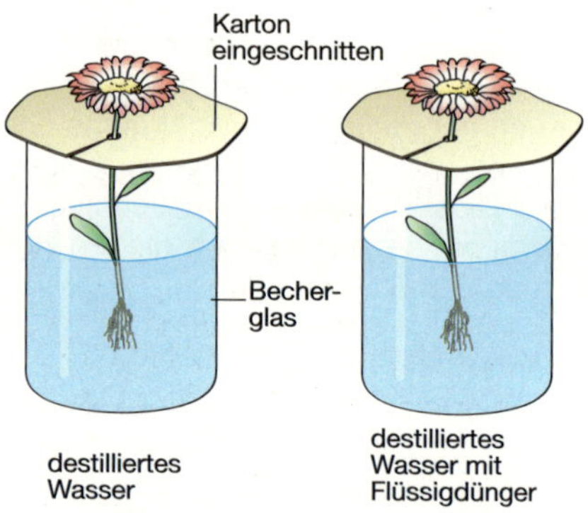

② Grabe im Garten zwei Pflanzen des Gänseblümchens mit ihrer Wurzel aus. Säubere die Wurzel mit Leitungswasser. Fülle beide Bechergläser mit jeweils 100 ml destilliertem Wasser. Versetze ein Becherglas entsprechend der Vorschrift mit Flüssigdünger. Gib jeweils eine Pflanze in ein Becherglas. Befestige sie mit dem eingeschnittenen Karton so, dass nur die Wurzeln in die Flüssigkeit eintauchen. Ersetze das verdunstete Wasser mit destilliertem Wasser. Beobachte das Wachstum über einen längeren Zeitraum. Protokolliere deine Beobachtungen.

Die Wurzel

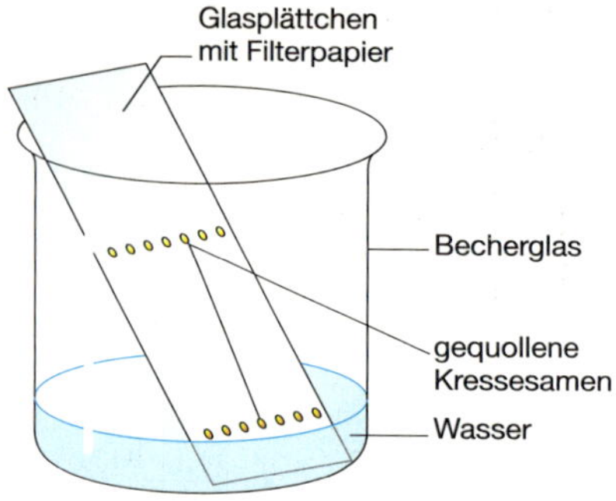

Material: Kressesamen, Becherglas, Löschpapier oder Filterpapier, Glasplättchen, Pinzette, Lupe, Gummiringe

③ Lasse in dem mit Wasser gefüllten Becherglas die Kressesamen etwa 15 bis 30 Minuten quellen. Schneide aus dem Löschpapier ein Papierstück aus, das doppelt so groß wie das Glasplättchen ist. Schlage das Papier um das Glasplättchen herum und befestige es mit den Gummiringen. Übertrage mit der Pinzette die gequollenen und durch eine Schleimhülle gut haftenden Kressesamen in zwei Reihen auf das Papier. Stelle das Glasplättchen in das Becherglas. Fülle dann das Becherglas bis zur unteren Reihe der Kressesamen mit Wasser. Fülle ab und zu etwas Leitungswasser nach. Betrachte nach etwa 5 Tagen mit der Lupe. Erkläre die Unterschiede zwischen der oberen und der unteren Reihe der Kressesamen.

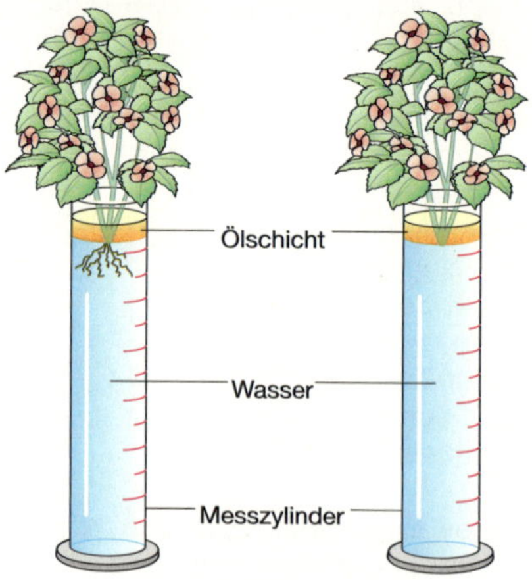

Fleißiges Lieschen
mit Wurzel ohne Wurzel

Material: Fleißiges Lieschen, 250-ml-Messzylinder, Filzstift, Messer, Schlauchstück, Glasrohr, Vaseline, Stativ
Reagenz: Salatöl

④ Besorge dir zwei gleich große Pflanzen vom Fleißigen Lieschen. Schneide bei einer Pflanze die Wurzel ab. Fülle die zwei Messzylinder mit genau der gleichen Menge Wasser. Stelle in jedes Gefäß eine Pflanze. Gieße jeweils etwas Salatöl auf die Wasseroberfläche, damit kein Wasser verdunsten kann. Markiere den Wasserstand mit einem Filzstift.

Wie verändert sich in den folgenden Tagen der Wasserstand? Erkläre deine Beobachtungen.

⑤ Ein Fleißiges Lieschen wird etwa 3 cm über dem Boden ganz abgeschnitten. Ziehe eine mit Vaseline eingefettete Schlauchtülle über den Wurzelstumpf. Von oben wird ein Glasrohr eingeschoben. Miss die Höhe der Wassersäule im Steigrohr jeden Tag zur gleichen Zeit. Protokolliere die Messwerte und erkläre sie.

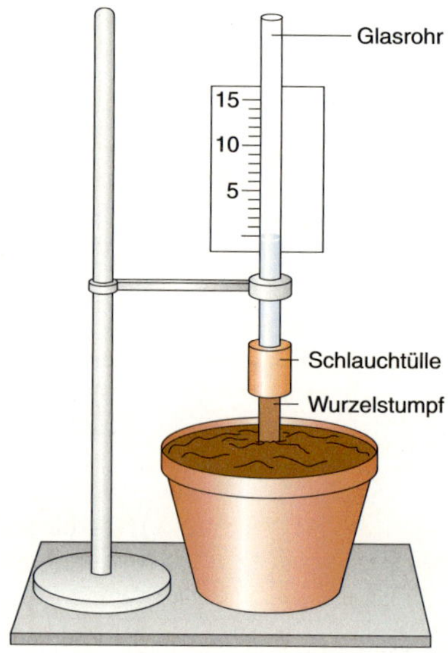

Material: Karotten, Petrischale
Reagenz: Iod-Kaliumiodid-Lösung

⑥ Schneide eine Karotte längs durch und schneide eine dünne Scheibe ab.
a) Von außen nach innen lassen sich Abschlussgewebe, Wurzelrinde und Zentralzylinder unterscheiden. Zeichne einen Querschnitt und beschrifte.
b) Lege die Karottenscheibe in die Petrischale und tropfe auf den gesamten Querschnitt Iod-Kaliumiodid-Lösung auf. Welcher Stoff lässt sich nachweisen? Erkläre, wo sich das Speichergewebe befindet.

Die Sprossachse

Material: Zweige von Buntnessel, Fleißigem Lieschen oder Laubbaum, z. B. Weide, hell blühende Pflanze, Lupe
Reagenz: mit Tinte gefärbtes Wasser oder Wasser mit 2%iger Eosin-Lösung. Löse dazu 2 g Eosin in 100 ml Alkohol.

⑦ Stelle den Zweig der Pflanzen für 24 Stunden in das mit Tinte oder Eosin gefärbte Wasser. Schneide den Zweig anschließend quer durch.
  a) Betrachte den Zweig mit der Lupe. Beschreibe die Anordnung der Leitbündel und zeichne, was du erkennst.
  b) Beschreibe und erkläre das Ergebnis.

⑧ Stelle einen frisch geschnittenen Stängel einer der hell blühenden Pflanzen (Wiesenschaumkraut, Gänseblümchen, Alpenveilchen, Fleißiges Lieschen) in Wasser, das du zuvor mit Tinte gefärbt hast. Statt Tinte kannst du auch Eosin-Lösung verwenden. Beschreibe am darauf folgenden Tag deine Beobachtungen.

Wasserbewegung im Stängel

Material: Zweige bzw. Stängel von Eibe und Kirschlorbeer

Reagenz: 2%ige Eosinlösung:
Löse dazu 2 g Eosin in 100 ml Alkohol

⑨ Baue entsprechend der neben stehenden Abbildung die Versuchsanordnung nach.
  a) Miss mithilfe des Potetometers die Verdunstung *(Transpiration)* eines Kirschlorbeer- und Eibenzweiges. Die Zweige sollten gleiche Blattflächen haben.
  b) Begründe, warum die Wasserverdunstung am Blatt einen Sog und damit einen Waserstrom in Richtung Blatt hervorruft.

Verdunstung über das Blatt

Material: Plastiktüte, z. B. Gefrierbeutel, Gummiring, Birkenzweig, Wasser, Erlenmeyerkolben, durchbohrter Gummistopfen, Messzylinder

⑩ Stülpe den Plastikbeutel über den Birkenzweig. Verschließe ihn anschließend dicht mit dem Gummi und stelle den Zweig in den mit Wasser gefüllten Erlenmeyerkolben. Bestimme am nächsten Tag die Wassermenge im Beutel, indem du sie in einen Messzylinder gießt. Erkäre deine Beobachtungen.

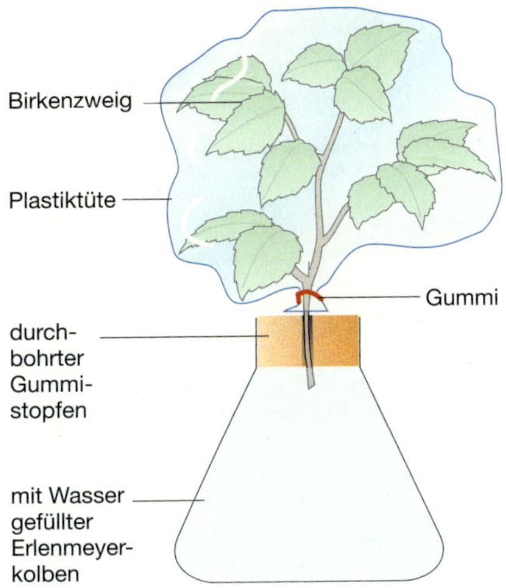

Material: drei etwa gleich große Seitensprosse des Fleißigen Lieschens, vier 450-ml-Messzylinder, Filzstift
Reagenz: Salatöl

⑪ Stelle je einen Zweig des Fleißigen Lieschens in drei der Messzylinder und fülle bis zur 50 ml-Marke auf. Gieße etwas Salatöl auf die Wasseroberfläche. Verfahre ebenso mit dem vierten Messzylinder *(Kontrollversuch!)*. Entferne nun vom zweiten Zweig die Hälfte der Blätter und vom dritten Zweig alle Blätter.

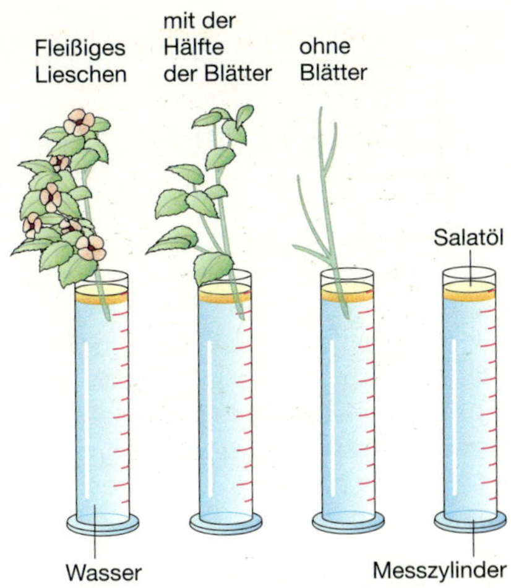

Beobachte die Veränderungen des Wasserstandes im Verlauf eines Tages, indem du jede Stunde den Wasserstand mit dem Filzschreiber markierst. Fasse die Ergebnisse in einer Tabelle zusammen.

⑫ Erstelle auf Grundlage der Tabelle ein Diagramm und begründe das Ergebnis.

Bau eines Laubblattes

Material:
Blätter von Flieder, Holunder, Eiche

Reagenz:
2%ige Kochsalzlösung (2 g Kochsalz in 100 ml Wasser)

⑬ Stelle einen dünnen Blattschnitt von dem Flieder her. Lege diesen auf einen Objektträger, auf den du vorher einen Tropfen 2%iger Kochsalzlösung aufgetropft hast. Mikroskopiere bei mittlerer Vergrößerung und zeichne diesen Blattquerschnitt. Beschrifte die Zeichnung und vergleiche mit der Abbildung auf Seite 231.

⑭ Vergleiche den Blattaufbau des Flieders, Holunders und der Eiche miteinander. Gibt es Unterschiede?

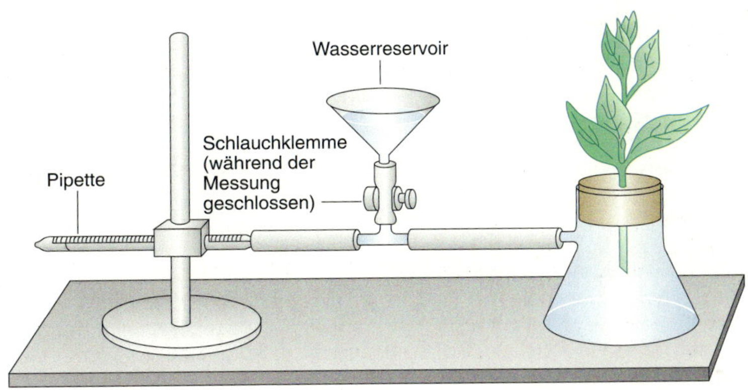

Einführung in die Fotosynthese

JOSEPH PRIESTLEY (1733 – 1804) entdeckte im Jahre 1771, dass Pflanzen „verbrauchte" Luft verbessern können. Der Versuchsaufbau seines Experiments bestand aus einem Waschtrog und zwei Glasglocken. In den Glasglocken ließ PRIESTLEY Kerzen bis zum Erlöschen der Flamme brennen. Anschließend stellte er unter eine Glasglocke eine Pfefferminzpflanze, die in der „verbrauchten" Luft prächtig gedieh.

JOSEPH PRIESTLEY

Nach vier Wochen führte er mit einer brennenden Kerze in dieser Glasglocke einen weiteren Versuch durch. In der zweiten Glasglocke, die seither unverändert geblieben war und in der sich keine Pfefferminzpflanze befand, erlosch die Kerzenflamme sofort.

Später wiederholte er den Versuch und ersetzte die Kerzen durch Mäuse. In den luftdicht verschlossenen Glasbehältern wurden die Mäuse nach kurzer Zeit ohnmächtig. Er schloss daraus, dass die Mäuse, wie die Kerzen, die Luft in der Glasglocke verschlechtern. Die Maus konnte, nachdem vier Wochen lang eine Pflanze unter der Glocke stand, wieder eine begrenzte Zeit atmen. PRIESTLEY fasste seine Entdeckungen zusammen: „Tiere und Menschen verschlechtern die Luft. Pflanzen können in der faulen Luft besonders gut gedeihen und verbessern sie dadurch."

Untersuchung der „veränderten" Luft

PRIESTLEY beobachtete, dass sich bei Wasserpflanzen von Zeit zu Zeit Gasblasen bilden, die dann zur Wasseroberfläche aufsteigen. Er schloss daraus, dass es sich hierbei um die „gesunde" Luft handeln müsse. In der Tat handelt es sich bei dem entstehenden Gas um Sauerstoff. Die „faule" Luft, die entsteht, wenn Mäuse oder eine brennende Kerze unter einer Glasglocke sind, enthält viel Kohlenstoffdioxid und kaum Sauerstoff.

Zettelkasten

Nachweismethoden für die Gase der Fotosynthese

Nachweis von Sauerstoff

Glimmspanprobe
Wird ein glimmender Holzspan in ein mit Sauerstoff gefülltes Reagenzglas gehalten, entzündet er sich.
Der erste Kontakt mit Sauerstoff führt bereits zu einer sichtbaren Flamme.

Nachweis von Sauerstoff

Nachweis mit Indigoblau
Wird Indigoblau in Wasser gegeben, welches keinen Sauerstoff enthält, so bleibt das Wasser durchsichtig. Das Einschütten in das Wasser muss sehr vorsichtig geschehen, da durch zu kräftiges Schütten Luftsauerstoff ins Wasser gelangt. Bei geringen Mengen von Sauerstoff im Wasser werden erste bläuliche Schlieren sichtbar. Größere Mengen führen schließlich zu einer intensiven dunkelblauen Färbung des Wassers durch das Indigoblau.

Nachweis von Kohlenstoffdioxid

Nachweis mit Kalkwasser
Gase, die durch eine Waschflasche geleitet werden, gelangen zunächst durch eine Flüssigkeit. Von dort steigen sie auf und entweichen durch die zweite Öffnung aus der Flasche. Leitet man Kohlenstoffdioxid durch eine Waschflasche mit Kalkwasser, so entsteht ein weißer Niederschlag und aus dem durchsichtigen Kalkwasser wird durch den Kontakt mit dem Kohlenstoffdioxid eine milchig trübe Flüssigkeit.

Glimmspanprobe

Nachweis von Sauerstoff in Indigoblau

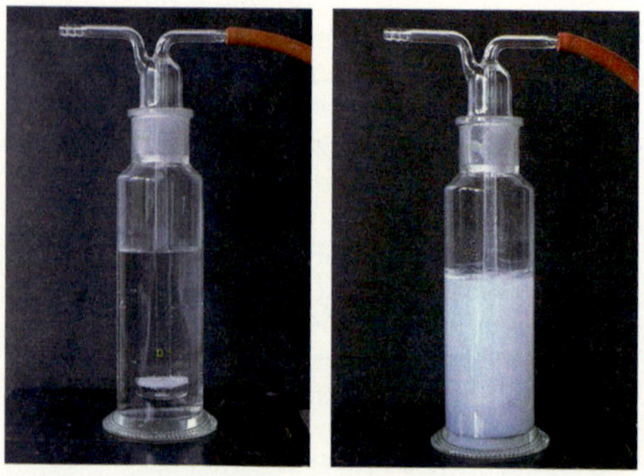

Nachweis von Kohlenstoffdioxid

„Hungerversuch“

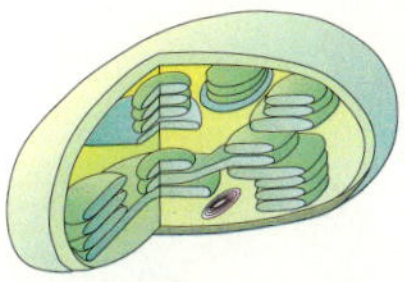

Chloroplast

In „Hungerversuchen“ werden Kressesamen in zwei Blumentöpfen ausgesät. Sobald die Samen keimen, wird jeder Blumentopf unter eine Glasglocke gestellt. In eine der beiden Glasglocken wird eine Schale mit Natronlauge gestellt, welche der Luft das Kohlenstoffdioxid entzieht. Die Pflanze unter der Glasglocke mit der Schale Natronlauge „verhungert“ regelrecht und stirbt ab. Das Versuchsergebnis zeigt die Bedeutung des Kohlenstoffdioxids der Luft für die Pflanzen.

In weiteren Experimenten konnte der Weg der Kohlenstoffdioxidaufnahme und der Sauerstoffabgabe der Pflanze über die Spaltöffnungen der Blätter bis ins Zellinnere bewiesen werden. Diesen Vorgang bezeichnet man als *Gaswechsel* der Pflanze.

Die grüne Farbe der Blätter wird durch das Blattgrün oder *Chlorophyll* hervorgerufen. Im mikroskopischen Bild von Blattquerschnitten kann man erkennen, dass der grüne Farbstoff nicht gleichmäßig in jeder Pflanzenzelle verteilt ist, sondern in den kleinen Blattgrünkörnern, den *Chloroplasten,* enthalten ist. Biochemische Untersuchungen haben gezeigt, dass in ihnen zunächst Traubenzucker und letztlich Stärke hergestellt wird.

Eine Schönmalve wird längere Zeit mit einer Lampe bestrahlt. Ein Blatt wird entnommen und in kochendes Wasser gegeben. Ein Bad in heißem Brennspiritus führt zur völligen Entfärbung des Blattes. Nach dem Abspülen mit Wasser wird Iod-Kaliumiodid-Lösung auf das Blatt gegeben; der positive Stärkenachweis ist an der Schwarzblaufärbung aller vormals grünen Blattflächen zu erkennen. Das Blattgrün und somit die Chloroplasten sind die Orte der Fotosynthese, was im mikroskopischen Bild auch deutlich wird.

Werden Bereiche der grünen Blattflächen bei der Bestrahlung mit der Lampe durch lichtundurchlässige Folie abgedeckt, so führt der Stärkenachweis an diesen Stellen nicht zu einer Färbung. Zur Stärkebildung ist neben dem Kohlenstoffdioxid und den Chloroplasten das Licht unbedingt notwendig.

Das Chlorophyll der Chloroplasten ist ein Blattfarbstoff, der Licht aufnimmt. Lichtenergie wird im Blatt mithilfe des Chlorophylls in eine andere Energieform umgewandelt, die dann im Traubenzucker steckt. Diesen nutzen die Pflanzen zur Stärkeproduktion oder sie verarbeiten ihn zu anderen Stoffen, wie zum Beispiel pflanzliche Öle.

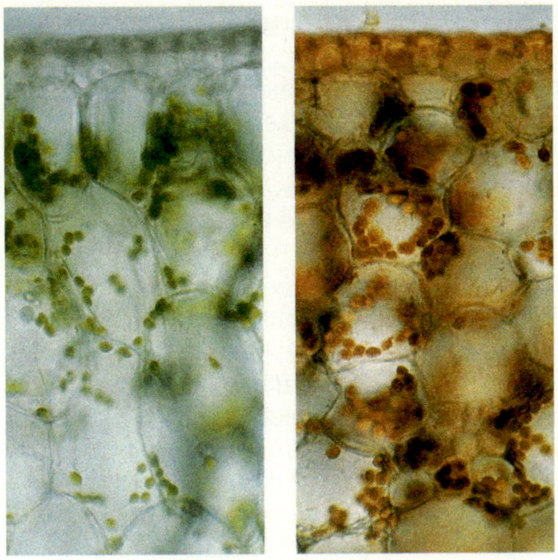

1 Stärkenachweis in Chloroplasten

2 Schönmalve mit Aluminiumfolie

3 Schönmalvenblatt nach Stärkenachweis

Fotosynthese und Zellatmung

Grüne Pflanzen nehmen keine Nährstoffe auf. Sie können, im Gegensatz zu Mensch und Tier, die Nährstoffe, nämlich *Kohlenhydrate, Fette* und *Eiweiße*, selbst aufbauen. Grundlage dafür ist die **Fotosynthese**.

Fassen wir unser Wissen darüber zusammen:
1. Pflanzen nehmen durch die Wurzeln Wasser und in geringen Mengen Mineralsalze auf. In der Sprossachse wird das Wasser zu den Blättern geleitet.
2. Durch die Spaltöffnungen gelangt Kohlenstoffdioxid in das Blattgewebe.
3. In den Chloroplasten wird aus Kohlenstoffdioxid und Wasserdampf der Traubenzu-cker aufgebaut.
4. Für diese Stoffwechselprozesse benötigt die Pflanze Energie *(Sonnenenergie)*, die in Form des Energieträgers Traubenzucker gespeichert wird. Diese Vorgänge laufen nur in den Chloroplasten ab.
5. Sauerstoff und Wasserdampf werden dabei freigesetzt und durch die Spaltöffnungen abgegeben.

Der gebildete Traubenzucker wird zu allen Zellen der Pflanze, auch in die Wurzel, transportiert. Daraus werden andere energiereiche Stoffe wie Stärke und Fette aufgebaut und gespeichert. Außerdem können unter Einbezug von Mineralsalzen weitere organische Verbindungen hergestellt werden, vor allem die lebenswichtigen *Eiweiße*. Sie stehen dann auch anderen Lebewesen als Nahrung zur Verfügung.

Alle Organismen oder Zellen, die die benötigten Nährstoffe selbst herstellen können, nennt man *autotroph*. Im Gegensatz dazu heißen Lebewesen *heterotroph*, die selbst keine energiereichen Stoffe aufbauen können. Dazu gehören alle Tiere, aber auch die Pilze.

Alle Lebewesen benötigen in ihren Zellen Energie zum Leben und für das Wachstum. Grundlage dafür ist der Traubenzucker. Er wird mithilfe von Sauerstoff zu Kohlenstoffdioxid und Wasser abgebaut. Diesen Vorgang, bei dem die im Traubenzucker gespeicherte Energie wieder freigesetzt wird, bezeichnet man als **Zellatmung**. Sie läuft in den Kraftwerken der Zelle, den *Mitochondrien*, ab. Im Gegensatz zu den Chloroplasten sind die Mitochondrien in allen Zellen vorhanden. In grünen Pflanzen findet also bei Tageslicht gleichzeitig Fotosynthese und Zellatmung statt, nachts nur Zellatmung.

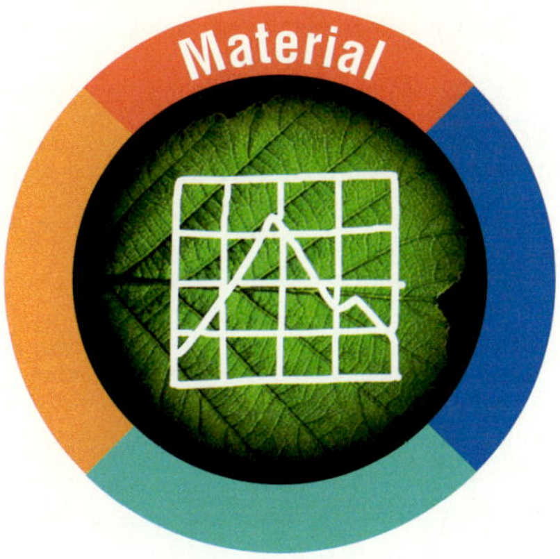

Versuch 1

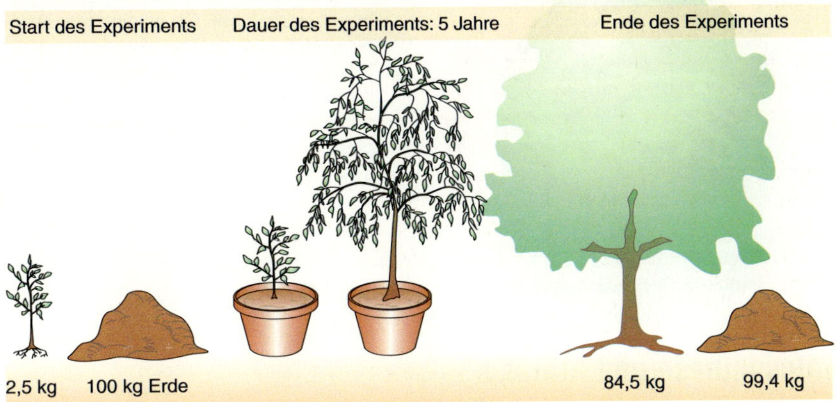

Stoffwechsel-Experimente

Der Stoffwechsel von grünen Pflanzen war schon immer Gegenstand von wissenschaftlichen Untersuchungen. Die drei auf dieser Seite vorgestellten Experimente geben Aufschluss über wichtige Teilaspekte der Mineralsalzaufnahme und des Gaswechsels von Pflanzen. JAN BAPTIST VAN HELMONT (1578 – 1657), ein niederländischer Wissenschaftler, führte im Jahre 1640 Versuche durch, mit denen er untersuchen wollte, woher Pflanzen die Mineralsalze zum Wachsen bekommen. Hierzu pflanzte er einen kleinen Weidenbaum mit einem Gewicht von 2,5 kg in ein Gefäß mit genau 100 kg Erde. 5 Jahre lang goss er die Pflanze nur mit Regenwasser und achtete darauf, dass keine Erde hinzu- oder wegkam. Nach 5 Jahren wurden die Bestandteile einzeln gewogen. Der Baum hatte ein Gewicht von 84,5 kg, die Erde wog jedoch nur noch 99,4 kg.

Aufgaben

1. Welche Frage stellte VANHELMONT an die Natur (Versuch 1). Erkläre, wie das Ergebnis zu interpretieren ist.
2. Beschreibe Versuch 2 und erläutere, was sich daraus für die Fotosynthese ableiten lässt.
3. Beschreibe den Gaswechsel der grünen Pflanzen anhand von Abbildung I und II in Versuch 3.
4. Vergleiche den Gaswechsel bei Nacht mit den Vorgängen bei der menschlichen Atmung. Was fällt auf?
5. Erkläre das Ergebnis von Versuch 3, Abbildung III.

Versuch 2

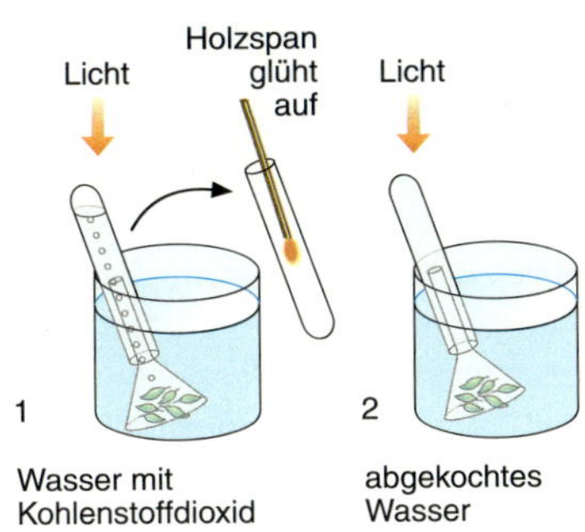

Der schweizer Forscher JEAN SENEBIER führte 1779 Experimente mit Wasserpflanzen durch. Die Wasserpflanzen hatte er unter einen Trichter gelegt, der mit einem wassergefüllten Reagenzglas verschlossen war. Belichtete er die Pflanzen in kohlenstoffdioxidhaltigem Wasser, so bildeten sich an den Pflanzen Gasbläschen, die durch den Trichter in das Reagenzglas perlten. In einem zweiten Versuch verwendete er abgekochtes Wasser (s. Abb.). Dieses enthielt kein Kohlenstoffdioxid.

Versuch 3

Um den Gasstoffwechsel einer Pflanze zu messen, benutzt man folgende Versuchsanordnung:
In eine geschlossene, mit einer Glasscheibe versehene Kammer werden einige grüne Pflanzen gebracht. In die Messkammer wird auf einer Seite normale Atmosphärenluft eingeleitet. Diese besitzt einen CO_2-Gehalt von 0,03 Vol%. Die Luft, die die Kammer auf der anderen Seite verlässt, wird mit einem Gasmessgerät auf ihren CO_2-Gehalt hin untersucht. In einem Zeitraum von 24 Stunden ergeben sich unterschiedliche Konzentrationen an CO_2. Die nebenstehende Abbildung zeigt die Ergebnisse zu drei verschiedenen Messzeitpunkten.

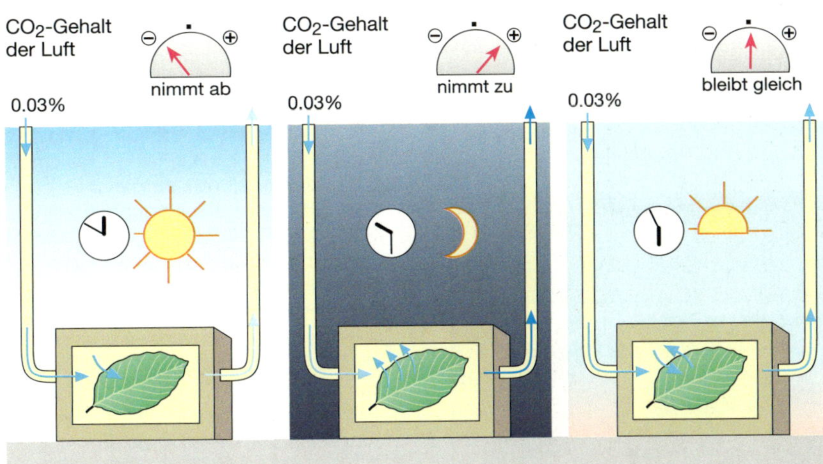

Fotosynthese und Atmung

Nachweis von Sauerstoff

Geräte:
100-ml-Becherglas, Glastrichter mit Hahn, 250-ml-Enghals-Erlenmeyerkolben, Bunsenbrenner, Glimmspan, Faden, Diaprojektor, Reagenzglas, Klammer

Material: Wasserpest

Reagenz:
Indigoblaulösung

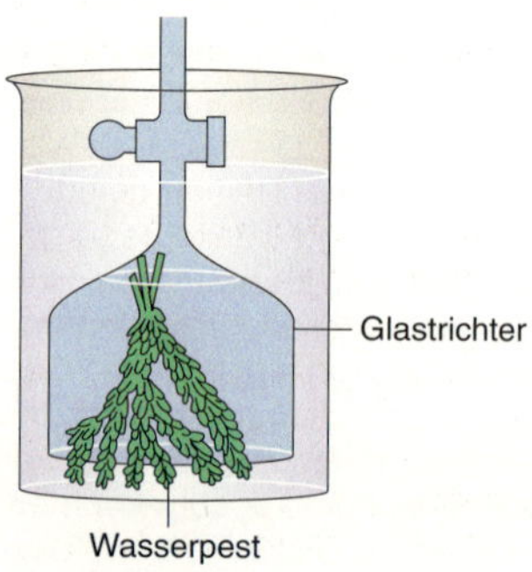

① Bereite die oben abgebildete Versuchsanordnung vor. Binde dazu einige Sprosse der Wasserpest vorsichtig zusammen. Achte darauf, dass der Trichter ganz mit Wasser gefüllt und der Hahn verschlossen ist. Belichte die Versuchsanordnung mit einem Diaprojektor. Schon nach wenigen Minuten kannst du etwas beobachten. Beschreibe.

② Stelle das Glas mit der Wasserpflanze für einige Tage ans Fenster, bis sich genügend Gas unter dem Trichter angesammelt hat. Ob es sich bei dem Gas um Sauerstoff handelt, kannst du mit der Glimmspanprobe überprüfen. Öffne den Hahn und lasse das angesammelte Gas in ein Reagenzglas strömen. Halte sofort einen glimmenden Span hinein. Was passiert?

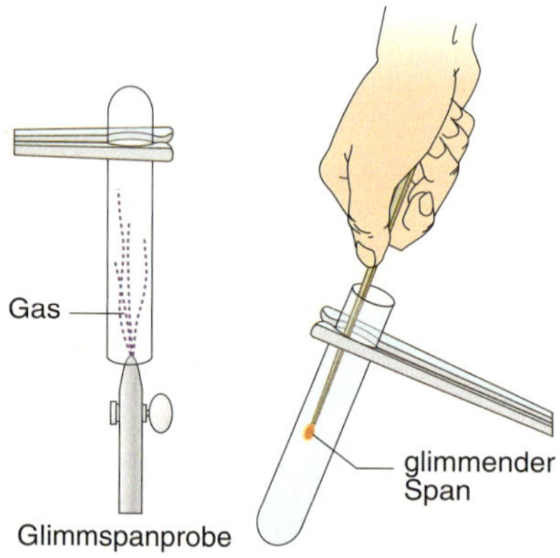

③ Lege eine Wasserpestpflanze in einen mit Wasser gefüllten Enghals-Erlenmeyerkolben. Gib einige Tropfen der farblosen Indigoblaulösung hinzu. Welche Beobachtung machst du nach wenigen Minuten?

Ort der Stärkebildung

Geräte:
Petrischalen, Elektroheizplatte, Wasserbad, 250-ml-Becherglas, Aluminiumfolie, Schere, Transparentpapier

Material: Ziernessel, Schönmalve

Reagenzien:
Iod-Kaliumiodid-Lösung, Brennspiritus

④ Bestrahle das Blatt einer Ziernessel bei Zimmertemperatur mehrere Tage mit einer Lampe. Schneide dann dieses Blatt ab und halte die Verteilung der Blattflecken auf einem Transparentpapier fest. Führe entsprechend der nachfolgenden Abbildung den Stärkenachweis mit einer Iod-Kaliumiodid-Lösung durch. Vergleiche Blattfärbung und Zeichnung. Erkläre.

⑤ Bedecke die Blätter der Schönmalve, die vorher mindestens 24 Stunden im Dunkeln stand, mit einem Streifen einer lichtundurchlässigen Aluminiumfolie und beleuchte dieses Blatt mindestens einen Tag bei Zimmertemperatur.
Entferne dann wieder die Folie und führe den Stärkenachweis durch. Wie sieht hier das Blatt aus?

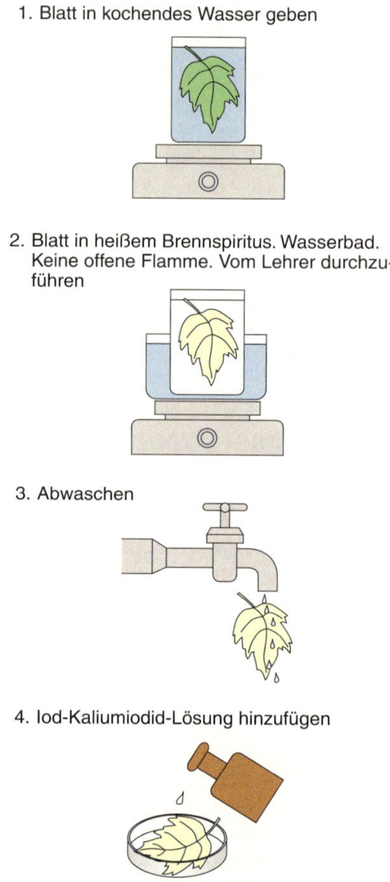

Temperaturabhängigkeit

Geräte:
250-ml-Becherglas, 500-ml-Becherglas, Thermometer, Eiswürfel

Material:
Wasserpest

⑥ Zähle die in 2 Minuten an der Stängelquerschnittsfläche aufsteigenden Bläschen bei verschiedenen Temperaturen. Trage die Ergebnisse in eine Tabelle ein.

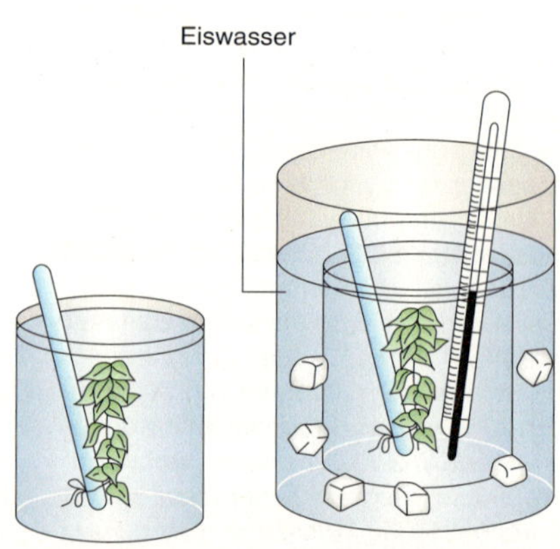

Aufnahme von Kohlenstoffdioxid

Geräte:
Petrischale, Pinsel, Wasserbad, Elektroplatte, 250-ml-Becherglas

Material:
Schönmalve

Reagenzien:
Iod-Kaliumiodid-Lösung, Lack oder Weißleim, Brennspiritus

⑦ Stelle eine Schönmalve mindestens 24 Stunden ins Dunkle. Dann wird die Blattoberseite mit O, die Blattunterseite mit U gekennzeichnet. Man verwendet dazu farblosen Lack oder Weißleim. Nach dem Trocknen werden die Lackhäutchen durchsichtig. Sie bilden eine lichtdurchlässige, aber gasdichte Schicht. Lass nun die Pflanze mehrere Stunden im Licht stehen. Führe anschließend den Stärkenachweis durch. Erkläre das Ergebnis.

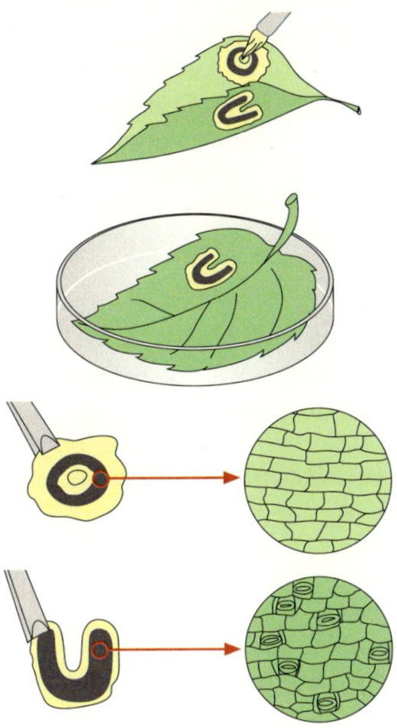

a

b

c

Lichtabhängigkeit der Fotosynthese

Geräte:
Becherglas, Diaprojektor

Material: Wasserpest, Transparent-, Zeitungspapier, Karton

⑧ Stelle das Becherglas mit einer Wasserpestpflanze, deren abgeschnittenes Ende nach oben zeigt, in den Lichtkegel eines Diaprojektors. Warte ca. 5 Minuten und zähle danach die an der Schnittstelle aufsteigenden Sauerstoffbläschen pro Minute.

⑨ Bringe nun zwischen Lichtquelle und Becherglas nacheinander Transparentpapier, Zeitungspapier und Karton. Zähle dann eine Minute lang die aufsteigenden Sauerstoffbläschen. Was bedeutet das Ergebnis?

Abhängigkeit von Kohlenstoffdioxid

Geräte:
250-ml-Becherglas, 100-ml-Standzylinder, Diaprojektor

Material:
Wasserpest

⑩ Führe mit frisch geschnittenen Sprossen die Versuche der unten stehenden Abbildungen durch. Zähle nach kurzer Wartezeit die in dem Messzylinder aufsteigenden Bläschen 2 Minuten lang. Trage die Ergebnisse in eine Tabelle ein. Fasse die Versuchsergebnisse in einem Ergebnissatz zusammen.

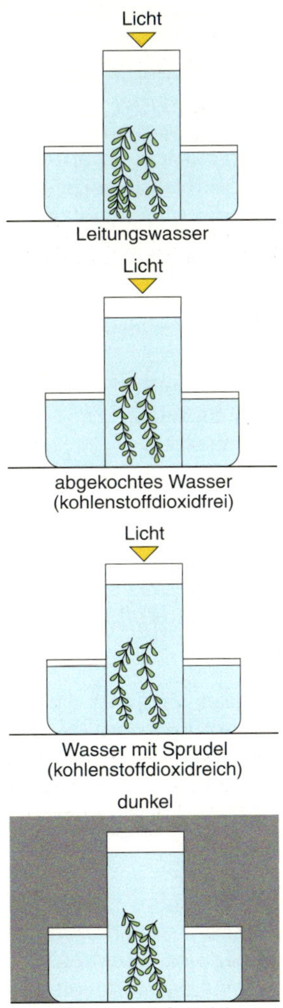

Versuche zur Atmung

1. Kohlenstoffdioxid in der menschlichen Ausatemluft

Geräte:
Becherglas mit Calciumhydroxid-Lösung ($Ca(OH)_2$-Lösung), Strohhalm

Reagenzien:
$Ca(OH)_2$-Lösung [C], Ausatemluft

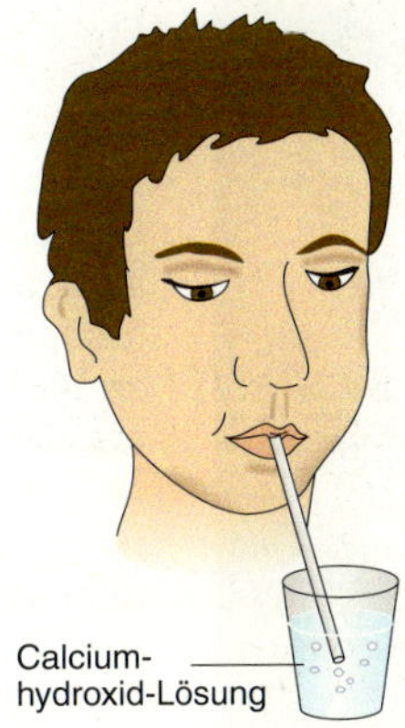

⑪ Blase durch den Strohhalm deine Ausatemluft in das Becherglas mit Calciumhydroxid-Lösung (Vorsicht! Ätzend!) und beobachte die Veränderungen. Wie lassen sich die Veränderungen erklären?

2. Kohlenstoffdioxidentwicklung keimender Pflanzenteile

Geräte:
Reagenzgläser, Trichter, Reagenzglasgestell

Material:
Blütenblätter, keimende Samen, junge Pilze, Öl, Calciumhydroxid-Lösung

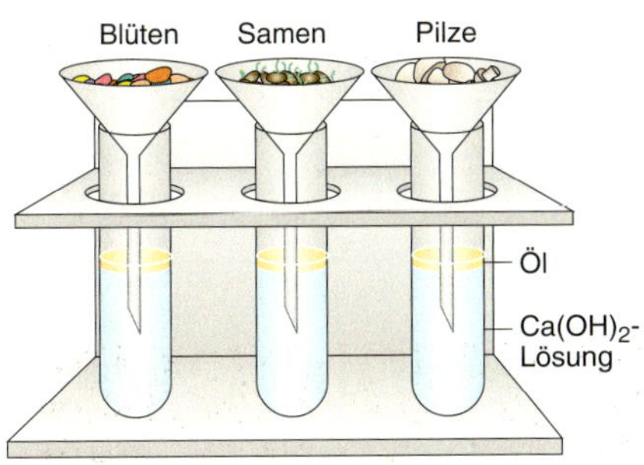

⑫ Fülle die drei Trichter mit Blütenblättern, keimenden Samen oder jungen Pilzen und setze sie auf die Reagenzgläser, die mit Calciumhydroxid-Lösung und Öl gefüllt sind, auf. Beobachte nach einigen Stunden die Veränderungen der Lösung.

Traubenzucker wird weiter verarbeitet

Justus von Liebig (1803 – 1873), deutscher Chemiker, gilt als Begründer der modernen Düngelehre

Grüne Pflanzen stellen im Verlauf eines Tages über die *Fotosynthese* Traubenzucker her. Durch die *Zellatmung* muss Energie bereit gestellt werden, die zur Aufrechterhaltung der sämtlicher Lebensvorgänge in der Pflanze nötig ist. Wir sprechen daher auch vom **Betriebsstoffwechsel**. Pflanzen stellen jedoch im Tagesverlauf mehr Traubenzucker her als sie veratmen.

Aus dem Überschuss an Traubenzucker werden viele weitere Stoffe aufgebaut. Ein Beispiel ist ein anderer Zucker, der *Rohrzucker.* Weitere Produkte sind *Stärke, Zellulose, Fette* und *Öle* sowie *Eiweiße.* Traubenzucker ist also nicht nur Energiespeicher, sondern auch Ausgangsstoff für viele andere Substanzen, welche die Pflanze zum Leben benötigt. Diese Umwandlung bezeichnet man daher auch als **Baustoffwechsel**.

Manche Stoffe, wie z.B. die Eiweiße, können aber nur dann hergestellt werden, wenn genügend *Mineralsalze* zur Verfügung stehen, die in Wasser gelöst von der Wurzel aus dem Boden aufgenommen werden. Diese bahnbrechende Erkenntnis geht auf den Chemiker Justus von Liebig zurück. Er entdeckte, dass eine Pflanze nicht gut gedeihen kann, wenn im Boden die Mineralsalze fehlen. Durch Ersetzen der verbrauchten Mineralsalze im Boden, d.h. durch *Düngung*, kann daher der Ertrag bei Nutzpflanzen erheblich gesteigert werden.

Produkte des Baustoffwechsel sind:
- Zellulose als Bestandteil des Holzes
- Fette und Öle als Speicherstoffe
- Blütenfarbstoffe zum Anlocken von Tieren
- Chlorophyll als Lichtfänger in den Chloroplasten
- Duftstoffe, um Insekten anzulocken
- Giftstoffe als Schutz vor Insektenfraß
- Vitamine als Wirkstoffe für den Stoffwechsel
- Erbsubstanz, die in jedem Zellkern die Erbinformation speichert und bei der Zellteilung verdoppelt wird

Ein wichtiger Baustoff für die pflanzlichen Zellwände ist die *Zellulose.* Diese wird direkt aus dem Traubenzucker gebildet und gibt den Zellwänden Halt. Die Zellulose ist die Grundlage für die Festigkeit der hohen Grashalme oder des Holzes von Bäumen. Der Mensch nutzt die Zellulose für viele Zwecke. Die Zellulosefäden der Baumwollkapseln werden zu Garn versponnen. Papier besteht aus Zellulose, die aus Holz gewonnen wird.

Pflanzen speichern energiereiche Verbindungen, z. B. *Stärke* in Kartoffelknollen oder *Zucker* in Zwiebeln und Zuckerrüben. Sie können diese *Speicherstoffe* im Winter nutzen, wenn die grünen Teile der Pflanzen abgestorben sind. Sie werden wieder in Traubenzucker umgewandelt und können so für den Betriebsstoffwechsel genutzt werden.

In den Samen sind energiereiche Stoffe vorhanden. Sonnenblumenkerne oder Erdnüsse enthalten *Fette* und *Öle.* Diese dienen den Keimlingen im Samen zur Ernährung vor und während der Keimung. Im Getreidesamen sind es *Eiweiße* und *Stärke.*

Die verschiedenfarbigen Blüten und Früchte der Pflanzen haben weitere Funktionen: Durch *Duft-* und *Blütenfarbstoffe* werden Insekten und andere Tiere zur Bestäubung oder Verbreitung angelockt. Duftstoffe findet man auch in den Blättern von Pflanzen, zum Beispiel der Pfefferminze oder dem Eukalyptus. Hier dienen die Duft- und *Giftstoffe* oft auch als Schutz vor Fressfeinen.

Aufgaben

① Übertrage die mit 1 und 2 bezeichneten Stoffwechselgleichungen der Abb. auf Seite 241 in dein Heft. Wähle die richtigen Überschriften und ergänze die fehlenden Begriffe.

② Erkläre, welche Stoffströme durch die dicken Pfeile dargestellt werden. Benenne die Ziffer 3.

③ Die Energiepfeile bezeichnen die Umwandlung der Energie. Was versteht man darunter? Nimm auch das Leitthema auf Seite 36 zu Hilfe.

④ Nenne Beispiele für Pflanzen, die besonders viel a) Stärke und b) Fett bzw. Öl enthalten. In welchen Organen der Pflanze werden diese abgelagert?

⑤ Viele Pflanzen sind giftig. Manche von ihnen werden als Arzneipflanzen verwendet. Suche drei Beispiele. Gib an, bei welchen Krankheiten sie Anwendung finden.

⑥ Duftstoffe können in Blättern und Blüten bestimmter Pflanzenarten hergestellt werden. Kennst du Pflanzen, die getrocknet als Tee oder Gewürzkräuter verwendet werden?

Stoffwechselvorgänge in der Pflanze

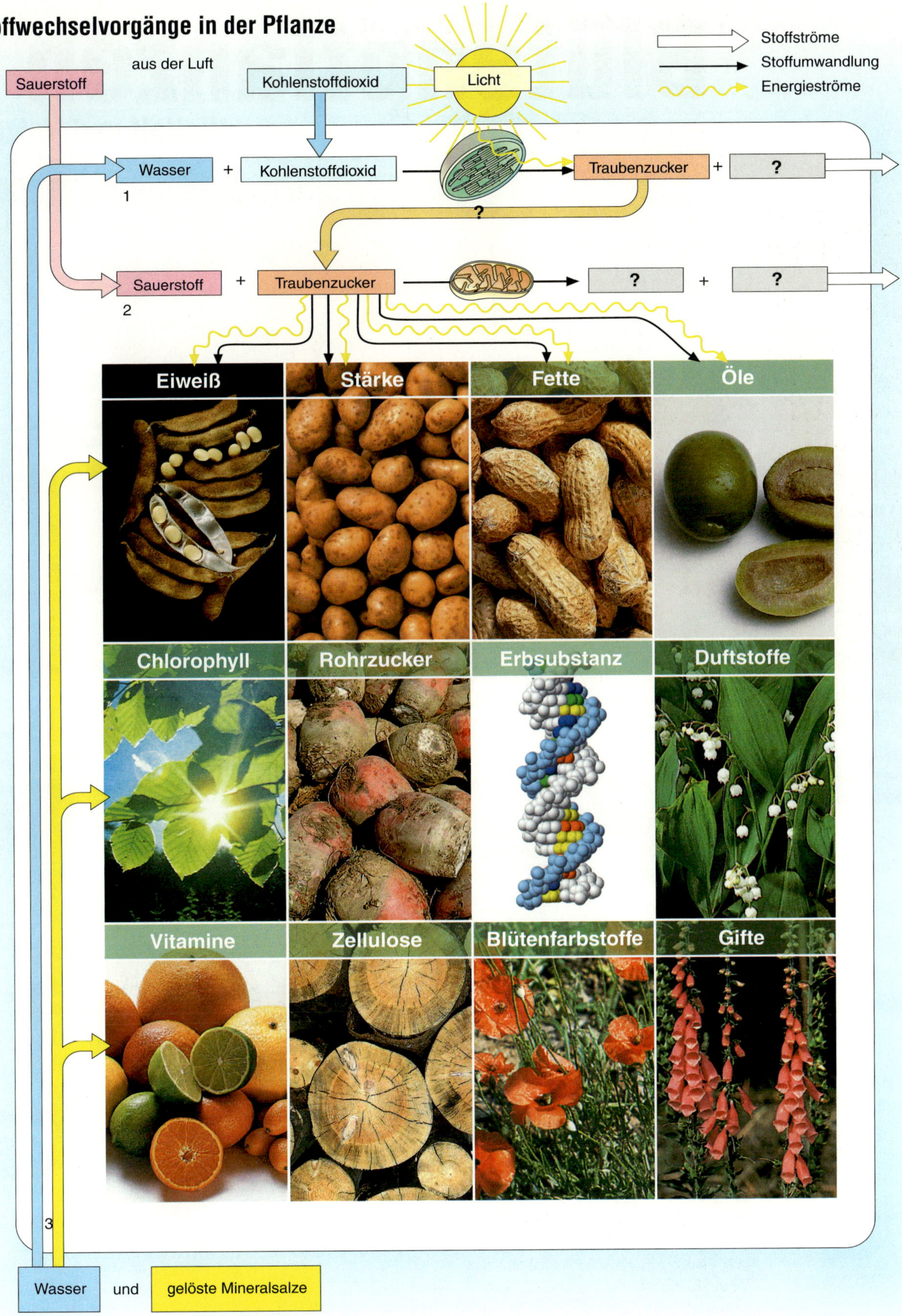

Blütenpflanzen

Vielfalt und Nutzen

Nutzpflanzen

Schokolade und Pommes frites: Was ist ihnen gemeinsam? Beides sind Produkte aus Pflanzen. Die Schokolade wird aus den Samen der Kakaofrüchte hergestellt, die Pommes frites aus der Kartoffelknolle.

Pflanzen sind aus unserer täglichen Nahrung nicht wegzudenken: Gemüse, Obst, Reis, Getreideprodukte aus Mehl oder der Zucker aus der Zuckerrübe.

Pflanzen nutzt der Mensch jedoch nicht nur zur Ernährung. In vielen anderen Bereichen spielen Pflanzen ebenfalls eine wichtige Rolle: Baumwolle brauchen wir für unsere Kleidung, Holz zum Hausbau.

Verwandtschaft

B e s t i m m u n g

Merkmale

1 Brennnessel

2 Weiße Taubnessel

Brennnessel und Taubnessel

Bei jedem Aufenthalt in der Natur ist man von einer Vielzahl verschiedenster Pflanzen umgeben. Sie unterscheiden sich in ihrem Vorkommen, ihrer Blütenfarbe und -form, ihrer Größe, ihrer Wuchsform, ihren Samen und Früchten und ihren Blättern (S. 272). Um die faszinierende Welt der Pflanzen besser verstehen zu können, werden wir Pflanzen in verschiedene Gruppen gliedern. Wir können uns damit einen Überblick über die verschiedenen Pflanzen verschaffen. Als Beispiel wählen wir zwei Pflanzen aus, die vermutlich jeder kennt: die *Große Brennnessel* und die *Weiße Taubnessel*.

Sie kommen beide an Wegrändern häufig vor, ihre Wuchsform und ihre Blätter sind recht ähnlich. Auch durch ihren „Nachnamen ... nessel" könnte man vermuten, dass diese beiden Pflanzen eine engere Verwandtschaft aufweisen. Bei genauerer Betrachtung fallen uns aber Unterschiede auf: Die Brennnessel brennt uns bei Berührung auf der Haut, die Taubnessel nicht. Und ebenso deutlich sind die Unterschiede im Blütenbau. Die große Blüte der Taubnessel ist oben fast helmförmig, unten ist sie lippenförmig. Bei der Brennnessel sind die Blüten unscheinbar grünlich. Die Blüten der Taubnessel sind *zwittrig*, während bei der Brennnessel männliche und weibliche Blüten auf verschiedenen Pflanzen vorkommen (siehe Abb. 1 und 2).

Aufgrund dieser Unterschiede weiß man, dass Brennnessel und Taubnessel nicht näher miteinander verwandt sind. Man ordnet sie sogar zwei verschiedenen *Pflanzenfamilien* zu. Eine **Familie** umfasst die Gesamtheit aller Pflanzen, die in wichtigen Merkmalen, vor allem im Bau ihrer Blüten, übereinstimmen. Die Große Brennnessel ist ein typischer Vertreter der *Familie Brennnesselgewächse*, zu der auch die seltenere Kleine Brennnessel gehört. Die Weiße Taubnessel gehört dagegen zu der *Familie der Lippenblütler*.

Die Gliederung der Pflanzen in verschiedene Familien ermöglicht uns einen schnelleren Überblick über die Vielfalt bei den Blütenpflanzen. Auf den folgenden Seiten werden wir wichtige Pflanzenfamilien mit ihren interessantesten Vertretern kennen lernen.

1 = G

2 = U
6 = L

Bilderrätsel
Brennnesselblüten werden durch den Wind bestäubt.
Die Lösung des Bilderrätsels ergibt einen häufigen Bestäuber der Taubnessel.

Die Familie der Lippenblütler

Die Weiße Taubnessel haben wir als typischen Vertreter aus der Familie der Lippenblütler bereits kennen gelernt. In der folgenden Übersicht sind die charakteristischen Merkmale dieser Familie zusammengefasst:

— Die *fünf Kronblätter* sind in ihrem unteren Teil zu einer Röhre verwachsen. In ihrem oberen Teil bilden zwei Kronblätter die *Oberlippe*, drei bilden die *Unterlippe*.

— Die *Kelchblätter* sind ebenfalls miteinander verwachsen.
— Die reife Frucht zerfällt in vier *Teilfrüchte*.
— Die *Stängel* sind vierkantig.
— Die Laubblätter stehen *gekreuztgegenständig* am Stängel.

Als Botaniker untersuchten, wie viele Pflanzen diese typischen Merkmale aufwiesen, waren sie überrascht: es gibt ca. 3500 verschiedene Lippenblütler. Viele sind kleine krautige Pflanzen, einige sind baumförmig. Manche sind wichtige *Heil-* und *Gewürzpflanzen*.

Zwischen den Angehörigen dieser Familie zeigten sich außer gemeinsamen Merkmalen auch deutliche Unterschiede: Beispielsweise hat der Wiesensalbei nicht vier Staubblätter wie die Weiße Taubnessel, sondern nur zwei. Der Kriechende Günsel hat nur eine sehr kleine Oberlippe. Es ist deshalb sinnvoll, eine weitere Gliederung vorzunehmen und sehr ähnliche Pflanzen einer bestimmten Familie noch in eigenen *Gattungen* zusammenzufassen. Innerhalb der Familie der Lippenblütler gibt es zum Beispiel die Gattungen Taubnessel, Salbei und Günsel.

Die Pflanzen der *Gattung* Taubnessel ähneln sich untereinander sehr, Unterschiede findet man jedoch zum Beispiel bei der Blütenfarbe. So unterscheidet man die *Arten* Gefleckte Taubnessel, Weiße Taubnessel, Purpurrote Taubnessel und Gold-Taubnessel. Die Pflanzen einer Art stimmen in allen wesentlichen Merkmalen überein und können sich untereinander fortpflanzen.

Aufgaben

① Viele Lippenblütler weisen eine helmförmige Oberlippe auf. Warum ist es trotzdem nicht sinnvoll, diese Familie als Helmblütler zu bezeichnen?

② Stelle in einer Tabelle Vertreter aus der Familie der Lippenblütler zusammen, die als Heil- oder Gewürzpflanzen verwendet werden.

1 Blüte vom Scharfen Hahnenfuß

2 Verschiedene Arten der Gattung Hahnenfuß

Der Scharfe Hahnenfuß hat viele Verwandte

Der *Scharfe Hahnenfuß* ist bei uns so häufig, dass seine Blüten im Mai manche Wiese gelb erscheinen lassen. Jede seiner Blüten besitzt fünf Kelch- und fünf Kronblätter. Auf dem gewölbten Blütenboden sitzen viele Stempel, die jeweils aus einem grünen Fruchtknoten mit einer gelblichen, gebogenen Narbe bestehen. Die Blütenblätter glänzen wie lackiert. An ihrem unteren Ende wird von einem tütenförmigen Schüppchen Nektar gebildet. Wegen dieser Besonderheit bezeichnet man die Blütenblätter auch als *Honigblätter*.

Die Blattspreite ist beim Scharfen Hahnenfuß tief eingeschnitten; dadurch entstehen fünf fingerförmige Zipfel. Die am Stängel weiter oben sitzenden Blätter sind nur dreizipfelig und sehen dem Fuß eines Hahnes ähnlich. Von dieser Blattform ist der Name „Hahnenfuß" wahrscheinlich abgeleitet.

Weidetiere meiden den Scharfen Hahnenfuß. Die Pflanze enthält, wie fast alle Hahnenfußgewächse, ein Gift, an dem die Tiere erkranken können. Das Heu kann man aber als Viehfutter verwenden, denn das Gift verliert beim Trocknen der Pflanzen seine Wirkung.

Zur *Gattung Hahnenfuß* gehören viele gelb blühende und einige weiß blühende Arten. Sie sind teilweise schwer zu unterscheiden.

Die Merkmale der Gattung Hahnenfuß lassen sich bei vielen anderen Gattungen der **Familie Hahnenfußgewächse** wiederfinden. Besonders häufig kommt eine ähnliche Form der Blätter vor. Oft findet man auch eine fünfzählige Blüte mit vielen Staubblättern und mehreren, einzeln stehenden Stempeln. Die Blütenformen sind zum Teil unterschiedlich. Bei der Gattung *Akelei* besitzen die fünf Honigblätter lange, spornförmige Fortsätze. Beim *Rittersporn* ist nur ein Sporn vorhanden. Der *Eisenhut* verbirgt den Nektar unter einem helmförmig aufgewölbten Blütenblatt.

Manche Hahnenfußgewächse besitzen mehr als fünf Blütenblätter *(Scharbockskraut, Leberblümchen)*, andere haben keine Kelchblätter *(Sumpfdotterblume, Trollblume)*. Dennoch fasst man sie zu einer Familie zusammen. Um die Verwandtschaft festzustellen, wird auch der innere Aufbau der Pflanzen untersucht. Manchmal werden sogar chemische Untersuchungen nötig. Zur Familie der Hahnenfußgewächse gehören weltweit etwa 1500 Arten, meist Kräuter und Stauden.

Aufgaben

① Besorge dir von einer Wiese, auf der der Scharfe Hahnenfuß reichlich blüht, eine vollständige Pflanze.
   a) Zeichne ein grundständiges Blatt und je ein Blatt von der Mitte und vom oberen Teil des Stängels. Gib die Unterschiede an.
   b) Untersuche ein Honigblatt mit der Lupe und zeichne es.

② Schreibe Unterscheidungsmerkmale der vier Hahnenfußarten von Abbildung 2 in dein Heft. Versuche, diese Arten im Freien wieder zu erkennen.

Gattung: Hahnenfuß

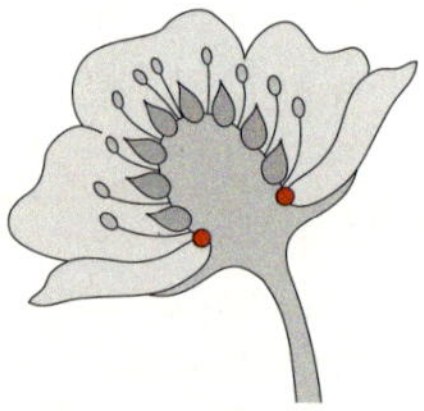

Gattung: Rittersporn

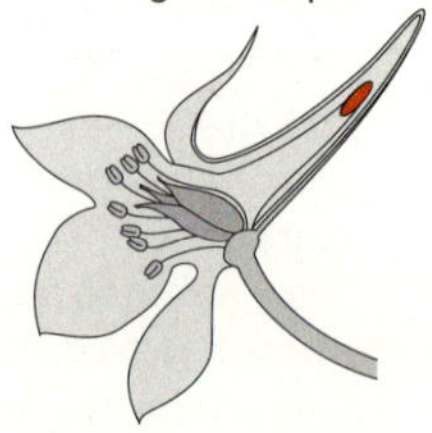

Gattung: Eisenhut

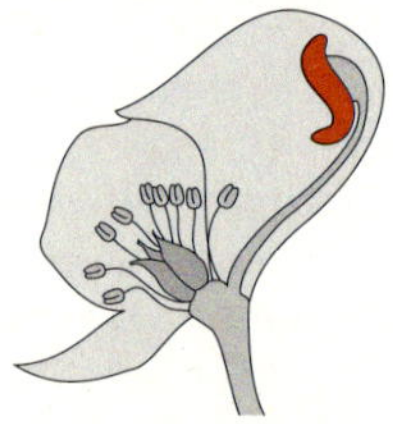

Gattung: Akelei

Kirschblüten

Apfelblüten

Heckenrosenblüten

Erdbeerblüten

Die Familie der Rosengewächse

Im Frühjahr bieten die *Obstbäume* ein prächtiges Bild: Kirsche, Apfel, Birne, Pfirsich und Zwetschge stehen in voller Blüte. Auch an Waldrändern und an Hecken ist die Natur wieder zum Leben erwacht. Schlehen, Heckenrosen, Brombeeren, Weißdorn und Eberesche (Vogelbeere) zeigen bereits ihre Blüten. In der Krautschicht wachsen Fingerkräuter und Walderdbeere.

Betrachtet man die Blüten all dieser auf den ersten Blick so verschiedenen Pflanzen genauer, so stellt man einige Übereinstimmungen fest: Alle Blüten weisen 5 *Kelchblätter*, 5 *Kronblätter* und viele *Staubblätter* auf. Die *Laubblätter* haben im Allgemeinen *Nebenblätter* und sind wechselständig. Alle Pflanzen mit derartigen Merkmalen fasst der Biologe in der Familie der *Rosengewächse* zusammen. Wegen bestimmter Unterschiede im Bau des Blütenbodens und der Früchte unterscheidet man innerhalb der Rosengewächse noch drei Unterfamilien.

Bei den *Steinobstgewächsen* steht der Stempel frei in dem becherartig eingesenkten Blütenboden. Dieser entwickelt sich nach Bestäubung und Befruchtung zu einer Steinfrucht. Dabei wächst der Fruchtknoten stark heran und bildet schließlich drei Schichten: Die äußere Haut, das saftige Fruchtfleisch und den harten Stein. Im Inneren des Steins liegt gut geschützt der Same, aus dem sich bei der Keimung die neue Pflanze entwickelt. Zu den Steinobstgewächsen gehören *Kirsche* und *Zwetschge*.

Der Fruchtknoten der *Kernobstgewächse* besteht aus 4 bis 5 verwachsenen Fruchtblättern. Er ist mit dem Blütenboden verwachsen. Der Fruchtknoten entwickelt sich zum vier- oder fünfkammerigen Kernhaus, das Fruchtfleisch entsteht dagegen aus dem Blütenboden und bildet eine Scheinfrucht. Zu den Kernobstgewächsen zählen *Birne* und *Apfel*.

Bei der dritten Unterfamilie, den eigentlichen *Rosengewächsen*, stehen zahlreiche Stempel frei auf dem Blütenboden. Sie entwickeln sich zu kleinen, unscheinbaren *Nussfrüchten* oder *Steinfrüchten*. Bei der Erdbeere wird der Blütenboden fleischig und bildet schließlich mit den winzigen Nüsschen eine Sammelfrucht. Auch die Hagebutte bildet eine Sammelnussfrucht, während Himbeere und Brombeere Sammelsteinfrüchte bilden.

Kirschblüte

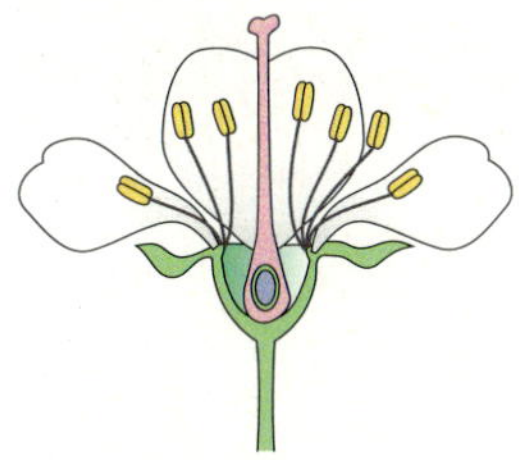

5 Kelchblätter
5 Kronblätter
viele Staubblätter
1 freier Fruchtknoten

Kirsche

Steinfrucht

Apfelblüte

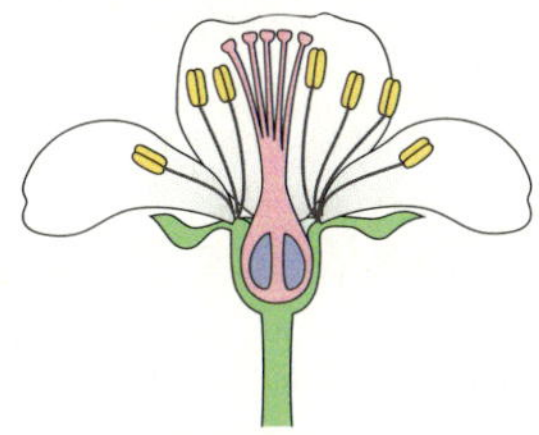

5 Kelchblätter
5 Kronblätter
viele Staubblätter
1 fünfteiliger Fruchtknoten, mit dem Blütenboden verwachsen

Apfel

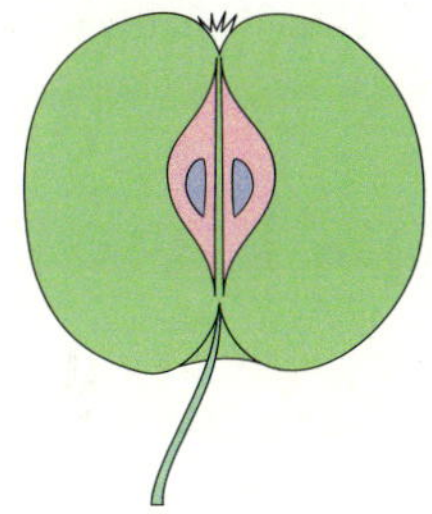

Kernfrucht

Heckenrose

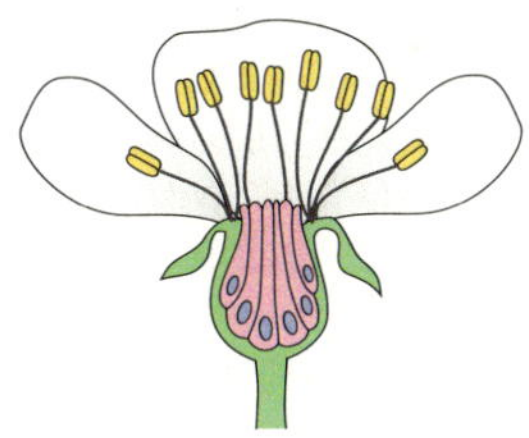

5 Kelchblätter
5 Kronblätter
viele Staubblätter
viele Stempel in einem krugförmigen Blütenboden

Hagebutte

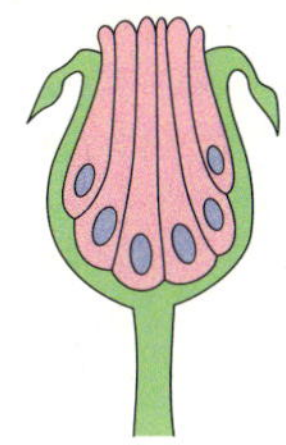

Frucht:
viele Nüsschen in einer Sammelfrucht vereint

Erdbeerblüte

2 x 5 Kelchblätter
5 Kronblätter
viele Staubblätter
viele Stempel auf einem kugelförmigen Blütenboden

Erdbeere

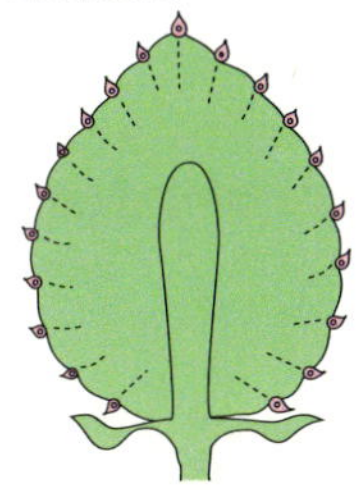

Frucht:
viele Nüsschen in einer Sammelfrucht vereint

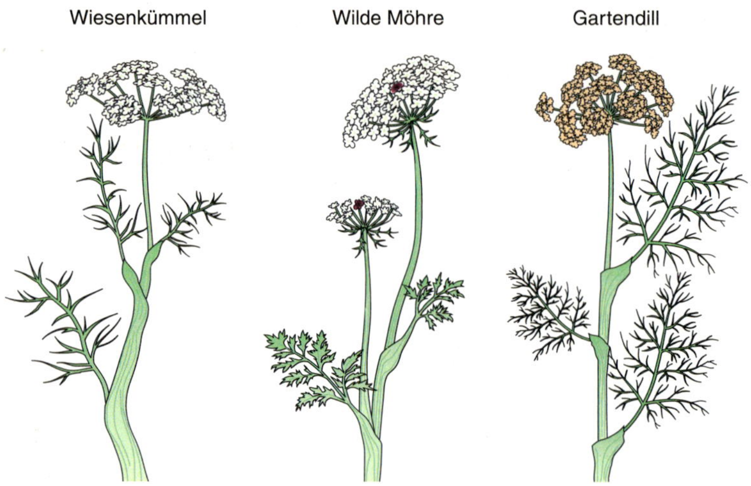

1 Verschiedene Arten aus der Familie Doldengewächse

2 Blütenstand der Wilden Möhre

Die Wilde Möhre ist ein Doldengewächs

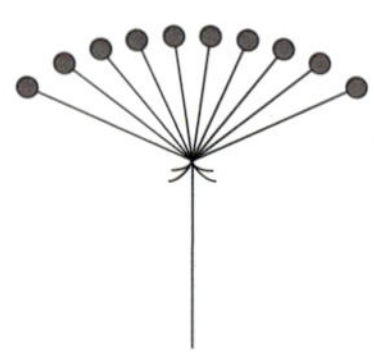

Dolde

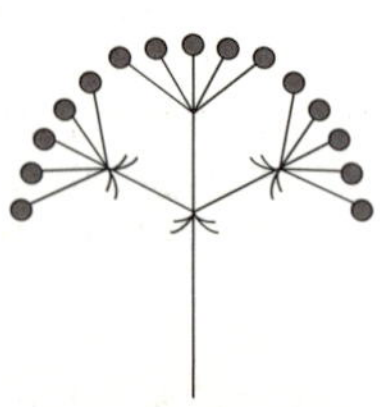

zusammengesetzte Dolde

Die *Wilde Möhre* kommt an trockenen und warmen Standorten vor. Sie ist eine *zweijährige* Pflanze. Im ersten Jahr speichert sie Reservestoffe in ihrer verdickten *Pfahlwurzel*. Im zweiten Jahr bildet sie Blüten und Früchte; danach stirbt sie ab. Ihr Blütenstand ist eine *Doppeldolde*, die wie eine einzige, riesige Blüte wirkt. Dadurch ist die Pflanze auffällig und lockt Fliegen und Käfer an. Diese kurzrüsseligen Insekten finden reichlich Nektar, der auf einem Griffelpolster abgeschieden wird. Bei ihrem Besuch bestäuben die Insekten die Blüten.

Die *Einzelblüten* sind eher unscheinbar. Ihr fünfblättriger Kelch ist winzig klein und kaum zu entdecken. Die Blüten besitzen fünf weiße Kronblätter, fünf Staubblätter und einen unterständigen Fruchtknoten. Dieser besteht aus zwei Fruchtblättern mit je einer Samenanlage. Die Frucht zerfällt in zwei einsamige Teilfrüchte. Sie tragen kurze Widerhaken, mit denen sie an Tieren hängen bleiben. Dadurch werden sie verbreitet. Ein besonderes Kennzeichen der Wilden Möhre ist eine rotbraune Blüte in der Mitte des Blütenstandes. Sie heißt *Mohrenblüte*. Wahrscheinlich hat die Pflanze ihren Namen von diesem „Möhrchen".

Pflanzen mit einem ähnlichen Blütenbau und einer *Dolde* oder *Doppeldolde* als Blütenstand gehören zur **Familie der Doldengewächse**. Es sind meist krautige Pflanzen, die mit Rüben oder Erdsprossen überwintern. Der Stängel ist hohl und hat verdickte Knoten. Die Blätter sind oft gefiedert.

Die Familie der Doldengewächse umfasst 2600 Arten, von denen in Mitteleuropa etwas mehr als 100 wild vorkommen. Viele Nutz- und Gewürzpflanzen wie *Dill, Kerbel, Petersilie* und *Liebstöckel*, ebenso *Mohrrübe, Fenchel* und *Sellerie* gehören dazu.

Aufgabe

① Bei vielen Doldengewächsen haben die Blüten am Rand des Blütenstandes eine andere Form als die in der Mitte.
   a) Beschreibe die Unterschiede im Aussehen von Rand- und Mittelblüten (Abb. 3).
   b) Welche Bedeutung könnte die Form der Randblüten haben?

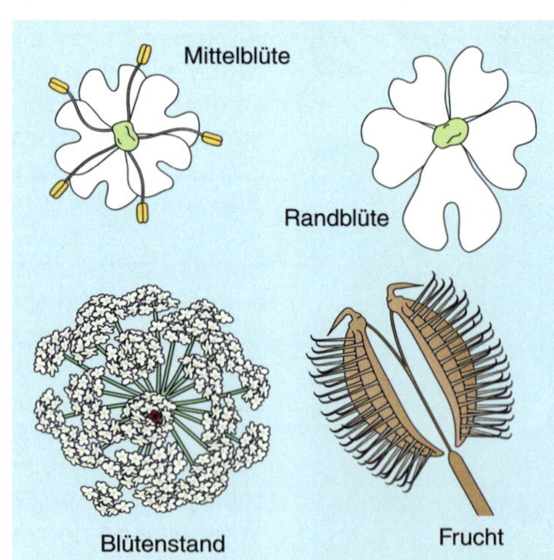

3 Blütenstand, Blüte und Frucht (Schema)

Sonnenblume

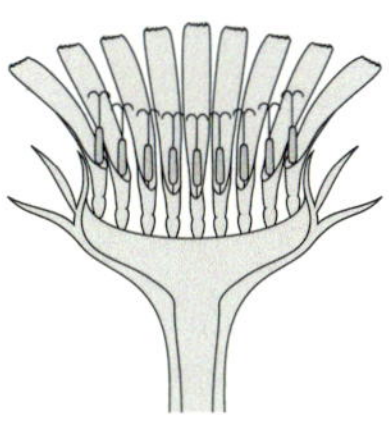

Längsschnitt
Blütenkörbchen

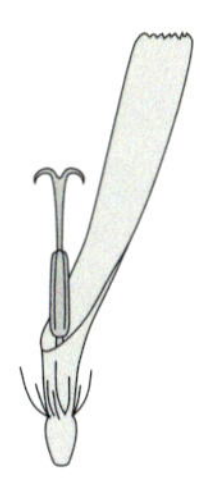

Einzelblüte

Fallschirmfrucht

Löwenzahn

Die Familie der Korbblütler

Sonnenblumen werden wegen ihrer ansehnlichen *Blütenscheiben*, vor allem aber wegen der fettreichen Früchte angebaut. Die Pflanze ist trotz ihrer Größe einjährig. Da alle Pflanzenteile im Winter absterben, muss man jedes Jahr wieder *Sonnenblumenkerne* aussäen, um neue Pflanzen zu erhalten.

Untersucht man im Sommer eine der riesigen Blütenscheiben, so erlebt man eine Überraschung. Sie ist dicht besetzt mit vielen röhrenförmigen Blütchen. Auch die gelben, zungenförmigen Blätter am Rand stellen sich als besonders geformte *Einzelblüten* heraus. Was beim ersten Hinsehen die Blüte der Sonnenblume zu sein scheint, ist in Wirklichkeit ein *Blütenstand*. Er ist von vielen grünen *Hüllblättern* umgeben und erinnert in seiner Form an ein Körbchen. Dieser Blütenstand ist ein wichtiges Merkmal für die **Familie der Korbblütler**. Er hat ihr den Namen gegeben.

Die *Zungenblüten* am Rand des Körbchens sind in ihrem unteren Abschnitt zu einer kurzen Röhre verwachsen. Sie besitzen weder Griffel noch Staubblätter. Ein Fruchtknoten ist zwar vorhanden, aber er kann keine Samen bilden. Die Zungenblüten der Sonnenblume sind also unfruchtbar *(steril)*. Sie haben nur die Aufgabe, den Blütenstand weithin sichtbar zu machen und Insekten anzulocken. Man nennt sie *Lockblüten*.

Die *Röhrenblüten* stehen dicht gedrängt im Inneren des Blütenkorbes. Sie sitzen in der Achsel eines Spreublattes. Auf dem unterständigen Fruchtknoten erkennt man zwei winzige Kelchblätter. Die Blütenblätter sind zu einer fünfzipfeligen, gelbbraunen Röhre verwachsen. Die Röhrenblüten öffnen sich nacheinander von außen nach innen. Zunächst reift der Pollen in den fünf, zu einer Röhre verwachsenen Staubbeuteln. Er wird von dem wachsenden Griffel nach oben geschoben. Erst später spreizen sich die beiden Narbenäste und können durch fremde Pollen bestäubt werden. Nach der Befruchtung entwickelt sich aus jeder Blüte ein Sonnenblumenkern, also viele hundert in einem Blütenstand.

Auch der **Löwenzahn** gehört zu den Korbblütlern. Sein gelbes Blütenkörbchen sitzt auf einem hohlen Stängel, der aus der Mitte einer *Blattrosette* emporwächst. Beim Abpflücken quillt aus den verletzten Pflanzenteilen ein weißer, klebriger Milchsaft heraus.

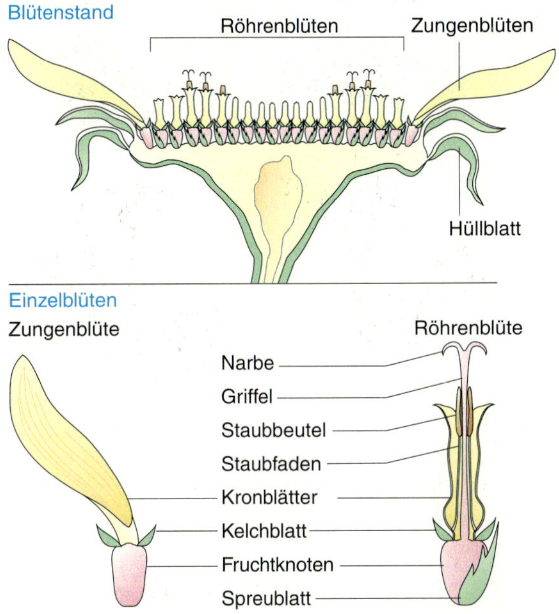

1 Blütenstand und Einzelblüten der Sonnenblume

Im Blütenkörbchen des Löwenzahns befinden sich ausschließlich Zungenblüten. Sie sind nur in ihrem unteren Abschnitt zu einer Röhre verwachsen. Spreublätter und Kelchblätter sind nicht vorhanden. Stattdessen sitzt auf dem Fruchtknoten ein Haarkelch, aus dem sich bei der reifen Frucht der „Fallschirm" entwickelt. Dieser ermöglicht die Verbreitung der Löwenzahnfrüchte durch den Wind.

Die Familie der Korbblütler ist mit 14 000 Arten über die ganze Erde verbreitet. In Europa kommen etwa 300 Arten vor. Einige Korbblütler besitzen ausschließlich Zungenblüten. Diese Pflanzen enthalten fast immer Milchsaft. Salatpflanzen, wie *Endivie* und *Chicoree,* gehören dazu. Bei anderen Korbblütlern, wie *Distel* und *Flockenblume,* sind nur Röhrenblüten vorhanden. Diese Pflanzen führen keinen Milchsaft. Viele röhrenblütige Korbblütler besitzen zusätzlich zungenförmige Randblüten. So ist es bei *Margerite, Aster* und *Gänseblümchen.*

Aufgaben

① Vergleiche die Röhrenblüten der Sonnenblume mit den Zungenblüten des Löwenzahns.

② Sammle auf Wiesen oder am Wegrand einige Korbblütler und ordne sie nach Röhren- bzw. Zungenblütigen.

Die Familie der Süßgräser

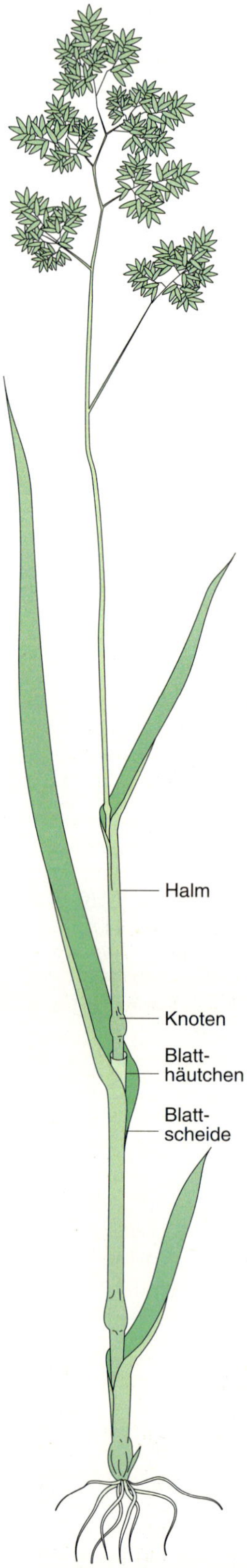

Den größten Anteil der Wiesenpflanzen machen die **Süßgräser** aus. An einigen typischen Baumerkmalen sind sie leicht zu erkennen. Sie besitzen einen runden, hohlen Stängel *(Halm)*, der durch *Knoten* in kürzere Abschnitte gegliedert ist. Die Blätter sind lang und schmal. Sie besitzen parallel verlaufende Blattadern und ihr Rand ist glatt und scharf. Der untere Teil des Blattes bildet eine *Blattscheide*, die den Halm bis zum nächsten Knoten umschließt. Die Festigkeit des Halmes wird dadurch erhöht. Knickt er dennoch einmal um, so richtet er sich durch einseitiges Wachstum an einem Knoten mit der Zeit wieder auf.

Die Blüten der Gräser sind klein und unauffällig. Sie besitzen bei allen Süßgräsern einen ähnlichen Bau. Jede einzelne Blüte besteht aus dem Fruchtknoten mit federförmigen Narbenästen, drei Staubblättern und verschiedenen Spelzen. Sie schützen die Blüten und besitzen manchmal einen haarähnlichen Fortsatz, die *Granne*. Mehrere solcher Blüten, meistens zwei bis fünf, stehen in einem *Ährchen* eng beisammen. Die Vielzahl der Ährchen bildet den Blütenstand. Nach der Art des Blütenstandes lassen sich die Gräser in drei Gruppen unterteilen.

Ährengräser: Alle Ährchen sitzen ungestielt am Halm und bilden zusammen die Ähre. Das *Englische Raygras* ist eine wichtige Futter- und Rasenpflanze, denn sie verträgt sogar häufigen Schnitt sehr gut. Sehr widerstandsfähig ist auch ein anderes Ährengras, die *Quecke*. In Gärten und auf Äckern ist sie ein lästiges Wildkraut, da sich die Pflanze durch lange unterirdische Ausläufer, aber auch durch kurze Abschnitte dieser Erdsprosse weit verbreitet.

Rispengräser: Bei ihnen sitzen die Ährchen an deutlich gestielten und teilweise mehrfach verzweigten Seitenästen. Zwei häufige Rispengräser sind das *Honiggras* und das *Knäuelgras*.

Ährenrispengräser: Im Aussehen ähneln die Blütenstände dieser Gräser einer Ähre. Man spricht deshalb auch von *Scheinährengräsern*. Die einzelnen Ährchen sind jedoch kurz gestielt und sitzen nicht direkt am Halm. Das ist oft nur zu erkennen, wenn wir den Blütenstand stark umbiegen. *Wiesenfuchsschwanz*, *Kammgras* und *Ruchgras* gehören zu den Ährenrispengräsern.

Neben den Süßgräsern findet man auf nassen und kalkarmen Wiesen **Sauer-** oder **Riedgräser**. Sie sind leicht von den Süßgräsern zu unterscheiden: ihre Stängel sind dreikantig, nicht hohl und besitzen keine Knoten. Sauergräser sind kaum als Futterpflanzen geeignet. Ihr Heu ist sehr hart und wird vom Vieh nicht gefressen.

Aufgabe

① Gräser lassen sich leicht sammeln und pressen. Lege eine Gräsersammlung an und unterscheide zwischen Süß- und Sauergräsern. Ordne die Süßgräser nach den Blütenstandsformen.

1 Verschiedene Arten von Süßgräsern

Herbarium

Weißt du, was man unter einem Herbarium versteht? *Herba* ist lateinisch und heißt Kraut. Ein Herbarium ist eine Sammlung von gepressten und getrockneten Pflanzen. Das klingt im ersten Augenblick nach einer ziemlich uninteressanten Angelegenheit. Ein sorgfältig angelegtes Herbarium kann jedoch viel Freude bereiten.
Und so geht man dabei vor:

Pflanzen sammeln und bestimmen
Am besten beginnst du damit, Blätter von verschiedenen Bäumen oder Sträuchern zu sammeln. Du wirst dich wundern, wie viele Blattformen es gibt und wie leicht du lernst, Bäume und Sträucher daran zu unterscheiden.

Später kannst du dir eine Wiese oder ein Stück Wegrand vornehmen. Versuche bereits an Ort und Stelle, den Namen der Pflanzen anhand eines Bestimmungsbuches herauszubekommen. Wenn du unsicher bist, ob es sich um eine geschützte Pflanze handelt, musst du sie auf jeden Fall stehen lassen. Beim Sammeln ist darauf zu achten, dass Stängel, Blüte und Laubblätter vorhanden sind. Notiere den Fundort und bewahre die gepflückte Pflanze in einem Plastikbeutel auf. So bleibt sie für kurze Zeit frisch.

Pflanzen beschriften
Kontrolliere zu Hause bei jeder Pflanze, ob du sie richtig bestimmt hast. Schreibe den Gattungs- und Artnamen auf ein Etikett. Notiere ebenso die Pflanzenfamilie, den Fundort und das Datum, an dem die Pflanze gepflückt wurde.

Pflanzen ausbreiten
Die Pflanzen werden einzeln zwischen gefaltetes Zeitungspapier gelegt und in natürlicher Lage leicht angedrückt. Das ausgefüllte Etikett wird dazugelegt.

Pflanzen pressen
Die Zeitungen mit den Pflanzen werden aufeinander gestapelt, mit einem schweren Gegenstand beschwert oder in eine Gitterpresse gelegt. Damit sich kein Schimmel bildet, müssen die Zeitungen mehrmals ausgewechselt werden.

Pflanzen aufziehen
Die getrocknete Pflanze wird rückseitig an einigen Stellen mit einem Alleskleber bestrichen und auf einen Bogen festes Papier geklebt. Das Etikett mit der Beschriftung wird als Letztes neben der Pflanze angebracht.

Pflanzen aufbewahren
Die fertigen Herbarblätter werden nach Familien sortiert und in einem Ordner gesammelt. Zur Übersicht beschriftet man für jede Familie ein eigenes Deckblatt und legt ein Inhaltsverzeichnis an.

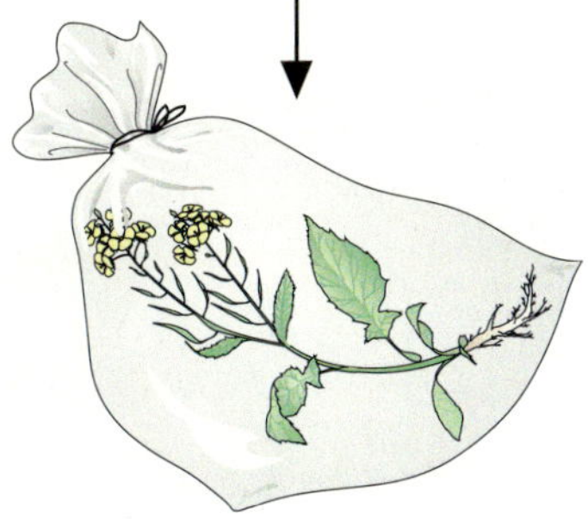

Art	
Gattung	
Familie	
Fundort	
Datum	

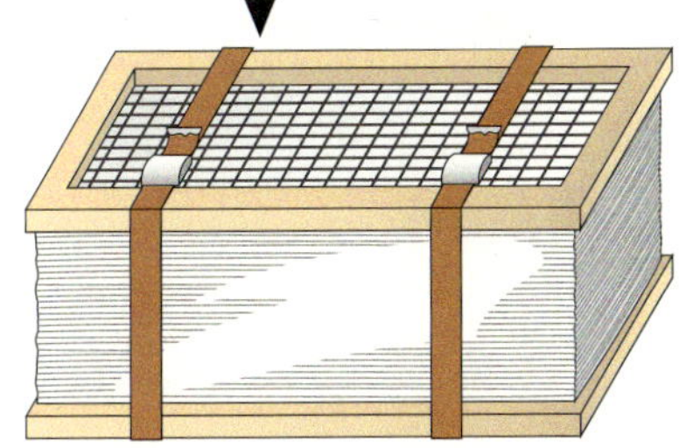

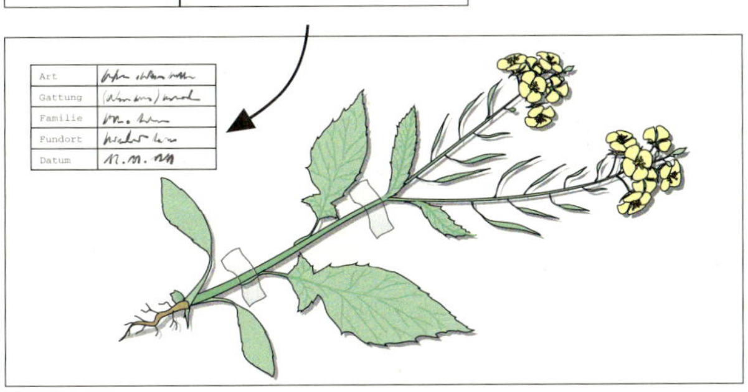

Merkmale
von Blütenpflanzen

Wasserschierling

Lichtnelke

Roter Fingerhut

Echte Kamille

Rundblättrige Glockenblume

Frauenschuh (geschützt)

Klatschmohn

Stängelloser Enzian (geschützt)

Silberdistel (geschützt)

Aufgaben

① Auf dieser Seite findest du einige Abbildungen blühender Pflanzen. Erläutere
- die Blattrand- und die Blattform.
- ob sie einfache oder zusammengesetzte Blätter aufweisen.
- die Blattstellung am Stängel.
- ob die Blütenhüllen einfach oder doppelt sind.
- ob die Kronblätter frei oder verwachsen sind.
- welche Symmetrie die Blüten aufweisen.
- ob sie Einzelblüten oder Blütenstände haben.

② Suche bei einem Lerngang mindestens fünf verschiedene Arten von Blütenpflanzen. Überprüfe für jede Art, welche Merkmale sie hinsichtlich ihrer Blätter und ihrer Blüten zeigt. Stelle deine Ergebnisse in Form einer Tabelle zusammen.

③ Lege eine Blattsammlung an, die so aufgebaut sein soll:
- je ein einfaches und ein zusammengesetztes Blatt.
- fünf Blätter mit unterschiedlichen Blattformen.
- fünf Blätter mit verschiedenen Blatträndern.
- zwei beblätterte Stängel mit unterschiedlichen Blattstellungen.
- je ein netzadriges und ein paralleladriges Blatt.
- je ein Blatt mit bzw. ohne Nebenblätter.

④ Lege eine Blütensammlung an, die folgenden Aufbau hat:
- je drei Einzelblüten und Blütenstände.
- je drei strahlig-symmetrische und zweiseitig-symmetrische Blüten.
- je drei Blüten mit freien bzw. verwachsenen Kronblättern.

Blütenformen

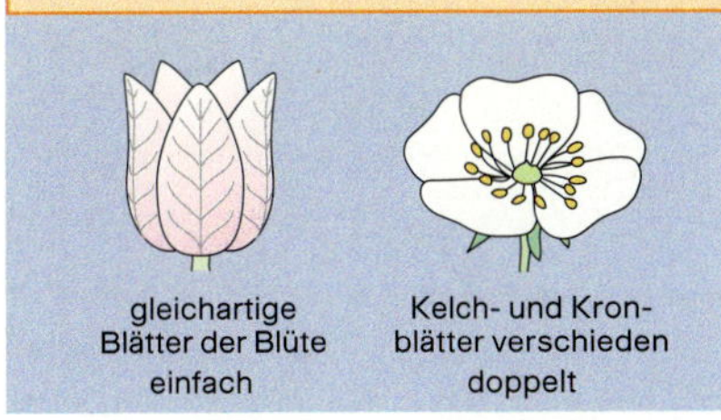

Es gibt einfache und doppelte Blütenhüllen.

Die Kronblätter können miteinander verwachsen oder frei sein.

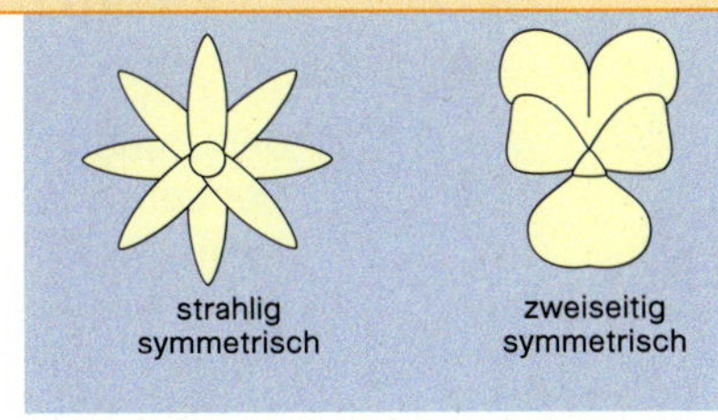

Die Blütensymmetrie kann strahligsymmetrisch oder zweiseitig-symmetrisch sein.

Fruchtknoten

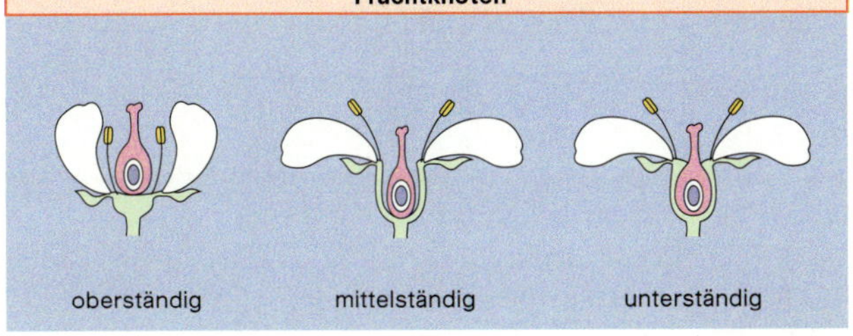

Die Fruchtknoten können in der Blüte oberständig, mittelständig oder unterständig sein.

Blütenstände

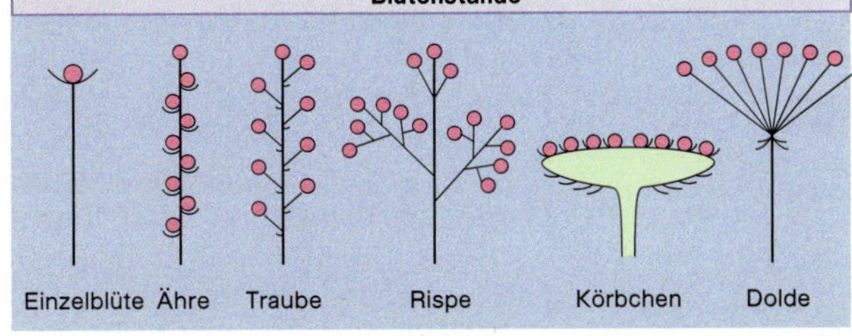

Stehen die Blüten einzeln am Stängelende, ist es eine Einzelblüte; zahlreiche Blüten in einer Gruppe bilden einen Blütenstand.

Blattrand

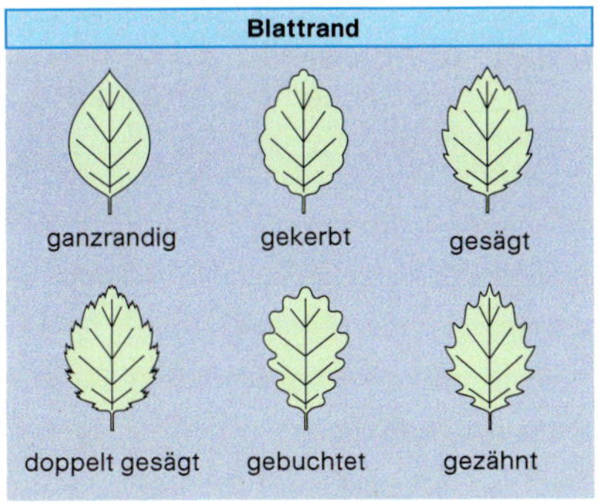

Blätter können sich in der Beschaffenheit der Blattränder unterscheiden.

Merkmale zum Bestimmen von Pflanzenfamilien

Insgesamt gibt es etwa 240 000 verschiedene Arten von Samenpflanzen auf der Erde und davon leben etwa 2400 Arten in Mitteleuropa. Sie alle zu kennen ist unmöglich, nur einige Arten sind in diesem Buch vorgestellt worden. Trotzdem ist es manchmal nötig, Pflanzen bestimmen zu können, z. B. im Natur- und Umweltschutz. Dazu braucht man Kenntnisse vom Bau der Blüten und Blätter. Auf dieser Seite sind die wichtigsten Merkmale für das Bestimmen von Pflanzen beschrieben.

Blattadern

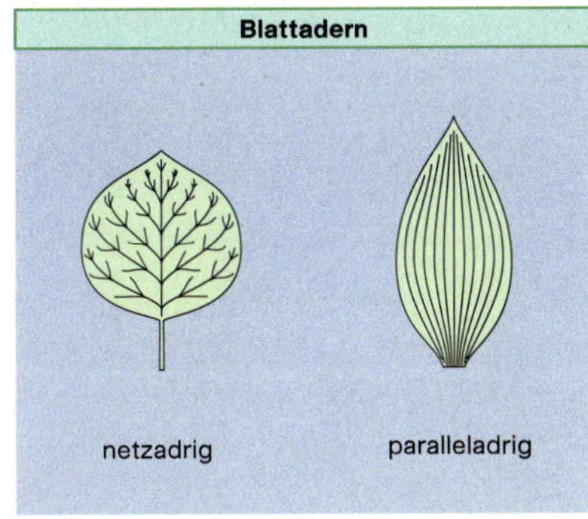

Blätter können sich im Verlauf der Blattadern unterscheiden.

Blattformen

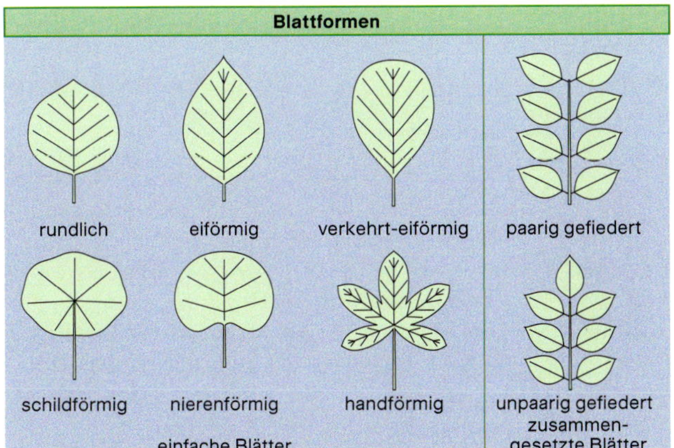

Die Blattformen zeigen eine große Vielfalt. Weiterhin muss man noch zwischen einfachen Blättern und den verschiedenen Typen von zusammengesetzten Blättern unterscheiden.

Nebenblätter

Manche Blätter tragen am Blattgrund kleine Nebenblätter.

Blattstellung

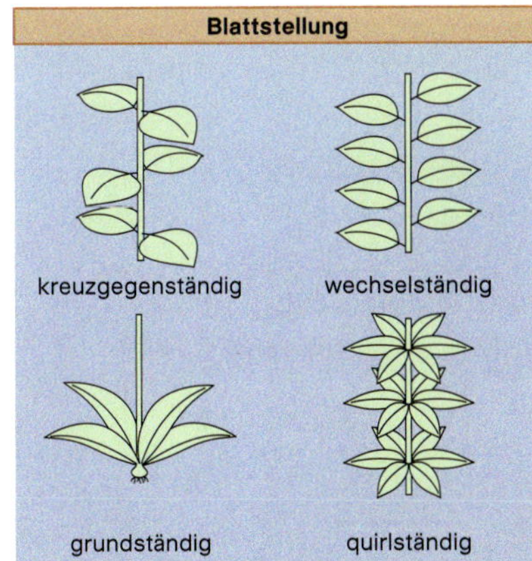

Auch die Stellung der Blätter am Stängel kann als Merkmal für die Bestimmung von Pflanzen herangezogen werden.

Pflanzen lassen sich bestimmen

Jens ist ein begeisterter Naturfotograf. In jeden Ferien sucht er nach neuen Motiven. Der Lehrer hat ihn gebeten, eine kleine Auswahl von Pflanzenfotos mitzubringen. Die Mitschüler sind verblüfft, dass Jens so viele Pflanzenarten kennt. Sie möchten gerne wissen, wie man den Namen einer unbekannten Art herausbekommt. Jens erklärt:

„Will man den Namen einer Pflanze wissen, so benötigt man dazu ein Buch, in dem die Pflanzen genau beschrieben sind. Ein solches *Bestimmungsbuch* kann zum Beispiel nur Abbildungen mit kurzen Erläuterungen enthalten. Hier muss man Seite für Seite durchblättern und die Pflanze mit den Bildern vergleichen. Irgendwann wird man so vielleicht den Namen herausbekommen.

In manchen Büchern sind die Pflanzen nach Blütenfarben geordnet. Da es sehr viele Pflanzen mit einer bestimmten Blütenfarbe gibt, gliedert man innerhalb der Blütenfarbe nach der Zahl der Blütenblätter. Danach kann man noch weiter nach dem Standort unterscheiden. Dadurch ist das Auffinden etwas leichter. Trotzdem kann man nicht immer sicher sein, ob der gefundene Pflanzenname der Richtige ist, da sich manche Arten doch sehr ähnlich sehen. Dies zeigt sich zum Beispiel bei den abgebildeten gelb blühenden Pflanzen mit fünf Kronblättern, die alle auf Wiesen vorkommen können.

Besser ist es, wenn das Buch einen *Bestimmungsschlüssel* enthält. Das ist eine trickreiche Sache. Zu einer Pflanze werden immer zwei Möglichkeiten abgefragt. Dort, wo mit ja geantwortet werden kann, geht es weiter. Der Bestimmungsschlüssel führt dann über weitere Fragen am Ende zum richtigen Namen. Ich habe hier ein paar Bilder von gelb blühenden Wiesenpflanzen mitgebracht, für die ich einen solchen Bestimmungsschlüssel einmal selbst zusammengestellt habe."

In Jens Bestimmungsschlüssel ist für das Beispiel Gemeiner Odermennig der richtige Lösungsweg blau gedruckt. Auf der Seite 255 siehst du am selben Beispiel, wie ein solcher Bestimmungsschlüssel aufgebaut ist. Manche von Jens Klassenkameraden finden das auf den ersten Blick alles fürchterlich kompliziert, aber eines ist sicher: Wenn man es einmal richtig durchdacht hat, ist es gar nicht so schwer und kann sogar richtig Spaß machen.

Gemeiner oder Kleiner Odermennig

1 Gelb blühende Wiesenpflanzen

1 Stängel kriechend ______ 2
Stängel aufrecht ______ 3
2 Blätter rund bis elliptisch ______ Pfennig-Gilbweiderich
Blätter handförmig geteilt ______ Kriechendes Fingerkraut
3 Blätter ganzrandig ______ 4
Blätter handförmig geteilt oder aber gesägt ______ 5
4 Blätter groß, einige bis 30 cm lang ______ Gelber Enzian
Blätter klein, alle höchstens 5 cm lang ______ Tüpfel-Hartheu
5 viele Blüten in langen Trauben ______ 6
wenige, locker angeordnete Blüten ______ Scharfer Hahnenfuß
6 Blätter länglich, mehlig ______ Mehlige Königskerze
Blätter unpaarig gefiedert ______ Gemeiner Odermennig

Aufgaben

① Bevor aber ein Botaniker Pflanzenarten bestimmt, wird er zunächst versuchen herauszubekommen, welchen Pflanzenfamilien sie angehören.
Versuche für die Pflanzenfamilien, die du auf den Seiten 244 bis 249 kennen gelernt hast, einen Bestimmungsschlüssel zu erarbeiten und ihn wie auf der folgenden Seite aufzuzeichnen.

② Versuche für eine Pflanze deiner Wahl mithilfe dieses Bestimmungsschlüssels die Pflanzenfamilie zu bestimmen, zu der sie gehört.

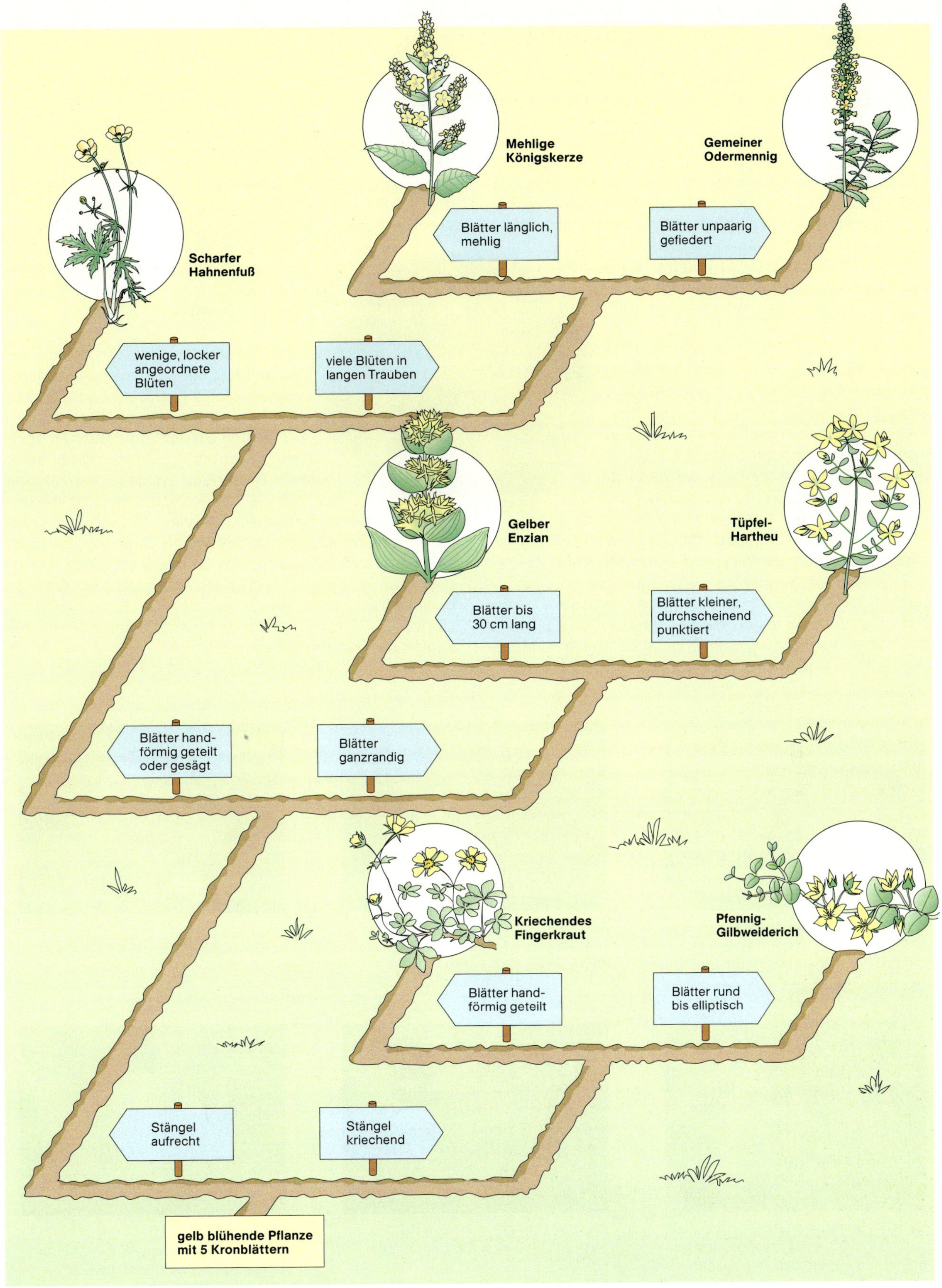
gelb blühende Pflanze mit 5 Kronblättern
Stängel aufrecht
Stängel kriechend
Blätter hand-förmig geteilt oder gesägt
Blätter ganzrandig
Blätter hand-förmig geteilt
Blätter rund bis elliptisch
Kriechendes Fingerkraut
Pfennig-Gilbweiderich
wenige, locker angeordnete Blüten
viele Blüten in langen Trauben
Blätter bis 30 cm lang
Blätter kleiner, durchscheinend punktiert
Gelber Enzian
Tüpfel-Hartheu
Scharfer Hahnenfuß
Blätter länglich, mehlig
Blätter unpaarig gefiedert
Mehlige Königskerze
Gemeiner Odermennig

Viele Gemüsepflanzen sind Kreuzblütler

Die Nutzpflanzen, die wir im Garten als Gemüse anbauen, kommen in dieser Form wild nicht vor. Sie stammen jedoch von Wildpflanzen ab und sind das Ergebnis jahrhundertelanger *Züchtung*. Als die Menschen sesshaft wurden, haben sie in der Umgebung ihrer Behausungen gezielt verschiedene Pflanzenarten ausgewählt und angebaut. Diese Pflanzen besaßen Eigenschaften, die den Menschen für ihre Ernährung besonders wertvoll erschienen.

Zufällig traten dann im Laufe der Zeit einzelne Pflanzen auf, die noch mehr Vorzüge besaßen. Vielleicht war die essbare Wurzel etwas dicker oder die Früchte waren geschmackvoller. Die Samen solcher Pflanzen wurden dann zur Weiterzucht genutzt, um wieder Nachkommen von ähnlichem Aussehen oder Geschmack zu erhalten. Diese *Auslese* von gewünschten Eigenschaften führte zu den heutigen *Kulturpflanzen*.

Beim *Wildkohl* sind die Zuchterfolge besonders beeindruckend. Von ihm stammen alle Kulturformen des Kohls ab. Fast jedes Organ dieser Pflanze ist durch Auslesezüchtung verändert worden. Beim *Blumenkohl* wird der gesamte Blütenstand mit den fleischigen Blütenstielen gegessen; am *Grünkohl* schätzt man die zarten Blätter; der *Kohlrabi* ist ein fleischig verdickter Stängelabschnitt. Der gesamte Spross bleibt bei den *Kopfkohlen*, wie zum Beispiel beim Weißkohl, kurz gestaucht und wird als Gemüse genutzt. Beim *Rosenkohl* werden nur die dicken Seitenknospen geerntet.

Erst wenn diese Pflanzen blühen, erkennt man, dass sie miteinander verwandt sind. Ihre Blüten besitzen vier Kelch- und vier Kronblätter. Neben vier langen Staubblättern stehen noch zwei kurze; die Frucht ist eine Schote. Dieser Blütenbau ist das Kennzeichen der *Familie der Kreuzblütler*. Zu ihr gehören neben *Radieschen, Rettich* und *Kresse* noch weitere Nutzpflanzen. Aus den fetthaltigen Samen des *Rapses* wird Öl gepresst. Wird das Öl chemisch verändert, kann es als Treibstoff *(Biodiesel)* in Dieselfahrzeugen verwendet werden. Der Pressrückstand dient als Viehfutter. Beim *Schwarzen Senf* dienen die Samen der Senfherstellung.

Grünkohl hat einen Spross ohne Seitentriebe. Am Spross befinden sich die großen, stark gekrausten Blätter.

Weißkohl hat einen kurzen Spross und viele dicht aufeinander liegende Blätter, den Kohlkopf.

Blumenkohl hat einen kurzen Spross mit wenigen großen Blättern. Der weiße Teil ist der junge Blütenstand.

Beim **Rosenkohl** ist der Spross stark verzweigt. Die Seitenzweige sind gestaucht, die Blätter dicht gepackt.

Broccoli hat einen kurzen Spross, an dessen Ende sich Blütenknospen bilden.

Beim **Kohlrabi** ist der Spross kurz und dick, eine *Sprossknolle*. An der Sprossknolle wachsen die Blätter.

Gräser für den Menschen

Nicht nur die Tiere ernähren sich von Gräsern, sondern auch wir Menschen. Alle *Getreidearten* sind aus Wildformen gezüchtete Gräser. In Europa haben Hafer, Weizen, Roggen und Gerste eine große Bedeutung.

Hafer ist leicht verdaulich. Die länglichen Körner werden gequetscht und getrocknet als Haferflocken gegessen.

Weizen hat rundliche Körner mit Härchen an der Spitze. Beim Mahlen der Körner entsteht aus den nährstoffhaltigen Schichten des Weizenkorns und dem Keimling die *Kleie*. Je nachdem, wie fein gemahlen und gesiebt wird, entstehen Schrot, Graupen, Gries oder Mehl. Gries wird für die Nudelherstellung, Mehl für das Backen von Kuchen und weißem Brot verwendet.

Roggen ist ein Brotgetreide mit langen, walzenförmigen Körnern. Er liefert dunkle, kräftig schmeckende Brotsorten, die lange frisch bleiben. Wird die Kleie nicht abgetrennt, erhält man ein Vollkornmehl mit allen Nährstoffen und vielen Ballaststoffen.

Gerste wird zur Herstellung von Biermalz genutzt. *Malz* nennt man angekeimte und anschließend geröstete Gerstenkörner.

Mais wird seit 5000 Jahren in Amerika angebaut. Wir essen Mais als Gemüse, Cornflakes oder Popcorn. In Italien wird aus Maisgries die Polenta gekocht. In Mexiko bäckt man Tortillas, kleine Fladen aus Maismehl.

Hirse war im Mittelalter bei uns ein wichtiges Nahrungsmittel. Da sie auch auf kargem Boden in trockenen Regionen wächst, wird sie heute hauptsächlich in Afrika angebaut. Aus dem Mehl zubereitete Breigerichte fehlen dort bei keiner Mahlzeit.

Reis wird zwar auch in Italien, Spanien oder den USA angebaut, jedoch sind die Hauptanbaugebiete China, Japan und Indien. Reis wird ausgesät oder junge Pflanzen eingepflanzt. Reispflanzen verdunsten viel Wasser, die Pflanzen werden daher auf überfluteten Feldern angebaut. Bis zur Ernte vergehen je nach Sorte 3 bis 9 Monate. Werden die Blätter gelb, beginnt die Erntezeit. Man unterscheidet Langkornreis *(Patnareis)* und Rundkornreis *(Milchreis)*. Langkornreis ist nach dem Kochen körnig und locker, Rundkornreis weich. Das Reismehl ist nicht, wie unser Getreidemehl, zum Backen geeignet.

1 Mähdrescher im Weizenfeld

2 Reisanbau in Asien

Die Kartoffel

Kartoffeln gehören neben verschiedenen Getreidearten zu unseren Grundnahrungsmitteln. Außerdem werden sie zu vielen weiteren Produkten verarbeitet. Welche kennst du?

Kleine Pflanzenkunde

Die Kartoffeln sind krautige Pflanzen, die ca. 50 cm hoch werden. Die Früchte sind kleine grüne Beeren mit Samen, die Ähnlichkeit mit Tomaten haben. Die Kartoffel ist zwar mit der Tomate verwandt, jedoch sind die Beeren giftig.

Zum Verzehr eignen sich nur die unterirdisch wachsenden Knollen. Dies sind die verdickten Enden an den unterirdischen Sprossteilen der Kartoffelpflanze. Kartoffeln sind also nicht Teile der Wurzeln. Aus den „Augen" der Kartoffelknollen können wieder Triebe entstehen. Die Kartoffel schrumpft hierbei, weil der Vorratsspeicher, die Stärke, verbraucht wird.

Biologen hatten die Idee, „Tomoffeln" aus einer Kreuzung von Tomaten und Kartoffeln zu züchten. Dies ist bisher aber nicht gelungen. Welches Ziel könnte hinter dieser Idee stecken?

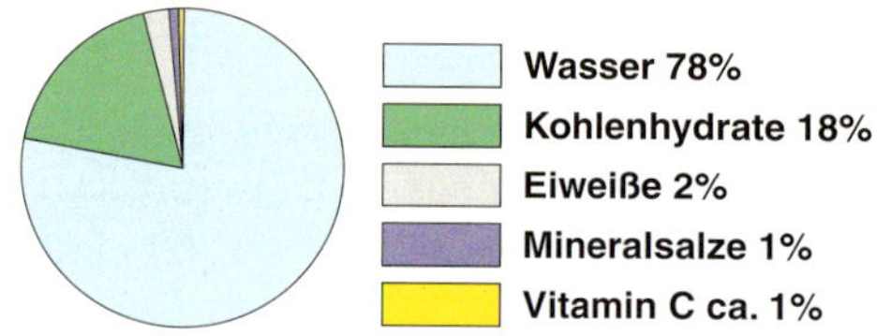

Kartoffeln sind nicht nur nahrhaft, sondern sie haben auch einen hohen Vitamin-C-Gehalt. Der Bedarf eines Menschen liegt bei 75,0 mg pro Tag.

Wie viele Kartoffeln müsstest du essen, um den Tagesbedarf zu decken?

Die Geschichte der Kartoffel

Die Heimat der Kartoffeln ist das Hochland von Peru und Bolivien in Südamerika. Die Indianer bauten die Kartoffeln als Grundnahrungsmittel an.

Erst zwischen 1555 und 1560 kamen die ersten Kartoffeln nach Europa. In Deutschland wurde der Anbau der Kartoffeln von Friedrich dem Großen in Preußen als billiges und sättigendes Nahrungsmittel angeordnet.

Finde heraus, welches Ereignis dort im Jahre 1740 zu einer Hungersnot führte.

Kartoffelanbau und Ernte bei den Inkas. Die Zeichnungen wurden 1585 für den spanischen König angefertigt.

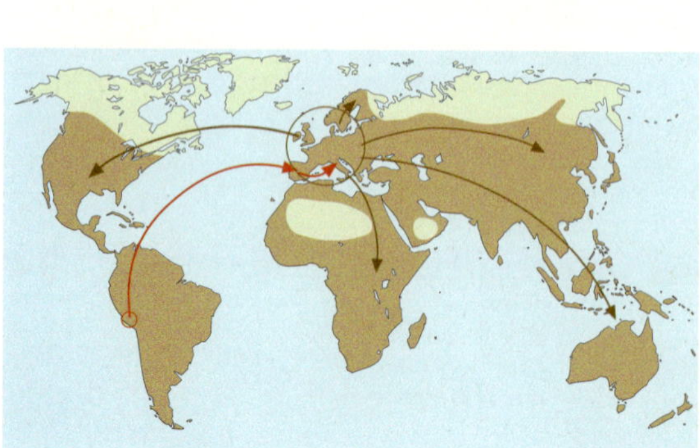

Vom peruanischen Hochland kamen Kartoffelpflanzen zuerst nach Spanien und dann nach Italien. Hier wurden sie wegen ihrer Ähnlichkeit zu Trüffeln Tartuffoli genannt.

Anbau und Ernte

Beim Kartoffelanbau nutzt man die ungeschlechtliche Vermehrung über die Kartoffelknollen. Diese werden im Frühjahr in gefurchten Reihen auf das Feld gelegt und mit Erde bedeckt.

Aus der Kartoffelknolle wächst ein Spross. Die oberirdische Pflanze entwickelt sich zu einer krautigen Pflanze. Diese blüht und es bilden sich die grünen Früchte. Gleichzeitig wachsen im Boden neue Kartoffelknollen. Diese werden im Herbst geerntet. Heute werden hierzu Maschinen eingesetzt. Die neuen Kartoffelknollen werden verkauft.

Weißt du, wie Kartoffeln gelagert werden sollen und warum?

Schädlinge

Die Kartoffel wird nicht nur vom Menschen als Nahrung geschätzt, sondern auch vom *Kartoffelkäfer*. Dieser frisst die Blätter der Kartoffelpflanze. Besonders gefräßig sind die rot gefärbten Larven.

Der Kartoffelkäfer lebte ebenfalls in Amerika und wurde in diesem Jahrhundert mit dem Schiffsverkehr nach Europa eingeschleppt.

Überlege, wie es zur Massenvermehrung der Käfer und Erntevernichtung auf den Feldern kommen kann.

Auch Pilze und Bakterien können zu Ernteschäden führen. Kennst du Maßnahmen, die Landwirte gegen diese Schädlinge ergreifen?

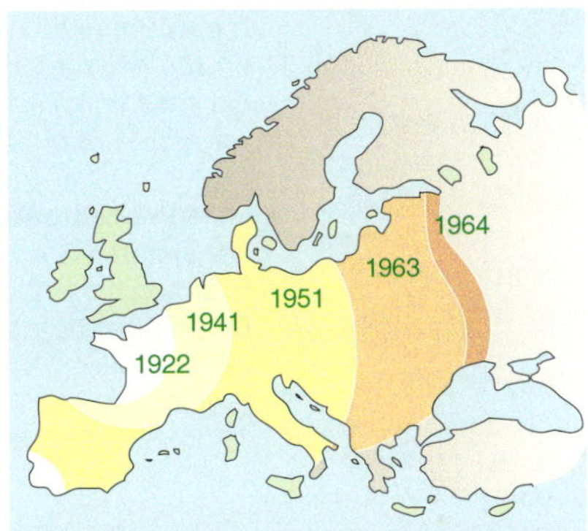

Obwohl sich der Käfer auf einem Kartoffelacker rasch vermehrt, dauerte seine Verbreitung in Europa sehr lange. Wie könnte man das erklären?

Der Kartoffelkäfer wurde auch „Colorado-Käfer" genannt. Warum wohl?

Frühkartoffel

Clivia

Datura

Desiree

Grata

Hansa

Es gibt über 2000 Kartoffelsorten.

In Südamerika an kurze Tage gewöhnt, kamen die Pflanzen in Europa schnell zur Blüte, setzten jedoch nur wenige, kleine Knollen an. 200 Jahre lang wurden sie als Zierpflanzen gehalten. Welche Auswahl bei der Zucht könnte zur heutigen Kartoffel geführt haben?

Apfel

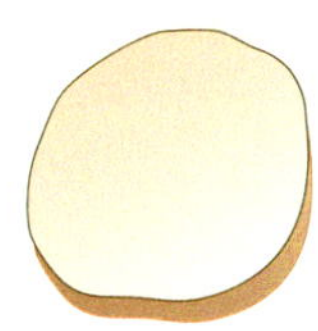

Erdapfel?

Die Kartoffel wird manchmal auch Erdapfel genannt. Ein irreführender Begriff, oder?

Nutzpflanzen

Schon seit mehr als 10 000 Jahren bauen die Menschen gezielt bestimmte Pflanzen an. Das weiß man von Grabbeigaben und Bildnissen, die man bei Ausgrabungen aus jenen Zeiten gefunden hat. Sie zeigen Menschen bei der Wein- oder Feigenernte und beim Bestellen von Feldern. Die Kulturpflanzen wurden damals wie heute in vielerlei Hinsicht genutzt; vor allem dienten sie der Ernährung.

Kohlenhydratpflanzen: Stärke ist vor allem in Kartoffeln und allen Getreidearten enthalten. Unser wichtigster Zuckerlieferant ist die **Zuckerrübe**. Die Pflanze speichert den Zucker in ihrer verdickten Pfahlwurzel als Reservestoff. Er kann ein Viertel ihres Gewichtes ausmachen.

Eiweißpflanzen: Einen hohen Eiweißgehalt besitzen die Hülsenfrüchte vieler Schmetterlingsblütler. Dazu gehören *Bohne, Erbse* und *Linse*. Für viele Menschen ist die *Sojabohne* der wichtigste Eiweißlieferant.

Öl- und Fettpflanzen: Fette werden vor allem in Früchten und Samen gespeichert. Das Fleisch der Kokosnuss, die *Kopra*, ist ein wichtiger Grundstoff für die Margarineherstellung.

Die **Kokospalmen** sind sehr wärmebedürftig; sie benötigen Temperaturen, die auch im kältesten Monat des Jahres nicht unter 20 °C liegen dürfen.

Im Mittelmeergebiet ist der *Ölbaum* beheimatet. Seine Früchte, die Oliven, besitzen bis zu 25% Fett in ihrem Fruchtfleisch. Auch aus den Samen vieler anderer Pflanzen wird Öl gepresst: *Sonnenblumen, Mohn, Lein, Klette, Distel, Raps, Senf* und *Sesam*.

Gemüsepflanzen: „Gemüse" hängt mit dem Wort Mus zusammen und bezeichnet essbare Pflanzenteile, die gekocht sind. Viele Gemüsesorten werden auch als Rohkost verzehrt. Man spricht dann von „Salat". Viele Zuchtformen und ausländische Gemüsesorten sind das ganze Jahr über auf dem Markt und bereichern unseren Speisezettel. Nur wenige Pflanzen werden als Wildgemüse oder Salat gesammelt. Wie der **Kürbis** werden fast alle heimischen Arten großflächig auf Feldern oder in Treibhäusern angebaut.

Obstpflanzen: Süß schmeckende, fleischige Früchte werden als Obst bezeichnet. Es wird in der Regel roh gegessen. Pflaume, Pfirsich und Kirsche sind *Steinobstsorten*, Birne und Apfel zählen zum *Kernobst*.

Als *Südfrüchte* fasst man alle Obstsorten zusammen, die in unseren Breitengraden nicht gedeihen und eingeführt werden müssen. Zu ihnen gehören die *Zitrusfrüchte*, die sich durch ihren hohen Gehalt an Vitamin C auszeichnen. *Zitrone, Apfelsine, Mandarine* und *Pampelmuse* werden von Oktober bis Februar geerntet. Da die Früchte am Baum kaum faul werden, kommt es vor, dass zur Blütezeit noch die Früchte des Vorjahres hängen. Der **Apfelsinenbaum** stammt wahrscheinlich aus China. Er wird bis zu 5 m hoch. Schon im Alter von drei

Jahren tragen die Bäumchen die ersten Früchte. Das Höchstalter beträgt etwa einhundert Jahre.
Einige andere, bei uns nicht heimische Früchte sind *Ananas, Dattel, Feige, Kiwi, Mango* und *Litchi*.

Die **Bananenstaude** wird etwa 6 m hoch. Trotz dieser Größe ist die Pflanze kein Baum. Sie ist nicht verholzt; der Scheinstamm besteht aus den zusammengerollten Blattscheiden. Die Blätter sehen wie riesige Palmwedel aus. Die Kulturformen der Banane entwickeln keine Samen. Zur ungeschlechtlichen Vermehrung benutzt man die Erdsprosse der Pflanze. Sie werden in kurze Stücke geschnitten und wieder eingegraben.

Genussmittelpflanzen: Genussmittel wie *Kaffee* oder *Tee* besitzen keinen Nährwert. Sie werden wegen ihrer anregenden Wirkung geschätzt.

Der **Kaffeestrauch** kann etwa 5 m hoch werden. Die Pflanze ist immergrün und besitzt ledrige Blätter. Die Entwicklung von der Blüte zur Frucht dauert etwa ein Jahr. An einer Pflanze findet man deshalb nebeneinander Blüten, unreife grüne und reife rote **Kaffeekirschen**. Im Inneren dieser Früchte liegen zwei Samen, die *Kaffeebohnen*. Sie werden geröstet und gemahlen. Neben den

Aromastoffen enthält Kaffee das Gift *Coffein*. In geringen Mengen regt es den Kreislauf und die Muskeltätigkeit an. Übermäßiger Coffeingenuss führt zu Schlaflosigkeit und Überreizung.

Der *Teestrauch* wird vor allem in den Gebirgsregionen der Tropen und Subtropen angebaut. Seine Blätter enthalten ebenfalls Coffein. Vor allem die jungen Blättchen ergeben ein aromatisches Getränk.

Die Blüten des *Kakaobaumes*, der 8 – 12 m hoch wird, treiben unmittelbar aus dem Stamm oder aus dicken Ästen hervor. Im Inneren der etwa 20 cm langen und bis 500 g schweren Frucht liegen viele kastaniengroße Samen. Diese Kakaobohnen sind sehr fetthaltig. Aus dem Fett, der Kakaobutter, wird durch Zuckerzugabe Schokolade hergestellt. Die entölten Samen werden zu Kakaopulver verarbeitet.

Ein fragwürdiges Genussmittel ist der Tabak. Er enthält das Gift *Nikotin*, das beim Rauchen inhaliert wird.

Es gilt als erwiesen, dass Tabakgenuss den menschlichen Körper auf Dauer stark schädigt. Vor allem die im Zigarettenrauch enthaltenen Teerstoffe können zu schweren Erkrankungen *(Krebs)* der Atmungsorgane führen. Tabak wird aus den getrockneten Blättern der **Tabakpflanze** hergestellt.

Heil- und Giftpflanzen: Viele Pflanzen liefern wertvolle Heilmittel. Aus der Wurzel der *Baldrianpflanze* werden beruhigende, aus den Blüten der *Echten Kamille* entzündungshemmende Arzneien hergestellt. Auch aus den Blättern des **Roten Fingerhutes** und den

Blüten der **Arnikapflanze** gewinnt man wirksame Heilmittel. Allerdings dürfen die Inhaltsstoffe nur in sehr geringen Mengen enthalten sein, sonst kommt es zu Vergiftungen. Weitere bekannte Giftpflanzen sind *Herbstzeitlose, Tollkirsche* und *Maiglöckchen*. Beim *Goldregen* sind vor allem die Samen stark giftig.

Gewürzpflanzen: Neben den einheimischen Küchenkräutern haben einige tropische Pflanzen große Bedeutung für das Würzen von Speisen. Der *Pfefferstrauch* ist eine Kletterpflanze. Ähnlich wie bei uns der Hopfen, wird er an Stangen gezogen. Seine unreifen, roten Früchte liefern getrocknet den

Schwarzen Pfeffer. Werden die reifen Früchte geschält, so bleiben die Samen als *Weißer Pfeffer* übrig. Der „Rote Pfeffer" hat mit dem Pfefferstrauch nichts zu tun; zu seiner Herstellung werden besonders scharfe **Paprikasorten** getrocknet und fein gemahlen.

Der *Zimtbaum* wird regelmäßig gestutzt. Die neu austreibenden, rutenförmigen Zweige werden im Alter von 2 bis 3 Jahren abgeschnitten. Ihre Rinde wird abgelöst und getrocknet. Sie rollt sich zusammen und nimmt eine goldbraune Farbe an. In dieser Form oder gemahlen kommt sie in den Handel. Auch aus Blüten werden Gewürze hergestellt. Die Griffeläste einer Krokusart liefern *Safran*. Die Blütenknospen des Nelkenbaumes werden zu *Gewürznelken* getrocknet.

Faserpflanzen: Einige Pflanzen liefern mit ihren Fasern das Rohmaterial für Textilien. Aus *Flachs* wird Leinen und Damast hergestellt. Die größte wirtschaftliche Bedeutung besitzt die *Baumwollpflanze*. Ihre erbsengroßen Samen sind rundum von 5 cm langen Haaren umgeben. Diese werden gesponnen und zu Stoffen verwebt.
Die Liste der Nutzpflanzen lässt sich fast beliebig fortsetzen. Achte selbst einmal darauf, wo dir im Alltag Pflanzen oder ihre Produkte begegnen!

3 Lebensräume erhalten und schützen

1 Strauchhecken sind Lebensraum für viele Pflanzen und Tierarten

Hecken vernetzen Kleinlebensräume

Landwirtschaftlich genutzte Flächen unterliegen im Laufe des Jahres vielen Veränderungen. Es gibt z. B. kaum ein Tier, dem ein Getreidefeld von der Aussaat bis zur Ernte als Lebensraum dienen kann. Tiere benötigen Rückzugsflächen zur Aufzucht ihrer Jungen oder als Versteck vor Feinden. Auch viele Wildkräuter können in der intensiv genutzten Ackerlandschaft nicht überleben und verschwinden immer mehr.

Für solche Tiere und Pflanzen sind Hecken wichtige Rückzugsgebiete. Schon eine einzelne Hecke lässt sich in viele kleinere Lebensräume unterteilen. Das Krautdickicht am Fuße der Hecke bietet Feldhasen, Fasanen oder Rebhühnern Deckung und Schutz. Bäume und Sträucher sind Singwarten und Brutstätten für Vögel. Von der Sonne erwärmte Steinhaufen werden von Eidechsen aufgesucht, denn diese Tiere benötigen viel Wärme und Trockenheit.

Besonders wertvoll sind Hecken, die in der Landschaft miteinander in Verbindung stehen. Diese *Vernetzung* bietet bodenlebenden Tieren die Möglichkeit, in neue Lebensräume einzuwandern.

In der Hecke ist nicht nur im Frühling oder Sommer etwas los. Im Herbst fallen, vor allem am Heckenrand, die vielen Beerenfrüchte auf. Sie werden von den überwinternden Vögeln als Futterquelle genutzt. Nahrungspflanzen, wie Holunder, Eberesche, Hasel, Heckenrose und Schlehdorn, sind deshalb gerade in Hecken von großer Bedeutung. Das Leben im Winter ist an den Spuren im Schnee besonders gut zu erkennen. Sie zeigen, welche Tiere von der Hecke aus auf Jagd gehen oder sich in ihr verstecken. Sie sind Zeichen dafür, dass das Leben in der Hecke nicht nur auf den schmalen Gehölzstreifen beschränkt bleibt, sondern sich um das Mehrfache der Heckenbreite auf die angrenzenden Fluren erstreckt.

Aufgaben

① Erläutere jeweils an einem konkreten Beispiel die Bedeutung der Hecke als Unterschlupf- und Versteckmöglichkeit, als Überwinterungsort, als Nahrungslieferant und als Kinderstube.

② Beschreibe anhand der Seite 262 die jahreszeitlichen Veränderungen an und in der Hecke.

Zettelkasten

Streuobstwiesen

Große, hochstämmige, alte Obstbäume, die bereits vor vielen Jahrzehnten in großem Abstand gepflanzt wurden, sind typisch für Streuobstwiesen (Abb. oben). Diese artenreichen Lebensräume sind vom Menschen geschaffen und stets in gleicher Form bewirtschaftet worden. In den letzten Jahrzehnten jedoch wurden immer mehr dieser schönen Baumwiesen vernichtet. Die Erweiterung der bebauten Flächen für Wohnhäuser, Industrieansiedelungen und Freizeitanlagen führten ebenso zu einem raschen Rückgang wie die Intensivierung der Landwirtschaft.

Naturnah bewirtschaftete Streuobstwiesen werden nicht gedüngt. Spritzungen mit Unkrautvernichtungsmitteln werden ebenfalls nicht durchgeführt. Je nach den Klimabedingungen wird lediglich ein- oder zweimal jährlich gemäht. So bieten Streuobstwiesen einer Vielzahl von Pflanzen und Tieren Nahrung, Nistmöglichkeiten und Unterschlupf. Den Menschen dienen sie als leicht erreichbarer Erholungsraum. Die Bedeutung der Streuobstwiesen wurde aber erst in den letzten Jahren allgemein anerkannt.

Die Obsternte ist bei Streuobstwiesen sehr arbeitsintensiv. Viel leichter und ungefährlicher lässt sich das Obst in modernen Obstbaumkulturen mit ihren niedrigen **Spalierobstbäumen** ernten (Abb. unten). Deshalb versucht man den Verkauf von Streuobstprodukten zu verbessern. Dazu wurde vor allem die Zusammenarbeit zwischen den Besitzern, Mostereien, Umweltschutzorganisationen und Obst- und Gartenbauvereinen verbessert. Große Handelsketten bemühen sich um die Vermarktung der Erzeugnisse. Der Erlös soll die Aufwendungen zum Erhalt der Streuobstwiesen decken und so das Überleben dieser wertvollen Lebensräume sichern.

Erkundung einer Hecke

Für die hier vorgeschlagenen Untersuchungen eignet sich am besten eine sogenannte Strauch-Baum-Hecke. Sie ist mehrere Meter breit, hat einen ausgeprägten Heckensaum und gliedert sich in eine niedere und höhere Strauchschicht. Im Heckeninnern wachsen vereinzelt unterschiedlich alte Bäume.

Was braucht man zur Erforschung?

Kompass

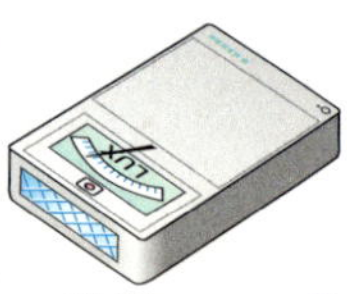

Lichtmessgerät

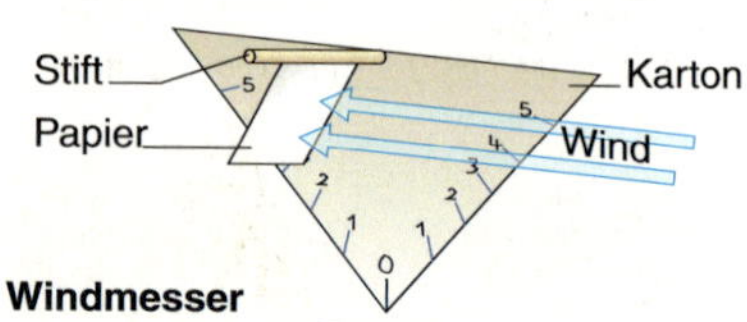

Windmesser

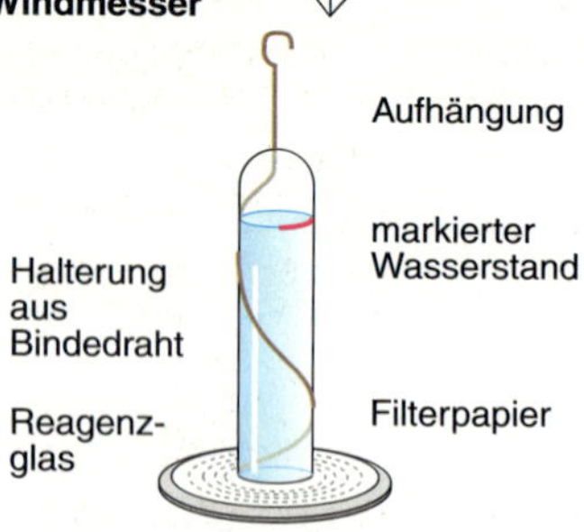

Verdunstungsmessgerät

Bestimmungsbücher
Landkarte 1: 25 000
Lupe
Fernglas
Maßband
Schreibunterlage
Fotoapparat
Thermometer mit Aufhängevorrichtung
Schuhkarton
Insektenfangnetz
Arbeitsplan (wer macht was?)

Kartieren der Heckenpflanze

Erstellt zuerst eine grobe Lageskizze. Sie gibt Auskunft über die Lage der Hecke im Gelände, die Himmelsrichtungen und ihre unmittelbare Umgebung.

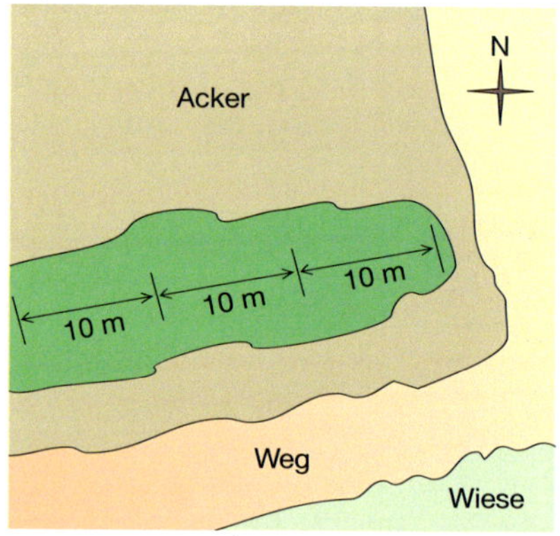

Sodann könnt ihr einen längeren Heckenstreifen in 10 m lange Abschnitte einteilen. Erstellt nun in einer Gruppe von 3 bis 5 Schülern für einen solchen Abschnitt eine Karte, in die ihr die dort vorkommenden Pflanzen eintragt. Ihr erleichtert euch die Arbeit, wenn ihr kariertes Papier nehmt und den Maßstab 1 : 50 wählt. Tragt zuerst die Pflanzen ein, die ihr kennt. Am besten fangt ihr mit den Bäumen und den am häufigsten vorkommenden Sträuchern an. Unbekannte Arten könnt ihr auch zu Pflanzengruppen zusammenfassen, wie z. B. krautige Pflanzen, Moose. Wählt für jede Pflanze bzw. Pflanzengruppe Farb- oder Bildsymbole.

① Vergleicht die einzelnen Heckenabschnitte. Welche Besonderheiten fallen hierbei auf?

② Welche Unterschiede lassen sich zwischen den beiden Heckenrändern feststellen? Wie sind diese zu erklären?

Heckentieren auf der Spur

Nicht immer sind die Tiere selbst in der Hecke zu beobachten. Viele von ihnen hinterlassen jedoch Spuren, die ihre Anwesenheit verraten oder sogar Einblicke in ihre Lebensweise geben.

③ Abbildung 265 oben zeigt einige Beispiele für solche Tierspuren. Wer aber war der „Täter"? Ordne den Spuren die entsprechenden Tiere zu.

④ Sucht selbst in einem abgesteckten Heckenabschnitt nach Fraß-, Verbiss- sowie Trittspuren, Losungen von Tieren und sonstigen Hinweisen, die die Anwesenheit von Tieren verraten.

⑤ Zur Untersuchung von Kleintieren gibt es verschiedene Möglichkeiten.
   a) Streife mit dem Fangnetz über die Pflanzen des Heckensaums.
   b) Halte einen Schuhkarton unter einen Strauch, und klopfe vorsichtig auf die Zweige.
   c) Suche auch unter Steinen und abgefallenem Laub nach Kleintieren.

⑥ Stelle die Anzahl der gefundenen Tierarten fest, und versuche sie mithilfe der Abbildungen zu bestimmen. Vergiss nicht, die Tiere unversehrt wieder freizulassen.

⑦ Beobachte über einen längeren Zeitraum die Vogelarten, die in der Hecke leben oder sie vorübergehend besuchen.
   a) Erstelle mithilfe der Bestimmungsbücher eine Vogelliste.
   b) In welchen Bereichen der Hecke halten sie sich bevorzugt auf?
   c) Welche Vögel brüten auch in der Hecke? Störe beim Nachschauen möglichst wenig die Brut.
   d) Welche Vögel sind Stand-, welche Zugvögel?
   e) Welche Pflanzen der Hecke können welchen Vögeln als Nahrungspflanzen dienen?

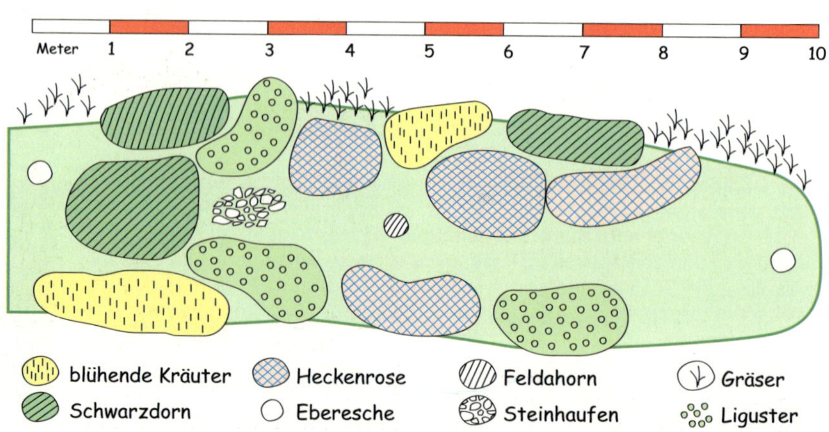

Untersuchung des Kleinklimas

Hecken beeinflussen je nach Standort und Aussehen in vielfältiger Weise das Kleinklima in ihrer Umgebung. Am besten lassen sich die folgenden Untersuchungen an einer Hecke durchführen, die quer zur Windrichtung steht.

⑧ Fertige zu der von euch ausgewählten Hecke einen Querschnitt an, und trage die Messpunkte ein (s. Abb.). In diesen Auswertungsbogen trägst du dann die Ergebnisse der in Aufgabe 2 vorgesehenen Messungen ein.

⑨ Miss an diesen Punkten nun die Temperatur, die Lichtstärke, die Windgeschwindigkeit und die Verdunstung. Übertrage die Werte in dein Messprotokoll.

⑩ Hänge das Thermometer in etwa 1 m Höhe an einem Bindfaden auf, und lies die Temperatur nach 5 Minuten ab.

⑪ Beim Gebrauch des Lichtmessgerätes musst du darauf achten, dass dein eigener Schatten die Messwerte nicht beeinflusst. Die Windgeschwindigkeit wird 1 Minute lang in einer Höhe von etwa 1,5 m gemessen. Fülle das Verdunstungsmessgerät mit Wasser, und bringe das Filterpapier zwischen das Glasröhrchen und die Drahthalterung. Befestige das Gerät am Messpunkt und markiere den Wasserstand. Stelle nach einer halben Stunde fest, wie viel Wasser verdunstet ist.

⑫ Trage die Messergebnisse für die einzelnen Messpunkte in Form eines Säulendiagramms in dein Heft. Achte darauf, dass du verschiedene Farben verwendest.

⑬ Beschreibe mithilfe der Messergebnisse die Auswirkungen einer Hecke auf das Kleinklima.

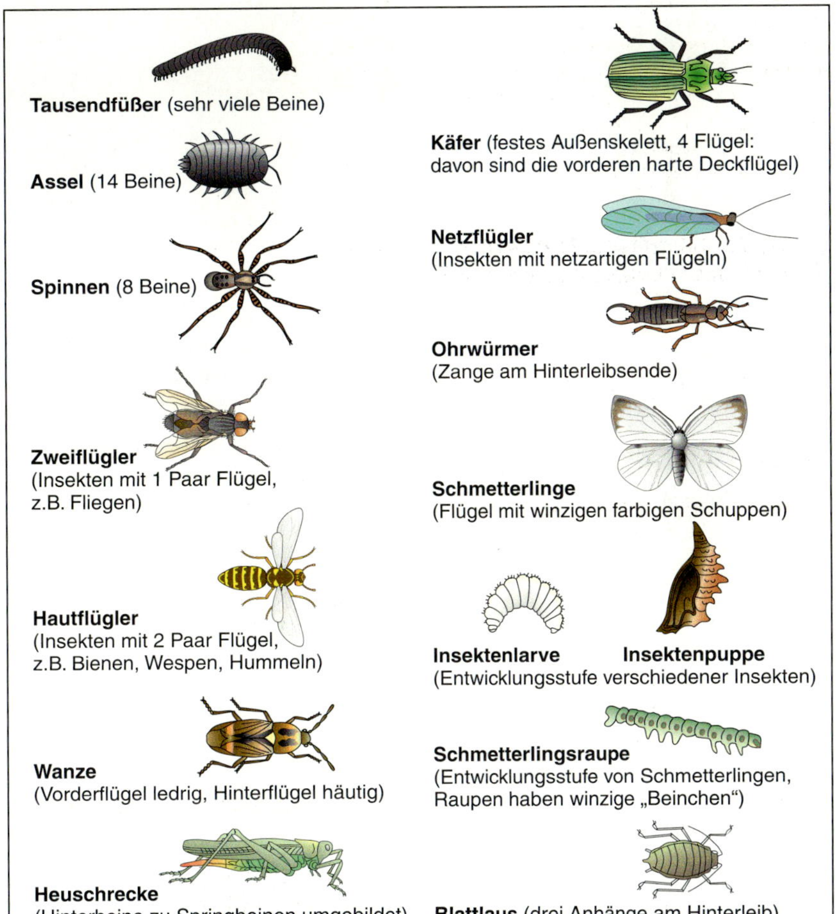

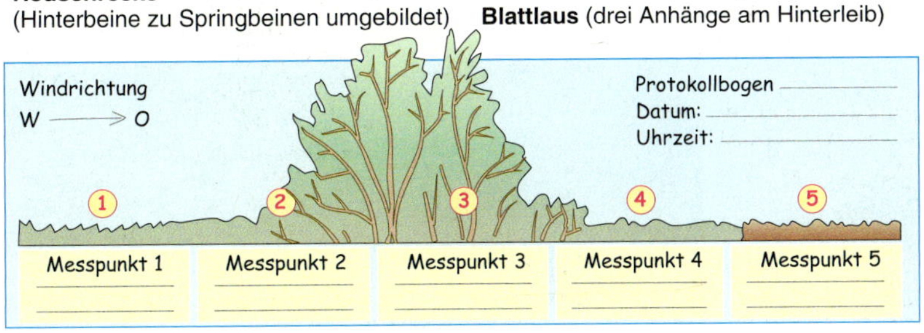

Schutz der [Natur]

Für viele Menschen ist Naturschutz eine Angelegenheit, die sie persönlich wenig betrifft. Sie denken an unberührte Landschaften weit draußen. Dort verhalten sie sich vielleicht besonders vorsichtig. Aber in der Stadt und ihren Randgebieten kann man die Natur doch kaum schützen. Oder?

Innerhalb eines Netzes von Lebensräumen stellen Gärten, aber auch Bahndämme, Wegränder und Baumreihen wichtige Bindeglieder zwischen dem Siedlungsraum und dem Außenbereich dar. Hier ist jeder angesprochen, sich naturverträglich zu verhalten. Vielleicht möchtest du dich ja auch beteiligen. Diese Seite kann dir Anregungen geben. Handeln musst du selbst.

Trockenmauer und Gartenteich

Je unterschiedlicher die Teile eines Gartens gestaltet sind, desto mehr Tierarten lassen sich beobachten. Fast in jedem Garten ist Platz für einen kleinen Teich. Schon die kleinsten Wasserflächen sind eine Bereicherung. Sie dienen als Badestelle und Tränke für verschiedene Vogelarten. Wenn die Fläche etwas größer ist, siedeln sich schon nach kurzer Zeit viele Insekten, z. B. Libellen und Wasserkäfer, an.

Ohne Bienen keine Ernte im Obstgarten – ohne Wildblumen keine Bienen.

Erkläre den Zusammenhang! Was ergibt sich daraus für einen gut angelegten Garten?

Den Erdaushub bei der Erstellung eines Teiches kann man zur Anlage eines Steinhügels mit Trockenmauer nutzen. Welche Tier- und Pflanzenarten werden sich an einer Trockenmauer einstellen?

Erkundige dich, worauf man bei der Anlage eines Teiches achten soll.
Warum sollte ein Gartenteich zumindest 80 bis 100 cm tief sein?

Kompost – der unglaubliche Haufen

Es ist schon erstaunlich, was in der Gartenecke unbemerkt geschieht. Pflanzenabfall aus Haus und Garten, Kaffeesatz und Eierschalen sind im bunten Durcheinander zu einem Haufen aufgeschichtet worden. Und ein Jahr später ist daraus dunkel gefärbte, krümelige Erde geworden.

Weißt du, was alles auf einen Komposthaufen gehört und was nicht?
Warum ist das Anlegen eines Komposthaufens ein Beitrag zum Umweltschutz?

Naturnahe Gartenarbeit

Viele Schulen besitzen einen eigenen Schulgarten. Hier gibt es das ganze Jahr über etwas zu tun.

Wäre es nicht schön, in einer Schulgarten-AG mitzumachen?

Die nebenstehende Abbildung zeigt eine Mischkultur von Mangold, Lauch und Tomaten.

Weißt du, was eine Mischkultur ist?

Kannst du erklären, was das Anlegen einer Mischkultur mit „Schutz der Natur“ zu tun hat?

Krautsäume sind Lebensräume

Gibt es am Rand eures Schulhofes einen Krautsaum? Wie sieht der denn aus?

Erkläre, weshalb zu einem Krautsaum auch Mut zur Unordnung gehört.

Stelle dir vor, du entdeckst am Schulhofrand eine Feldmaus. Kannst du einen Weg zum nächsten Feld oder Park angeben, auf dem die Maus sich eingeschlichen haben könnte?

Beispiele für Krautsäume sind Ackerrandstreifen, Gräben, Böschungen oder Straßenränder. Sie sind bei uns leider immer seltener anzutreffen.

Kannst du Ursachen angeben, warum viele Krautsäume aus der Landschaft verschwinden? Wodurch sind sie gefährdet?

Nenne Gründe, weshalb Krautsäume schützenswert sind.

Richtiges Verhalten in der Natur

Für Naturschutzgebiete gelten besondere Bestimmungen. Sie werden oft unbewusst missachtet, weil die Folgen für die Tier- und Pflanzenwelt nicht unmittelbar erkannt werden.

Was muss in einem Naturschutzgebiet beachtet werden?

Wenn du es nicht weißt, wende dich z. B. an die Naturschutzbehörde deines Landkreises.

Die meisten Menschen verhalten sich in der Natur rücksichtsvoll. Einige Regeln sollte man immer beachten. Dazu gehört zum Beispiel:
— keine Abfälle zurücklassen
— unnötigen Lärm vermeiden
— ...
Gib weitere Verhaltensregeln an!

Kennst du den Unterschied zwischen einem Naturschutzgebiet, einem Landschaftsschutzgebiet und einem Naturdenkmal? Welche Schilder gibt es dafür?

Auszug aus einem Landschaftsschutzgesetz

§ 61 Artenschutz
(1) Es ist verboten,
1. wild lebende Tiere mutwillig zu beunruhigen oder ohne vernünftigen Grund zu fangen, zu verletzen oder zu töten;
2. ohne vernünftigen Grund wild lebende Pflanzen von ihrem Standort zu entnehmen oder zu nutzen oder ihre Bestände niederzuschlagen oder auf sonstige Weise zu verwüsten;
3. von Bäumen, Sträuchern oder Hecken unbefugt Schmuckreisig zu entnehmen, gleichgültig ob ein wirtschaftlicher Schaden entsteht oder nicht;
4. ohne vernünftigen Grund Lebensstätten wild lebender Tier- und Pflanzenarten zu beeinträchtigen oder zu zerstören.

Kennzeichen der Lebewesen

Ein Lebewesen besitzt gleichzeitig folgende Kennzeichen: *Bewegung* aus eigener Kraft, *Wachstum, Stoffwechsel, Reizbarkeit, Fortpflanzung* und den *Aufbau aus Zellen*.

Zellen

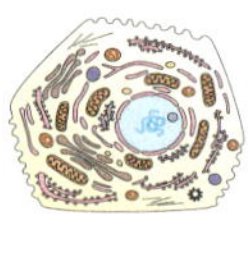

Lebewesen sind aus Zellen aufgebaut. **Pflanzenzellen** sind neben der *Zellmembran* zusätzlich von einer *Zellwand* umgeben, häufig ist ein *Zellsaftraum* vorhanden. In grünen Pflanzenteilen sind in den Zellen die *Chloroplasten* enthalten. Das *Zellplasma* der **Tierzellen** ist nur von der dünnen *Zellmembran* umhüllt. Tier- und Pflanzenzellen enthalten auch einen *Zellkern*.

Skelett

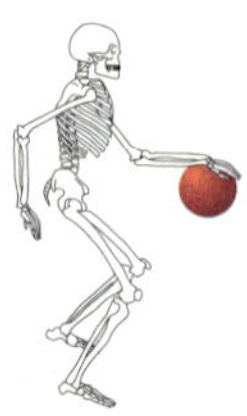

Die bewegliche *Wirbelsäule* ist die Stütze des Körpers. Sie ist *doppelt S-förmig* gebogen. Die elastischen *Bandscheiben* liegen zwischen den einzelnen Wirbelknochen. Die Einzelknochen des *Schädels* sind zu einer festen Kapsel verwachsen. Das *Rumpfskelett* wird vom *Schultergürtel*, dem *Brustkorb* und dem *Becken* gebildet. *Arm-* und *Handskelett* sowie *Fuß-* und *Beinskelett* bilden die Extremitäten. An den *Gelenken* sind die Knochen beweglich miteinander verbunden.

Muskeln

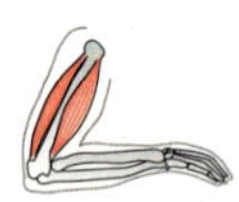

Die Knochen werden von den Muskeln bewegt. Diese können sich immer nur zusammenziehen und benötigen einen Gegenspieler, der sie dehnt (*Beuger* und *Strecker*).

Ernährung

Unsere Nahrung enthält *Nährstoffe*. Zu ihnen gehören *Kohlenhydrate (Zucker* und *Stärke*), *Eiweiße* und *Fette*. *Hauptenergieträger* sind Fette und Kohlenhydrate. Eiweiße werden hauptsächlich als *Baustoffe* verwendet. Zusätzlich benötigt der Körper *Wasser* und in kleineren Mengen *Mineralstoffe* und *Vitamine*.

Zähne

Das menschliche Gebiss besteht aus *Schneidezähnen, Eckzähnen* und *Backenzähnen*. Das *Milchgebiss* wird durch das bleibende *Erwachsenengebiss* ersetzt. Der Aufbau der Zähne ist bei Wirbeltieren gleich. Sie bestehen aus *Zahnkrone, Zahnhals* und *Zahnwurzel*. Der Zahn besteht im Kronenbereich aus Zahnbein, im Wurzelbereich aus Zahnzement. Das Zahnbein ist vom harten *Zahnschmelz* überzogen.

Verdauung

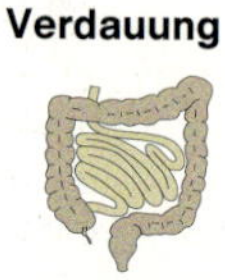

Die Verdauungsorgane sind: *Mund, Speiseröhre, Magen, Dünndarm, Dickdarm, Enddarm* und *After*. Bei der Verdauung wird die Nahrung durch *Verdauungssäfte* in kleinste Teilchen zerlegt. Diese gelangen durch die Wände des Dünndarms in das Blut.

Atmung

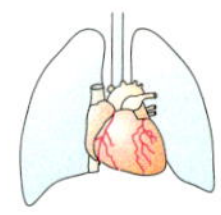

Über die *Nase* oder den *Mund* sowie die *Luftröhre* und die *Bronchien*, die sich immer mehr verzweigen und in den *Lungenbläschen* enden, gelangt die Luft in die *Lunge*. Die Lungenbläschen sind von feinsten Blutgefäßen umsponnen. Dort gelangt der *Sauerstoff* in das Blut. Im Körper gebildetes *Kohlenstoffdioxid* wird vom Blut in die Lungenbläschen abgeschieden und ausgeatmet.

Blutkreislauf

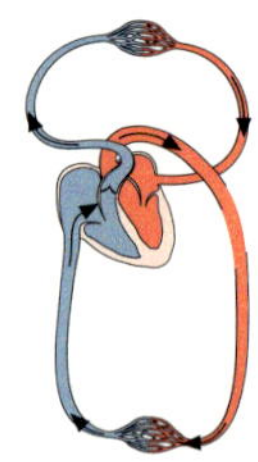

Das aus *Vorhöfen* und *Kammern* bestehende *Herz* treibt den Blutkreislauf an. Von der *rechten Herzkammer* wird das *kohlenstoffdioxidreiche Blut* in die Lunge gepresst. Dort erfolgt der *Gasaustausch*. Das *sauerstoffreiche Blut* fließt in den *linken Vorhof* und in die *linke Herzkammer* und wird dann in den Körper gepumpt. Dort wird der Sauerstoff abgegeben. Das kohlenstoffdioxidreiche Blut fließt zum *rechten Vorhof* des Herzens zurück. Vom Herzen weg führende Blutgefäße werden *Arterien*, zum Herzen hin führende *Venen* genannt.

Blut

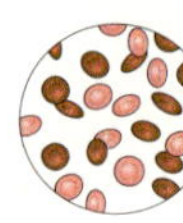

Die Bestandteile des Blutes sind die *roten* und *weißen Blutzellen* sowie *Blutplättchen* und das flüssige *Blutplasma*. Es besteht aus *Wasser*, den *verdauten Nährstoffen, Mineralstoffen* und *Vitaminen* sowie *Abfallstoffen*.

Nieren

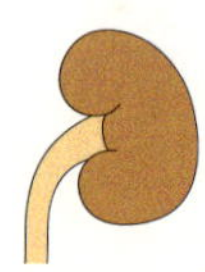

Die Nieren sind *Ausscheidungsorgane* für Abfallstoffe des Körpers. Pro Niere gibt es etwa 1 Million Nierenkörperchen. Durch Filtration gelangen etwa 170 Liter Flüssigkeit in die Nierenkanälchen. Wasser und Mineralsalze werden in das Blut zurücktransportiert und etwa 1,5 Liter *Harn* mit den darin enthaltenen Abfallstoffen über die *Harnblase* ausgeschieden.

Stoffwechsel

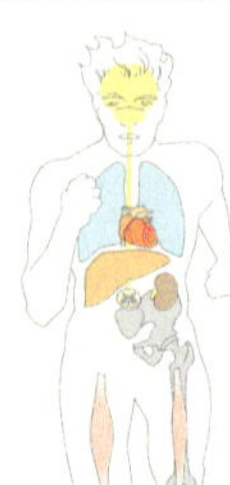

Der eingeatmete *Sauerstoff* und der über die Verdauung aufgenommene *Traubenzucker* werden über das Blut z. B. zu den Muskeln transportiert. Sie werden dort zur *Energiegewinnung* benötigt und dabei in *Kohlenstoffdioxid* und *Wasser* umgewandelt. Das Kohlenstoffdioxid wird über die Lunge wieder ausgeatmet **(Betriebsstoffwechsel)**. Die anderen mit der Nahrung aufgenommenen Stoffe dienen hauptsächlich zum Aufbau und Erhalt des Körpers **(Baustoffwechsel)**.

Sinnesorgane

Unsere Sinnesorgane dienen als Antennen zur Außenwelt: *Augen, Ohren, Nase, Zunge* und *Haut*. Unsere Sinnesorgane nehmen die Reize *Licht, Schall, Geruchsstoffe , Geschmacksstoffe, Druck* und *Wärme* wahr.

Auge

Die Augen liegen gut geschützt in der Augenhöhle. Lichtstrahlen fallen durch die *Pupille* und die *Augenlinse* auf die *Lichtsinneszellen* der *Netzhaut*. Über den Sehnerv werden elektrische Signale zum Gehirn geleitet. Dort entsteht das Bild.

Haut

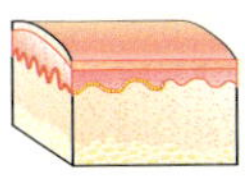

Die Haut schützt den Körper und ist ein wichtiges **Sinnesorgan**. Sie ist aus drei Schichten aufgebaut: *Oberhaut, Lederhaut* und *Unterhaut*. Mit den Sinneskörperchen der Haut können wir *Berührungen, Kälte, Wärme* und *Schmerz* wahrnehmen.

Geschlechtsorgane

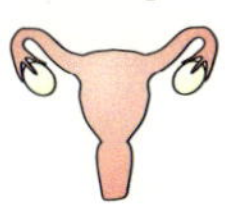

Bei den Geschlechtsorganen unterscheidet man die *inneren* und *äußeren Geschlechtsorgane* und die *Keimdrüsen*. Die Keimdrüsen der Frau sowie aller weiblichen Tiere sind die *Eierstöcke*. Der Mann bzw. die männlichen Tiere besitzen dagegen *Hoden*.

Keimzellen

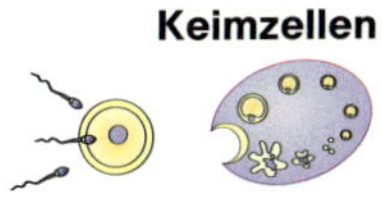

In den Eierstöcken werden die *Eizellen*, in den Hoden die *Spermien* produziert. Sie stellen die weiblichen bzw. männlichen *Geschlechtszellen* dar.

Embryo

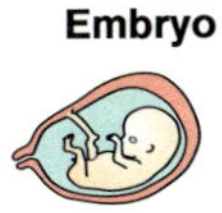

Ein *Embryo* ist ein Lebensstadium, das sich in einer sehr frühen Phase der Entwicklung noch im Mutterleib bzw. in einem Ei befindet.

Wirbeltiere

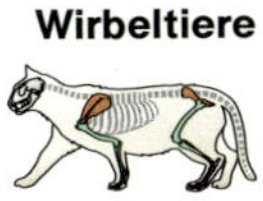

Zu den *Wirbeltieren* zählen alle Tiere, die eine *Wirbelsäule* aus einzelnen *Wirbeln* besitzen. Diese ist ein Teil des *Innenskeletts* aus *Knochen*.

Säugetiere

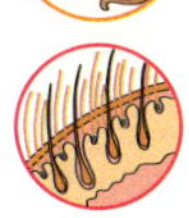

Die Kennzeichen der *Säugetiere* sind:
- das *Säugen* der Jungen mit Milch aus Milchdrüsen der Haut
- *Haare*, die oft ein dichtes Fell bilden

Säugetiere sind außerdem:
- *Wirbeltiere*
- *gleichwarme Tiere*
- *meist lebendgebärend*

Brutpflege

Das ist eine Form der Jungenaufzucht, bei der sich mindestens ein Elternteil auch nach der Geburt intensiv um die Jungtiere kümmert, z.B. sie füttert und schützt.

Art
Rasse

Alle Lebewesen, die sich miteinander fortpflanzen und dabei fruchtbare Nachkommen hervorbringen, gehören zu einer *Art*. Angehörige einer Art, die sich konsequent in einem oder mehreren Merkmalen unterscheiden, sind eine *Rasse*.

Fortbewegung der Säugetiere

Sohlengänger setzen bei der Fortbewegung die gesamte Fläche des Fußes auf den Boden auf. *Zehengänger* treten mit den Zehen auf. *Zehenspitzengänger* gehen auf den Zehenspitzen.

Überwinterung

Winteraktive Tiere gehen täglich auf Nahrungssuche. Tiere, die mehrere Tage ruhen und dann wieder aktiv werden, bezeichnet man als *Winterruher*. Bei *Winterschläfern* wird im Winter der gesamte Stoffwechsel für mehrere Monate herabgesetzt, sodass Winterschläfer wenig Energie verbrauchen. Die Tiere leben von ihren Fettvorräten.

Kennzeichen der Vögel

Das Kennzeichen aller Vögel sind *Federn* und die *Leichtbauweise* des Körpers als Anpassung an den Flug. Dazu gehören: die *Stromlinienform, luftgefüllte Knochen*, der *Hornschnabel* ohne Zähne, die *starre Wirbelsäule*. Die Vordergliedmaßen sind als *Flügel* ausgebildet. Vögel legen *Eier* und betreiben *Brutpflege*. Beim Brüten halten sie die Eier warm. Nach dem Schlüpfen der Jungvögel betreuen sie meist ihre Jungen. Vögel sind *gleichwarm*.

Vogelflug

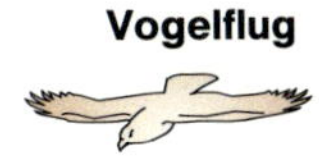

Gleitflug: Flug ohne Flügelschlag und ohne Auftrieb.
Segelflug: Flug mit dem Auftrieb in aufsteigender Luft.
Ruderflug: Auf- und Abschlag der Flügel.

Nestflüchter
Nesthocker

Nestflüchter sind Tiere, die schnell nach der Geburt weitgehend selbstständig sind. *Nesthocker* sind nach der Geburt noch hilflos und auf die elterliche Pflege angewiesen.

Revier

Reviere sind Wohn- und Nahrungsbezirke von Tieren, die gegen Artgenossen verteidigt werden. Die Grenzen der Reviere werden häufig markiert.

Schmarotzer

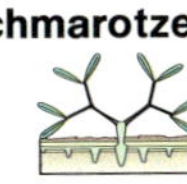

Schmarotzer leben auf Kosten eines *Wirtstieres* oder einer *Wirtspflanze*. Sie schädigen ihren Wirt einseitig.

Überwinterung der Vögel

Vögel, die das ganze Jahr an ihrem Standort bleiben, heißen *Standvögel*. *Strichvögel* weichen für kurze Zeit ungünstigen Bedingungen im Winter aus. *Zugvögel* legen sehr weite Strecken in ihre Überwinterungsgebiete zurück.

Kennzeichen der Fische

Fische leben im Wasser. Sie besitzen einen *stromlinienförmigen Körper*, der von *Knochenschuppen* geschützt wird. *Flossen* ermöglichen die Fortbewegung, eine *Schwimmblase* das Schweben im Wasser. Sie atmen mit *Kiemen*. Ein *Seiten-*

linienorgan dient der Orientierung. Die Befruchtung erfolgt *außerhalb* des Körpers. Fische sind *wechselwarm.*

Kennzeichen der Amphibien

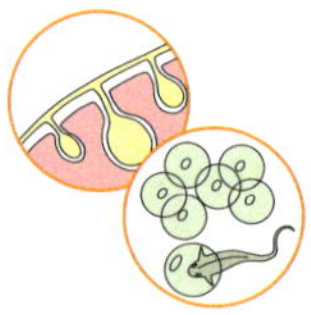

Amphibien werden auch als *Lurche* bezeichnet. Sie stehen in vielen Merkmalen zwischen wasserlebenden Fischen und landlebenden Wirbeltieren. Häufig leben die Jungtiere im Wasser und atmen mit Kiemen. Mit der Entwicklung der Larven zum erwachsenen Lurch ist ein Gestaltwandel, die *Metamorphose*, verbunden. Die dünne Haut der Amphibien trägt keine Hornschicht und trocknet daher leicht aus. *Schleimdrüsen* in der Haut halten die Körperoberfläche feucht. Amphibien sind *wechselwarm.* Sie überwintern in *Winterstarre*.

Kennzeichen der Reptilien

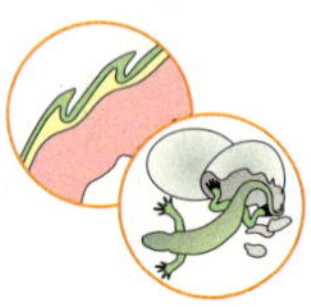

Reptilien oder auf Deutsch *Kriechtiere* sind an das Landleben angepasst. Ihr Körper ist von *Hornschuppen* bedeckt und so gut vor dem Austrocknen geschützt. Sie atmen über *Lungen.* Die Befruchtung erfolgt im Inneren des Körpers. Die *pergamentartigen Eier* werden in den Boden abgelegt und durch die Sonnenwärme ausgebrütet. Die ausschlüpfenden Jungtiere ähneln den Eltern und sind sofort selbstständig. Reptilien sind *wechselwarm* und überwintern in *Winterstarre*.

Saurier

Saurier sind *Reptilien*, die vor allem im Erdmittelalter die Erde besiedelten. *Dinosaurier* entwickelten sich zu den größten Landwirbeltieren aller Zeiten. *Flugsaurier* eroberten die Luft, *Fischsaurier* gingen vom Leben auf dem Land wieder zum Wasserleben über.

gleichwarm – wechselwarm

wechselwarm

gleichwarm

Gleichwarme Tiere, wie *Säugetiere* und *Vögel,* können in ihrem Körper genügend Wärme erzeugen, um ihre Körpertemperatur etwa gleich hoch zu halten. *Wechselwarme Tiere*, wie die Fische, Amphibien und Reptilien, können das dagegen nicht. Ihre Körpertemperatur schwankt daher stark mit der Temperatur der Umgebung.

Befruchtung

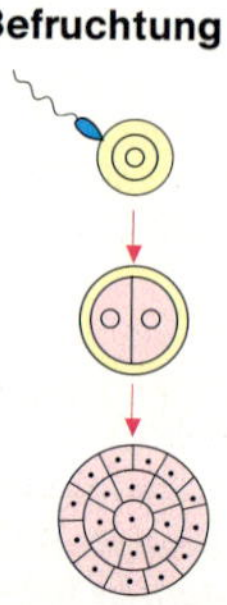

Unter Befruchtung versteht man die Verschmelzung der Zellkerne von Spermium und Eizelle.

- *äußere Befruchtung:* Bei den meisten Wassertieren werden die Keimzellen bei der Paarung in das umgebende Wasser abgeben. Dort treffen Spermien und Eizellen aufeinander und deren Zellkerne verschmelzen.
- *innere Befruchtung:* Die Spermien treffen zur Befruchtung im Körper des weiblichen Tieres auf die Eizellen.

Eier

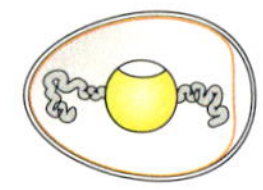

Das Ei ist eine Fortpflanzungseinheit, die bei vielen Tierarten vorkommt. Es besteht aus einer (meist befruchteten) *Eizelle*, einem Nahrungsvorrat, dem *Dotter,* und einer *schützenden Hülle.* Im Ei vollzieht sich ein Teil der Entwicklung des Tieres.

Horn

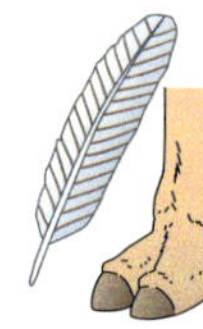

Hornsubstanz, auch *Keratin* genannt, findet sich bei vielen *Wirbeltieren.* Es ist ein Wasser abweisendes, festes, biegsames, aber gleichzeitig auch leichtes Material und wird als vielseitiger Werkstoff im Körper eingesetzt:
– *Haare* der Säugetiere,
– *Federn* der Vögel,
– *Hautschuppen* der Reptilien.
Auch Krallen, Hufe, Fingernägel und Vogelschnäbel bestehen aus Horn.

Stromlinienform

Die Stromlinienform, auch Tropfenform genannt, tritt in der Natur häufig auf, wenn aufgrund einer schnellen Fortbewegung eine Gestalt mit geringem Widerstand gefragt ist. Dadurch wird der Energieverbrauch für die Fortbewegung des Tieres gering gehalten. Beispiele für die Stromlinienform sind Fische und andere Wassertiere und die Vögel und deren Flügelquerschnitte.

System der Wirbeltiere

Die Wirbeltiere werden in 5 *Klassen* unterteilt: *Fische, Amphibien, Reptilien, Säugetiere* und *Vögel.* Innerhalb jeder Klasse gibt es *Ordnungen.* Innerhalb jeder Ordnung *Familien, Gattungen* und schließlich einzelne *Arten.*

Erdgeschichte

Die ältesten Lebewesen sind wahrscheinlich *Bakterien* und einfache *Einzeller.* Aus ihnen gingen *vielzellige Pflanzen*, zum Beispiel Algen, und einfach gebaute Tiere hervor. *Fossilien* der ersten Wirbeltiere finden sich in den Ablagerungen der Urmeere. Alle Wirbeltiere entwickelten sich aus *Fischen.* Älteste Fische sind kieferlose Fische und Panzerfische. Sie entwickelten sich weiter zu Knorpelfischen und Lungenfischen. *Quastenflosser* und *Urlurch* bilden den Übergang zu den *Amphibien.* Aus den Lurchen gingen die *Reptilien* hervor, die damit in ihrer Entwicklung vom Wasser unabhängig wurden. Im Erdmittelalter erscheinen erste Eier legende *Ursäugetiere* und *Urvögel.* Ihr Haar- und Federkleid deuten auf eine gleichmäßige Körpertemperatur hin. In der Erdneuzeit konnten sich die *Säugetiere* und *Vögel* zu einer großen Formenvielfalt entwickeln. Erst sehr spät, vor wenigen Millionen Jahren, betrat der *Mensch* die Bühne der Erdgeschichte.

Pflanzen
Bau der Blütenpflanze

Blütenpflanzen gliedern sich in *Wurzel* und *Sprossachse*. Die Sprossachse, auch *Stängel* genannt, trägt die *Blätter* und *Blüten*.

Blüte

Eine einzelne Blüte besteht von außen nach innen aus *Kelchblättern, Kronblättern, Staubblättern* und dem *Stempel*. Der obere Teil des Stempels trägt die *Narbe*. Den unteren verdickten Bereich nennt man *Fruchtknoten*. In diesem liegen die *Samenanlagen* mit der *Eizelle*. Die Staubblätter enthalten in den Staubbeuteln den *Pollen*. Der Stempel ist der weibliche, das Staubblatt der männliche Teil dieser *Zwitterblüte*.

Bestäubung

Der *männliche Pollen* aus den Staubbeuteln wird auf die Narbe, das *weibliche Geschlecht*, übertragen. Dieser Vorgang heißt *Bestäubung*. Die Bestäubung geschieht meist durch Insekten *(Insektenbestäubung)* oder den Wind *(Windbestäubung)*.

Früchte und Samen

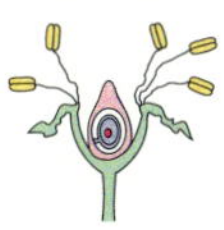

Nach der Befruchtung entwickelt sich beim Reifen aus dem Fruchtknoten die *Frucht*. Die Wand des Fruchtknotens bildet die *Fruchtschale*. Aus der *Samenanlage* mit der darin enthaltenen *Eizelle* wird der Samen gebildet. Im Samen entwickelt sich aus der befruchteten Eizelle der *Keimling (Embryo)*. Samen und Früchte können durch Tiere, den Wind, durch das Wasser oder Schleudermechanismen verbreitet werden. Bei *Schließfrüchten* bleiben die Samen in der reifen Frucht eingeschlossen. Bei *Streufrüchten* öffnet sich die Frucht und die Samen werden ausgestreut.

Keimung

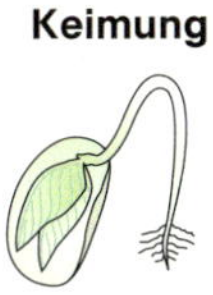

Beim Vorgang der Keimung platzt der Samen auf und eine neue Jungpflanze, der *Keimling*, wächst daraus hervor. Zur Keimung benötigen Samen Wasser, Wärme und Sauerstoff. Der Keimling ernährt sich zunächst von den Nährstoffen in den Keimblättern.

Funktion der Pflanzenorgane

Wurzeln verankern die Pflanze im Boden. Außerdem nehmen sie mit ihren Wurzelhaaren das lebenswichtige Wasser mit den Mineralsalzen aus dem Boden auf. Der **Spross** trägt die nach der Sonne ausgerichteten Blätter und die Blüten. Er leitet in seinen *Leitbündeln* Stoffe durch die Pflanze: Wasser und gelöste Mineralsalze von der Wurzel zu den Blättern *(Wasserleitungsbahnen)* und in *Nährstoffleitungsbahnen* von der Pflanze hergestellte Stoffe zu anderen Pflanzenorganen. Das **Blatt** verdunstet durch die *Spaltöffnungen* Wasser. Durch diesen Verdunstungssog

wird Wasser aus Spross und Wurzel zu den Blättern transportiert. Über die Spaltöffnungen werden Sauerstoff und Kohlenstoffdioxid abgegeben oder in das Blatt aufgenommen. In den Blättern findet die *Fotosynthese* statt.

Fotosynthese

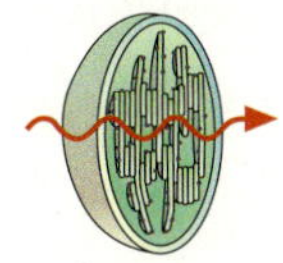

Lichtenergie wird mithilfe des in den *Chloroplasten* enthaltenen *Chlorophylls* genutzt, um aus *Wasser* und *Kohlenstoffdioxid Traubenzucker* aufzubauen. *Sauerstoff* wird frei. Die *Energie des Lichtes* wird als *chemische Energie* im Traubenzucker gespeichert. Aus Traubenzucker kann der Speicherstoff Stärke hergestellt werden.

Zellatmung

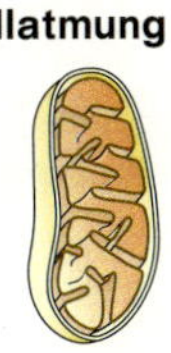

Alle Lebewesen gewinnen lebensnotwendige Energie aus Nährstoffen. Die Energie wird durch die in den *Mitochondrien* ablaufende *Zellatmung* bereitgestellt. Unter Verbrauch von *Sauerstoff* wird *Traubenzucker* in *Wasser* und *Kohlenstoffdioxid* umgewandelt. Die frei werdende Energie wird für die Lebensvorgänge genutzt.

wichtige Pflanzenfamilien

Lippenblütler
— Kronblätter bilden Ober- und Unterlippe
— Laubblätter kreuzgegenständig
— Stängel vierkantig

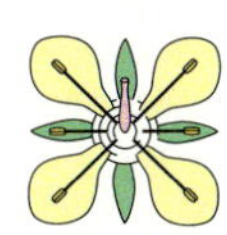

Kreuzblütler
— Kronblätter in Kreuzform
— Frucht: Schote
— wichtige Nutzpflanzen (z.B. Kohl, Raps)

Schmetterlingsblütler
— Schmetterlingsblüte (Fahne, Flügel, Schiffchen)
— Früchte: Hülsen
— wichtige Nutzpflanzen (z.B. Erbsen, Soja)

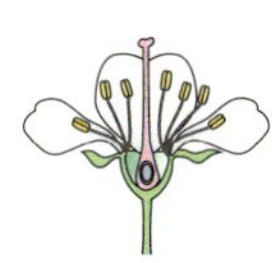

Rosengewächse
— 5-zählige Blüte
— Blütenboden häufig an der Fruchtbildung beteiligt (Scheinfrucht, z.B. Apfel)
— viele Obstsorten

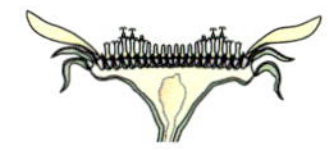

Korbblütler
— viele Blüten ergeben den Blütenstand in Form eines Körbchens

Süßgräser
— runder, hohler Stängel mit Knoten
— lange schmale Blätter
— wichtige Nahrungspflanzen für Mensch und Tier, wie zum Beispiel das Getreide

Alter von Tieren	Jahre
Meeresmuschel	220
Strahlenschildkröte	189
Bartenwal	70
Schimpanse	59
Katze	36
Reh	31
Hund	29
Amsel	20

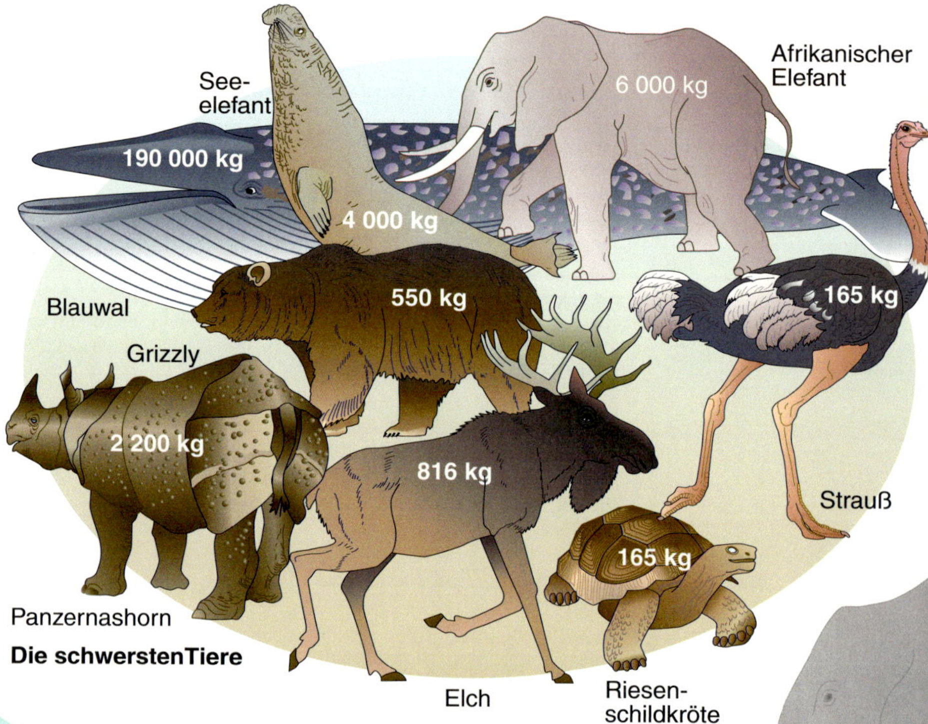

Die schwersten Tiere

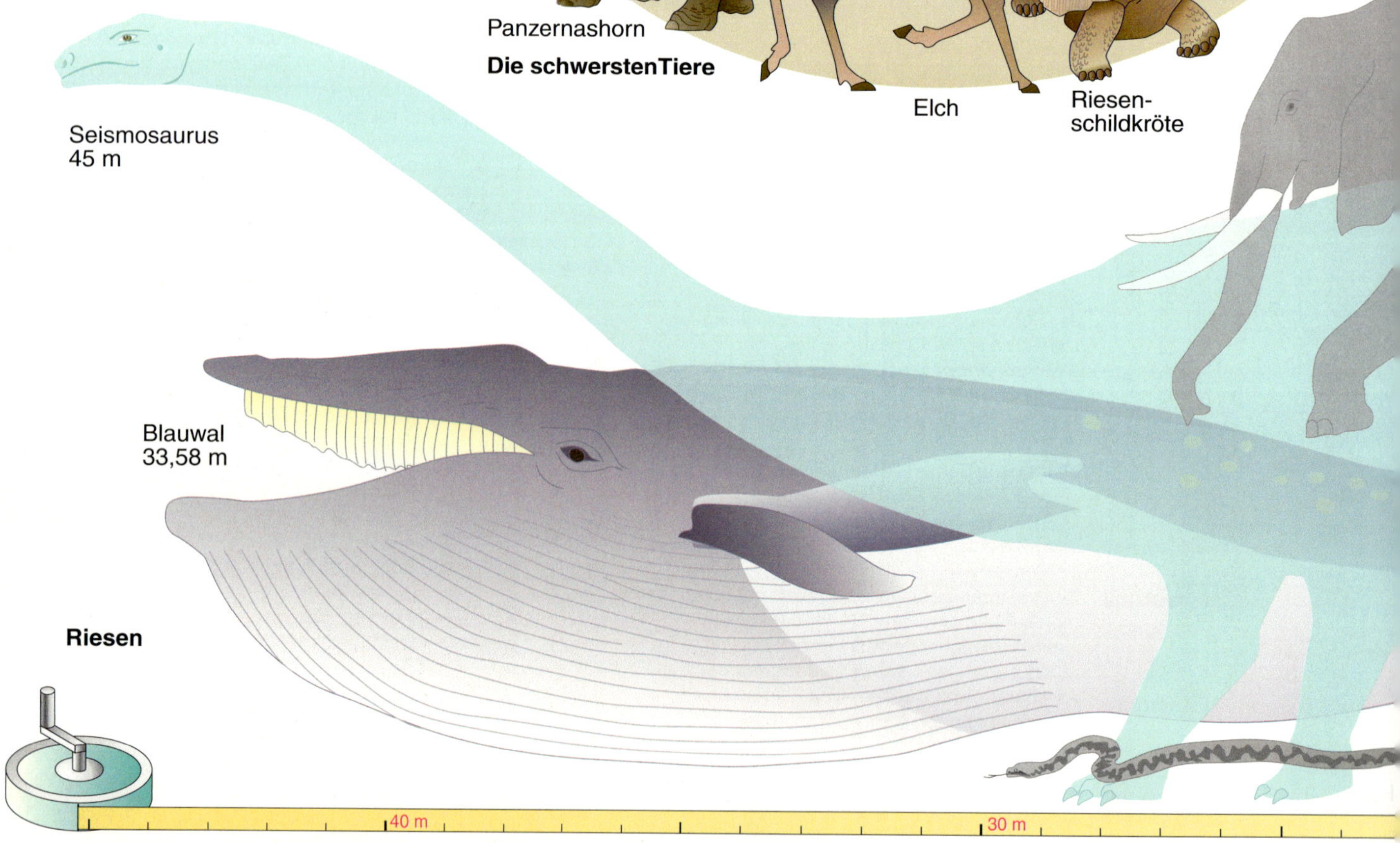

Riesen

Wachstum von Pflanzen (Tageswachstum in cm)	
Bambus	91,0
Riesenblatt-Tang	45,0
Liliengewächs	25,4
Erle	ca. 0,2
Flechte	ca. 0,0005

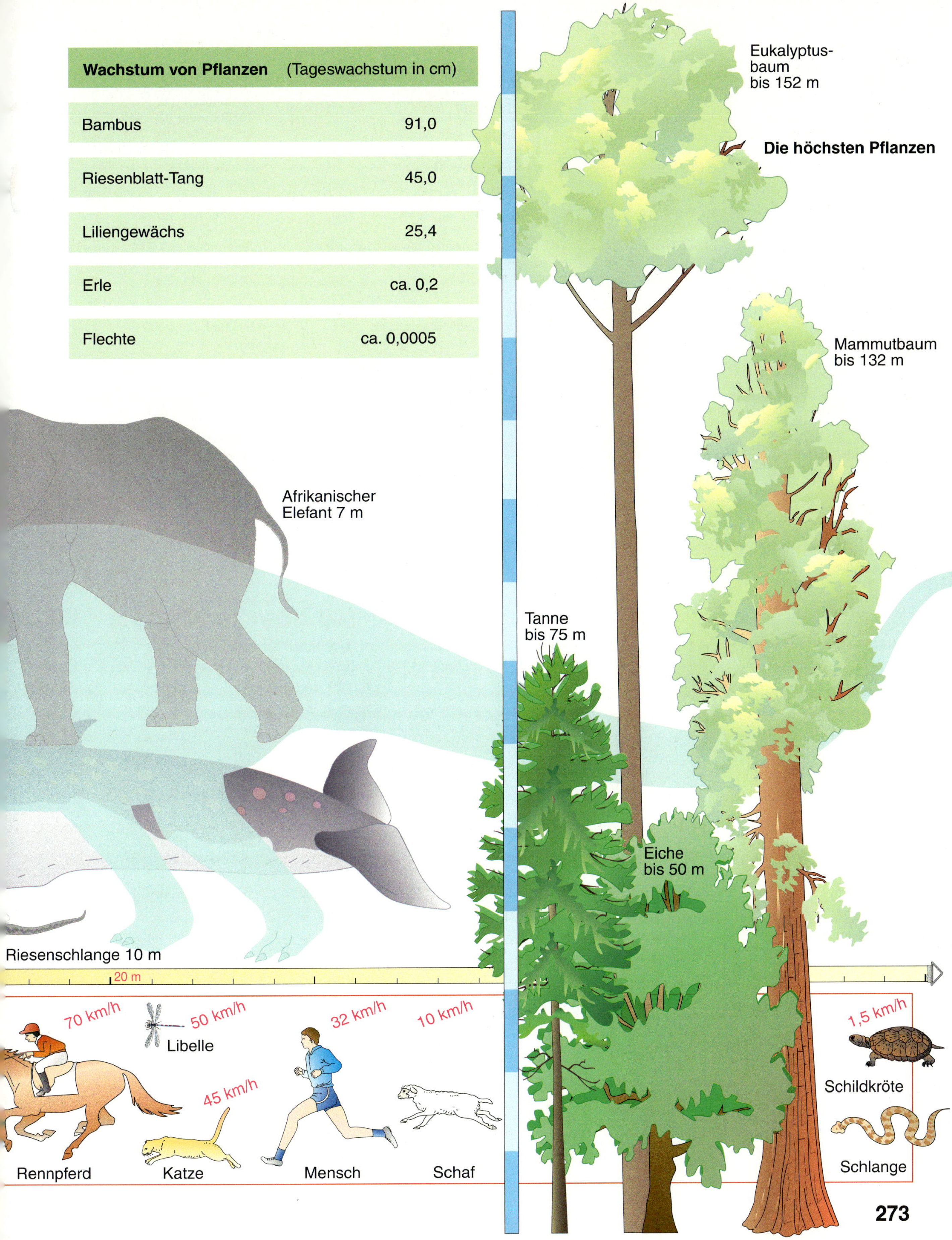

Register

Bildnachweis

Fotos: 124.1 ZEFA (APL), Düsseldorf — 124.2 Getty Images RF (PhotoDisc), München — 124.3 Okapia (Jim Frasier, OSF), Frankfurt — 124.4, 6, 7 IFA (BCI), Ottobrunn — 124.5 ZEFA (Wisniewski), Düsseldorf — 124.8 Okapia (T. Heathcote, OSF), Frankfurt — 125.1 Okapia (Walter Geiersperger), Frankfurt — 125.2 Okapia (Roger Brown, OSF), Frankfurt — 125.3 aus: „Sehen, Staunen, Wissen: Vögel", S. 23, Gerstenberg-Verlag, Hildesheim(Dorling Kindersley Limited) — 126.1 Dr. Eckart Pott, Stuttgart — 127.K Bildagentur Anne Hamann (T. Hoepker), München — 129.S aus „Sehen, Staunen, Wissen: Vögel", S. 23, Gerstenberg-Verlag (Dorling Kindersley Limited) — 130.1 Angermayer, Holzkirchen — 131.1a-c Okapia (Nature Agence), Frankfurt — 131.1d Okapia (Lanceau, Nature), Frankfurt — 133.1 Agrar-Press (W. Schiffer), Nörvenich — 133.K1-4, K6 Reinhard-Tierfoto, Heiligkreuzsteinach — 133.K5 Angermayer, Holzkirchen — 134.S Okapia (Manfred Danegger), Frankfurt — 134.1 Wildlife (Delpho), Hamburg — 134.2 Wildlife (J. Mallwitz), Hamburg — 135.1 Silvestris (Skibbe), Dießen — 135.2 Angermayer (Hans Pfletschinger), Holzkirchen — 136.1 Silvestris (Konrad Wothe), Dießen — 136.2 Reinhard-Tierfoto, Heiligkreuzsteinach — 136.Rd. Angermayer (Rudolf Schmidt), Holzkirchen — 137.S Okapia (John Cancalosi), Frankfurt — 137.1-5 Angermayer (Rudolf Schmidt), Holzkirchen — 137.6 Okapia (Hans-Dieter Brandl), Frankfurt — 138.1-10 Paul Trötschel, Heeslingen — 139.K Silvestris (Brandl), Dießen — 140.K1, 2 Manfred Danegger, Owingen — 143.S, 2-4 Reinhard-Tierfoto, Heiligkreuzsteinach — 143.1 Okapia (Hans Reinhard), Frankfurt — 144.S S. Meyers — 144.1 Okapia (Hans Schweiger), Frankfurt — 144.2 Okapia (Michael Göggelmann), Frankfurt — 144.3 Okapia (Sohns), Frankfurt — 144.4 Bruce Coleman Collection (H. Angel), Cahlfont St Peter Bucks — 144.5, 145.1, 3 aus „Sehen, Staunen, Wissen: Vögel" (S. 42, 46, 61), Gerstenberg-Verlag (Eric Hosking), Dorling Kindersley Limited — 145.2 Okapia (K. Wanecek), Frankfurt — 146.1 Silvestris (Arndt), Dießen — 146.2 Reinhard-Tierfoto, Heiligkreuzsteinach — 146.3 Heinz Schrempp, Breisach — 147.S Angermayer (Hans Reinhard), Holzkirchen — 148.2 Angermayer (Hans Reinhard), Holzkirchen — 149.S Okapia (X. Eichaker, BIOS), Frankfurt — 149.1, 3 Reinhard-Tierfoto, Heiligkreuzsteinach — 149.2 Silvestris (Dietmar Nill), Dießen — 149.4-6 Angermayer (Hans Reinhard) Holzkirchen — 150.1a/b Reinhard-Tierfoto, Heiligkreuzsteinach — 151.S S. Meyers — 151.1-4 Manfred Danegger, Owingen — 151.5, 6 Dr. Eckart Pott, Stuttgart — 152.1, Rd., 153.1 Reinhard-Tierfoto, Heiligkreuzsteinach — 154.S Okapia (H. Heacox, P. Arnold), Frankfurt — 156.1 Mauritius (age), Mittenwald — 156.2 Okapia (NAS, Sidney Bahrt), Frankfurt — 156.3 Corbis (Tim Davies), Düsseldorf — 156.4 Getty Images RF (Photodisc), München — 156.5, 10 Reinhard-Tierfoto, Heiligkreuzsteinach — 156.6 Okapia (Hans Reinhard), Frankfurt — 156.7 Dr. Eckart Pott, Stuttgart — 156.8 Okapia (Thomas S. England, NAS), Frankfurt — 156.9 Okapia (Philippe Oberle), Frankfurt — 157.1 Silvestris (Konrad Wothe), Dießen — 157.2 Okapia (Hans Reinhard), Frankfurt — 157.3 Angermayer (Hans Pfletschinger), Holzkirchen — 157.4 Corbis (C. B. P.), Düsseldorf — 157.5 Landesmedienzentrum Baden-Württemberg (Klaus Paysan), Stuttgart — 157.6 Silvestris (Ingo Riepl), Kastl — 158.1 Reinhard-Tierfoto, Heiligkreuzsteinach — 158.2 ZEFA (U.K.), Düsseldorf — 158.3 Okapia (Michael Fogden, OSF), Frankfurt — 158.4 Okapia (NAS, T. McHugh), Frankfurt — 158.5 Okapia (John Cancalosi, P. Arnold), Frankfurt — 159.1 Okapia (NAS, Tim Davies), Frankfurt — 159.2 Okapia (G. Wiltsie, Peter Arnold), Frankfurt — 159.3 Mauritius (fm), Mittenwald — 159.4 Okapia (Alan Root), Frankfurt — 160.1 Reinhard-Tierfoto, Heiligkreuzsteinach — 162.1 Wildlife (D. Harms), Hamburg — 163.S Mauritius (J. Beck), Mittenwald — 164.1 Angermayer (Hans Reinhard), Holzkirchen — 164.2 Angermayer (Heppner), Holzkirchen — 165.S Mauritius (J. Beck), Mittenwald — 166.1 Bernhard Teichfischer, Meißen — 166.2, Rd. Udo Wolf — 168.1 Reinhard-Tierfoto, Heiligkreuzsteinach — 169.1 Transgobe Agency (K. Lucas), Hamburg — 169.2 Bilderberg (Klaus-D. Francke), Hamburg — 170.S Mauritius (J. Beck), Mittenwald — 170.1, 3, 5, 6 Reinhard-Tierfoto, Heiligkreuzsteinach — 170.2 Okapia (Andreas Hartl), Frankfurt — 170.4 Angermayer (Hans Reinhard), Holzkirchen — 170.7 Okapia (Otto Willner), Frankfurt — 171.1, 2 Wildlife (F. Graner), Hamburg — 171.3 Okapia (NAS, T. McHugh), Frankfurt — 171.4 Wildlife (W. Pölzer), Hamburg — 171.5 Silvestris (Krone), Dießen — 171.6 Reinhard-Tierfoto, Heiligkreuzsteinach — 171.7 Okapia (Alex Kerstitch), Frankfurt — 172.S Mauritius (J. Beck), Mittenwald — 172.1 Okapia (David B. Fleetham, OSF), Frankfurt — 172.2 ZEFA (Bell), Düsseldorf — 172.3 Okapia (NAS, A. Power), Frankfurt — 174.1a Angermayer (H. Pfletschinger), Holzkirchen — 174.1b Umweltbild Kurt Möbus/Naturepix (W. Mastmann), Neu-Anspach — 175.1a/b, 2-4 Angermayer (H. Pfletschinger), Holzkirchen — 176.1 Harald Lange Naturbild, Bad Lausick — 176.2 Okapia (J. A. L. Cooke, OSF), Frankfurt — 177.1 Reinhard-Tierfoto, Heiligkreuzsteinach — 177.2 Angermayer (Hans Pfletschinger), Holzkirchen — 178.1a Angermayer, Holzkirchen — 179.S Dr. Eckart Pott, Stuttgart — 180.1 Angermayer (Hans Pfletschinger), Holzkirchen — 180.2, Rd. Reinhard-Tierfoto, Heiligkreuzsteinach — 183.1, 4, 7, 8 Angermayer (H. Pfletschinger), Holzkirchen — 183.2 Landesmedienzentrum Baden-Württemberg (Klaus Paysan), Stuttgart — 183.3 Reinhard-Tierfoto, Heiligkreuzsteinach — 183.5, 6 Dr. Eckart Pott, Stuttgart — 183.9 Angermayer (Günter Ziesler), Holzkirchen — 184.1 Manfred Danegger, Owingen — 184.2, 3 Reinhard-Tierfoto, Heiligkreuzsteinach — 184.4-6, 185.Rd. Angermayer (H. Pfletschinger), Holzkirchen — 186.2 Angermayer, Holzkirchen — 187.2 Reinhard-Tierfoto, Heiligkreuzsteinach — 187.K1 Okapia (Michael Fogden, OSF), Frankfurt — 187.K2 Angermayer, Holzkirchen — 187.K3 Wildlife (M. Cawardine), Hamburg — 188.1 Reinhard-Tierfoto, Heiligkreuzsteinach — 188.2 Okapia (Werner Layer), Frankfurt — 189.S Okapia (Benny Van Damme, Wildlife Pictures), Frankfurt — 189.1 Angermayer (Hans Pfletschinger), Holzkirchen — 189.2, 6 Reinhard-Tierfoto, Heiligkreuzsteinach — 189.3 Wildlife (B. Stein), Hamburg — 189.4 Angermayer (Günter Ziesler), Holzkirchen — 189.5 Corbis (Michael & Patricia Fogden), Düsseldorf — 190.1 Ikarus Promotion u. Werbung GmbH — 190.2 Okapia (Fritz Pölking, Frankfurt — 190.3 Okapia (Hans Reinhard), Frankfurt — 190.4 FOCUS (exe of science), Hamburg — 190.5 Okapia (Jürgen Vogt), Frankfurt — 190.6 Picture Alliance (dpa, Stefan Hesse), Frankfurt — 190.7 MEV, Augsburg — 190.8 Greiner & Meyer (Meyer), Braunschweig — 190.9 FOCUS (Andrew Syred, SPL), Hamburg — 191.1, 3 Angermayer (Hans Pfletschinger), Holzkirchen — 191.2 Okapia (Joe McDonald), Frankfurt — 191.4 Corbis (Kennan Ward), Düsseldorf — 191.5 Mauritius (Dr. Pott), Mittenwald — 191.6 FOCUS (Andrew Syred, Science Photo Library), Hamburg — 191.7 Getty Images (PhotoDisc), München — 191.8 Angermayer, Holzkirchen — 194.1 Okapia (Jeff Foott), Frankfurt — 198.1 Urwelt-Museum Hauff, Holzmaden — 199.S Dr. Eckart Pott, Stuttgart — 200.S Okapia (H. Lange), Frankfurt — 200.1 Okapia (Kevin Schafer, P. Arnold), Frankfurt — 200.2 aus „David Norman, Dinosaurs", Crescent Books, New York — 201.1 Okapia (NAS, K. Fink), Frankfurt — 201.2 Okapia (Martial Aquavone, BIOS), Frankfurt — 201.3 Naturmuseum Senckenberg, Frankfurt — 202.1 Karen Carr, Silver City, NM (USA — 203.S Wildlife (F. Graner), Hamburg — 203.1 Okapia (Fred Bruemmer), Frankfurt — 203.2 Wildlife (S. Müller), Hamburg — 203.3 Günther Wichert, Dinslaken — 203.4 Corbis (Kennan Ward), Düsseldorf — 203.5 Okapia (Daryl & Sharma Balfour), Frankfurt — 204.1, 2 Reinhard-Tierfoto, Heiligkreuzsteinach — 205.1 Angermayer, Holzkirchen — 205.2 ZEFA (Poelking), Düsseldorf — 205.3 Reinhard-Tierfoto, Heiligkreuzsteinach — 206.1a Silvestris (Gerd Wagner), Dießen — 206.1b Dr. Eckart Pott, Stuttgart — 206.1c Reinhard-Tierfoto, Heiligkreuzsteinach — 206.1d Silvestris (Portsch), Dießen — 206.1e Silvestris (Brockhaus), Dießen — 206.2 ZEFA (Ruckszio), Düsseldorf — 206.3 Okapia (D. Delfino, BIOS), Frankfurt — 206.4 ZEFA (Imaging), Düsseldorf — 206.5 Okapia (B. Marielle, BIOS), Frankfurt — 207.1 Okapia (J. Frebet, BIOS), Frankfurt — 207.2 Klett-Archiv (Aribert Jung), Stuttgart — 207.3 Okapia, Frankfurt — 209.1 Prof. Walter Haas, Stuttgart — 210.K1 Dr. Eckart Pott, Stuttgart — 210.K2 Reinhard-Tierfoto, Heiligkreuzsteinach — 211.S Reinhard-Tierfoto, Heiligkreuzsteinach — 211.1 Dr. Helmut Länge, Stuttgart — 212.1 Dr. Rudolf König, Preetz — 212.2, K Reinhard-Tierfoto, Heiligkreuzsteinach — 213.1a ZEFA (Kalt), Düsseldorf — 213.1b

Silvestris (Karl Wahl), Dießen — 213.1c Reinhard-Tierfoto, Heiligkreuzsteinach — 214.1 G. Bauer — 214.2 Silvestris (Bruckner), Dießen — 215.2 Klett-Archiv (Nature + Science), Stuttgart — 215.3 Silvestris, Dießen — 215.4 Reinhard-Tierfoto, Heiligkreuzsteinach — 216.1 Dr. Eckart Pott, Stuttgart — 216.2 Reinhard-Tierfoto, Heiligkreuzsteinach — 216.4 Silvestris (Brockhaus), Dießen — 216.5 Silvestris (Portsch), Dießen — 218.S Angermayer (Hans Pfletschinger), Holzkirchen — 220.S, 221.1 Angermayer (Ernst Elfner), Holzkirchen — 222.S, 2, 4, 6 Reinhard-Tierfoto, Heiligkreuzsteinach — 222.1, 7 Dr. Eckart Pott, Stuttgart — 222.3 Silvestris (Kuch), Dießen — 222.5 Silvestris (Walz), Dießen — 223.1 Silvestris (Kuch), Dießen — 223.2 Silvestris (Rodich), Dießen — 223.3 Klett-Archiv (Aribert Jung), Stuttgart — 223.4 Bildarchiv Sammer, Neuenkirchen — 223.5 Dr. Eckart Pott, Stuttgart — 223.6 Silvestris (Partsch), Dießen — 223.7 Silvestris (Willner), Dießen — 223.8 Reinhard-Tierfoto, Heiligkreuzsteinach — 226.S Okapia (TH Foto, Tschanz-Hofmann), Frankfurt — 228.1 Claus Kaiser, Rantum/Sylt — 230.2, 3 Johannes Lieder, Ludwigsburg — 231.1a Klett-Archiv (Aribert Jung), Stuttgart — 231.1b Rainer Bergfeld, Freiburg — 232.S Okapia (TH Foto, Tschanz-Hofmann), Frankfurt — 234.K1 Ralph Grimmel, Stuttgart — 234.K2, K3 Frithjof Stephan, Stuttgart — 234.Rd. Deutsches Museum, München — 235.1 Prof. Dr. Manfred Keil, Neckargemünd — 235.2, 3 Prof. Dr. Hans-Dieter Frey, Tübingen — 236.1 Silvestris (Colordia Rauch), Dießen — 236.2 Silvestris (S. Kerscher), Dießen — 236.3 Silvestris (Hans Heitmann), Dießen — 237.S Prof. Jürgen Wirth, Dreieich — 238.S, 2 Okapia (Colin Milkins), Frankfurt — 240.Rd. Deutsches Museum, München — 241.1 Okapia (H. P. Oetelshofen), Frankfurt — 241.2 Creativ Collection Verlag, Freiburg — 241.3 Silvestris (TH Foto-Werbung), Dießen — 241.4 Okapia (G. Büttner, Naturbild), Frankfurt — 241.5 Dieter Schmidtke, Schorndorf — 241.6 Okapia (Hans Reinhard), Frankfurt — 241.8, 12 Dr. Eckart Pott, Stuttgart — 241.9 Stockfood Photo Stock Agency (S. & P. Eising), München — 241.10 Silvestris (Heppner), Dießen — 241.11 Dr. Roland Wolf, Herrenberg — 242.1 BPK, Berlin — 242.2, 3, 6 Reinhard-Tierfoto, Heiligkreuzsteinach — 242.4 Mauritius (Sipa Image), Mittenwald — 242.5 Prof. Jürgen Wirth, Dreieich — 243.1, 244.1 IFA (BCI), Ottobrunn — 244.2 Reinhard-Tierfoto, Heiligkreuzsteinach — 246.1, 247.Rd.1, 3 Klett-Archiv (Aribert Jung), Stuttgart — 247.Rd.2 Silvestris (Siegfried Kerscher), Dießen — 247.Rd.4 Silvestris (Erich Kuch), Dießen — 248.2 Klett-Archiv (Aribert Jung), Stuttgart — 251.S Reinhard Tierfoto, Heiligkreuzsteinach — 252.S Thomas Raubenheimer,Stuttgart — 252.1-3, 5, 8 Reinhard-Tierfoto, Heiligkreuzsteinach — 252.4, 6 Angermayer (Hans Reinhard), Holzkirchen — 252.7 Angermayer (Ernst Elfner), Holzkirchen — 252.9 Silvestris (Gerd Wagner), Dießen — 254.Rd. Reinhard-Tierfoto, Heiligkreuzsteinach — 256.1 Angermayer (Günter Ziesler), Holzkirchen — 256.2, 3 Silvestris (Justus de Cuveland), Dießen — 256.4 Silvestris (Volkmar Brockhaus), Dießen — 256.5, 6 Klett-Archiv (Nature + Science/Kooiman), Stuttgart — 256.7 Silvestris (Redeleit), Dießen — 257.1 IFA (BCI), Ottobrunn — 257.2 Okapia (E. Lenorcy, BIOS), Frankfurt — 258.S Reinhard-Tierfoto, Heiligkreuzsteinach — 258.1 Königliche Bibliothek, Kopenhagen — 259.1a Reinhard-Tierfoto, Heiligkreuzsteinach — 259.1b, 2a/b Dr. Helmut Länge, Stuttgart — 259.Rd. Prof. Jürgen Wirth, Dreieich —260.S Okapia (J. Douillet), Frankfurt — 260.1, 2, 4 Dr. Eckart Pott, Stuttgart — 260.3, 5, 261.1, 3, 5 Reinhard-Tierfoto, Heiligkreuzsteinach — 261.2 Angermayer (Lange), Holzkirchen —261.4, 6 Dr. Eckart Pott, Stuttgart — 262.1a Reinhard-Tierfoto, Heiligkreuzsteinach — 262.1b Okapia (Wilhelm Irsch), Frankfurt — 262.1c Okapia (Hans Reinhard), Frankfurt — 262.1d Silvestris (Sonja Rausch), Dießen — 263.K1 Okapia (K. G. Vogt), Frankfurt — 263.K2 Frithjof Stephan, Stuttgart — 264.S, 266.1-3 Okapia (Hans Reinhard), Frankfurt — 266.4 Reinhard-Tierfoto, Heiligkreuzsteinach — 267.1 Corbis (John Feingersh), Düsseldorf — 267.2 Reinhard-Tierfoto, Heiligkreuzsteinach

Grafiken: Prof. Jürgen Wirth; Visuelle Kommunikation, Dreieich (Mitarbeit: Matthias Balonier)

Nicht in allen Fällen war es möglich, den uns bekannten Rechteinhaber der Abbildungen ausfindig zu machen. Berechtigte Ansprüche werden selbstverständlich im Rahmen der üblichen Vereinbarungen abgegolten.